U0185509

MAISON LENÔTRE

殿堂级厨艺学校 60 年大师创作精选

雷诺特法式经典烹饪

MAISON
LENÔTRE

殿堂级厨艺学校 60 年大师创作精选
雷诺特法式经典烹饪

[法]居伊·克伦策(Guy Krenzer)
[法]贝内迪克特·博尔托利(Benedicte Bortoli) 著

[法]卡罗琳·法乔利(Caroline Faccioli)摄影

[法]马里昂·查特拉因(Marion Chatelain)设计

汤旎 译

华中科技大学出版社
http://www.hustp.com
中国·武汉

有书至美
BOOK & BEAUTY

前言

前言的撰写是一项微妙的工作。那么，我又该怎样尽情地表达出我的激情？

只存在一种答案：用心灵来表达它。

让我们来庆祝60周年矢志不渝的激情，匠艺与匠心的交流，以及与所有特别合作相关联的大小秘密。

这也是雷诺特之家的魔力！

家，就是这个词，不能从我们的故事里割离出来。因为一个家，是家庭成员、不同的辈分，以及价值观的庇护所。家会扩充、重建，并让其故事及精神遗产得以传承。

所以，当与我共事超过了13年的行政主厨兼创意部门主管的居伊·克伦策（Guy Krenzer），向我建议编写这本用于庆祝并分享我们雷诺特之家60周年诞辰的美书时，我毫不犹豫地给予了肯定的答案。

这也是一个心愿，一个需求，将一位这样的主厨推给大众：他极富才华与个性，亦被视作雷诺特的创始者——科莱特（Colette）与加斯东·雷诺特（Gaston Lenôtre）所留下的文化遗产的传递者。他的深刻影响力，自来到雷诺特的第一日起，仍在持续。

居伊，在法国工匠联盟（les Compagnons des Devoirs）里久负盛名，他亦是法国仅有的，在职双料最佳手工匠人（Meilleur Ouvrier de France）。他对于团队的栽培不遗余力，并以分享与克己为己任，将每一份承诺都达成得尽善尽美。

只有深谙特别奥义，拥有超强人格魅力之士，才能在加斯东厨艺领域中被尊为圣人中的圣人。在这处名为快乐工坊[注]的地方，活跃着450名主厨、厨师、甜点

[注] 雷诺特工坊所在地，位于一个叫快乐（Plaisir）的小镇。

师、面包师、巧克力师、糖果师、冰点师、屠夫、鱼商、买手、备料员、配送员等，但唯独他赢得了此项殊荣。

心怀谦逊，坚韧，不断追求，并具有良好的团队精神，居伊深知如何管理以及保护雷诺特品牌的文化遗产。在将其现代化的同时，又不折损自身的神圣性。

所以，必须具备真正的魄力，才能跨越所有的难题，并保持最初的激情，始终如一。

这也就是我们想要与您分享雷诺特的故事与历程。它倾诉着与我们同行的男人们、女人们，日复一日，为雷诺特的种种设想赋予意义，增添光彩的故事。

而且就像您随后能发觉的那般，这个庞大的品牌之家从未停止革新，因为它拥有自加斯东时代遗留下来的美好的创造基因，亦在像居伊这样对工作一直都倾注着热爱并诠释着何为匠心的工作人员的手中得到传承。

在60周年，我们要告诉世人我们是谁，我们想成为谁，以及我们想要传播什么。

这也是为何在此以超出400页的篇幅，用美妙的文章和精美的图片，重温一种绝妙职业的缘故。谨在此与诸位共享雷诺特的经验与历史，这些法餐遗产，常令人惊叹，也一直都被激情和慷慨所滋养。

谢谢居伊，以及雷诺特的大家庭，因为你们的协助，才使得这本充满魔力及无限可能的书得以问世。

请大快朵颐。

洛朗·乐菲尔（Laurent Le Fur）

雷诺特董事会成员

居伊·克伦策
超群的技能

　　1979年，当迈克尔·杰克逊唱着"不要停，满意为止"，年轻的居伊·克伦策正站在人生选择的十字路口。为什么不当画家呢？他从小就喜欢用素描绘下身边的一切。然而被划分在文学系的绘画专业不怎么让这位未来的艺术大师感兴趣。

　　有自己感兴趣的业余爱好，但又处于懒散的青春期，当职业的问题被提及时，他居然想要做"职业睡眠师"……只是这个选择并未得到他的父母及兄弟所认可，因为担忧他是否也能像他们一样，在未来找到属于自己的路。他的兄弟米歇尔送给他一本名为《职业200例》的书，并建议他从中寻到自己的职业生涯。从宇航员到动物学家，再到石匠，居伊最终随意地选定了肉食制品业。偶然还是直觉？命运施以了小小的援手，恰有一个学徒的位置空出。于是他在一个职业手工艺人的家庭中开始了入门技巧的学习。师傅从一开始就督促他上进，向他传授技能，并教导他分享一切。这些价值观从他的整个学徒期贯穿至今，并根植在了他的精神与信念之中。

**偶然
还是直觉**

　　从小被阿尔萨斯悠久的饮食文化所滋养，对母亲做出的美妙甜点与料理有着敏锐的感知，学徒居伊逐渐领略到做好一件工作的乐趣，并迅速地展现出了天赋。奇怪的是，他居然开始对旁边准备的熟食小点以及厨艺产生了兴趣……"我很怕冷，为了逃避我们冷冻间那可怕的低温，我会跑去看厨师们工作，好靠近火源。"他笑道。之后便是过关闯将参加各种竞赛的历程，他先后拿下了默尔特和摩泽尔省（Meurthe-et-Moselle）和洛林地区（Lorraine）的最佳学徒奖项。"我记得在我最开始的一场比赛中，我父母第一次来参加拉克苏（Laxou）职业技术学校CFA[注]的开放日，我父亲虽然对我表示支持，但对我的胜利并没有那么肯定，所以在宣布成绩之前，他们就离席了。我刻意地延续了这场悬念，直到第二天，他们才从报纸上看到我赢了。"

　　居伊·克伦策喜欢让人惊喜。作为一个工作认真，具备实力，又敢于创新的手工艺人，他在这个当时无人重视的职业里找到了最初的成就感。在那个年代，厨师

[注]CFA，全称为"Centre de Formation d'Apprentis"，中文译为学徒培训中心，为法国职业学校的一种。

们并未被造星，也没有明星屠夫。肉食制品的世界里除了曾是从业人员之一的电影演员阿兰·德隆（Alain Delon），极少有知名人士了！这个职业远远未获得与其相匹配的名声与酬劳。

接下来就是求职的时刻了。在父亲的建议下，年轻的居伊向法国本土所有的米其林三星餐厅以及有名的餐饮服务商都投出了简历：馥颂（Fauchon）、雷诺特（Lenôtre）等，后者尤为吸引他，他甚至可以步行穿越整个巴黎，只为品尝一个雷诺特的马卡龙或者是一份千层酥。某次在滚石乐队的巴黎演唱会散场之后，他和他的兄弟搭上凌晨5点的巴士，前往参观雷诺特位于巴黎大区快乐镇的熟食餐饮制作间。如此之美，如此之大，如此令人印象深刻……由于当时自认为资历不足，居伊·克伦策拒绝了入职雷诺特的机会，但是将梦想藏在了心里。他对于顶尖厨艺以及甜点的喜好自此萌芽。"在巴黎，我在地铁里都可以记下配方，我的职业已经不再仅仅是一个职业。"求知的胃口，永不满足。佐以对卓越的追求，梦想就像星星之火，燎原指日可待。

最终他是在阿尔帕容镇（Arpajon）的最佳手工匠人（肉食制品师）让-弗朗索瓦·德波尔（Jean-François Deport）处，随后在沙隆市（Châlons），开始了差不多2年的技能学习。最初由肉食制品入门，随后是厨艺，并同时涉及熟食餐饮，三样技能同修！

工作，
感谢和激情

居伊·克伦策之后继续在知名品牌的旗下累积经验，求知的动力和辛勤的工作相结合，帮助他一步步向上攀登，并促使他对于美食文化的了解日臻完善。

在内格雷斯特（Negresco）酒店主厨雅克·马克西曼（Jacques Maximin）的身边，除了配方，他一并学习到了厨艺和甜点制作的基础知识，以及工作的艺术，也学会了敢于动摇最为传统的理念来辅佐自己的创造性。"我当时替雅克·马克西曼主厨工作，正好要去马赛参加最佳手工匠人（肉食制品师）的半决赛。主厨好心借给了我他的宝马迷你车（mini），但是比起输了比赛，我更害怕这部车被偷走！"

随后，因为居伊一直对美国有好感，他的兄弟建议他先前往伦敦，然后进行为期2年的职业挑战。他最初在四季酒店（Four Seasons Hote）工作，随后去丽兹（Ritz）酒店，同时学习一门新的语言。"我不知道怎么用英文说不锈钢盆，但我确定我可以不出一个月就创出一整张甜点餐牌！"

面对接踵而来的业内的认可与邀约，居伊依旧需要辨别与远见，才能找到并开辟出属于自己的路，同时无惧对失败的恐惧。从1992年到2003年，居伊重返法兰西岛，轮番担任富格餐厅（Fouquet's）、拉佩鲁斯餐厅（Lapérouse）以及餐饮商圣-

克莱尔（Saint-Clair）的料理主厨。这是一段既严峻又充满了不可思议的机遇的旅程，例如邂逅了他的终身导师——乔治·鲁（Georges Rou）。

年仅24岁的居伊，已经成为法国最佳手工匠人（肉食制品师），在这之后的第8年，也就是1996年，他更新了这一战绩，又夺得了一次最佳手工匠人MOF（厨师）的头衔，成为横跨这两个领域的唯一一位可以带上双重三色国旗领的主厨。

"这可以向大家证明，我能成为料理主厨，应归功于之前在肉食制品行业中打拼的经验。"他心怀感激与谦逊地说道。

在2004年，居伊·克伦策被邀请加入加斯东·雷诺特先生旗下。新的职业生涯开启了。5年内，他忠诚地辅佐着一位极具人格魅力、享有世界性声誉以及拥有非凡美食品位的殿堂级大师。由于居伊的第一份职业的缘故，这位现代甜点的先驱之父对他委以重任，目标为"为传统甜点增彩"：不仅仅是改良传统甜点，亦需将雷诺特学校、餐厅、宴会等，皆进行革新。这个被法国工匠协会称为"斯特拉斯堡，行业之联盟"的地方正是这位极具天赋的主厨完美发挥自己禀赋的平台，亦呼应了他的籍贯：阿尔萨斯[注]。所有一切并非是偶然。自成为研发中心的主管后，居伊每日都能感受到，这个拥有超过500人的庞大机构，自有其运行的驱动力：源自每位员工内心深处，对于这份独一无二的、全世界熠熠生辉的文化遗产的热爱。身边簇拥着法国美食领域最拔尖的人物，居伊好似交响乐团的指挥，要激发出每一位学员自身的潜能，以及无限的创造力，年复一年，为世人呈现出精雕细琢的作品，永不停止。从店

创造，
团队精神

铺到宴会，身为艺术爱好者的居伊与团队更是拥有金手指般的能力，将日常的食物幻化为高定作品，无论甜点或者咸点，美感与美味兼顾。

对新事物的求知欲望，是他生活里的源动力。因为最近开始涉及咖啡豆烘烤和职业咖啡师的领域，这位主厨已经构思如何将新学识运用到工作中。"禀赋，就应当源自对职业的热爱"，一日更甚一日，司汤达式的哲学思考依旧能在他心中激起巨大回响。"我知道我沉浸在自己职业的纯粹的愉悦里，因为工作中引发的亢奋使得我完全丧失了时间这一概念。"他正色道。

身处在这个冠军的摇篮，放眼望去，皆是各个领域的最佳学徒、法国、欧洲乃至世界冠军。居伊擅长于鼓舞人心，并以感染力使得团队成员们都迷恋上竞争的滋味。

传播激情，分享匠艺，滋长乐趣……以及，留下印记。🐾

[注] 斯特拉斯堡是法国阿尔萨斯大区的首府。

童年

梦幻、有趣，又充满技巧，
这片小小的蘑菇田圃演出一曲二重奏：
流心交织着酥脆。

蘑菇二重奏

蘑菇奶油

提前1天，用厨房纸巾擦干巴黎蘑菇，切碎，与柠檬汁混合。

在1个双耳平底深锅里，将切碎的鸡腿干葱头[注3]（échalotes « cuisse de poulet »）用无盐黄油炒出水分。

加入巴黎蘑菇，烹饪至蔬菜的水分完全挥发。

倒入淡奶油，煮5分钟。用细海盐和白胡椒调味后将其全部放入料理机里打碎，得到光滑且浓郁的奶油。

将奶油灌入12个小号的硅胶半球模具内，放入冰箱冷冻过夜。

鹌鹑蛋

制作当日，以1升水配25克海盐的比例，煮沸一锅极咸的盐水。将鹌鹑蛋放入其中煮3分钟，出锅后剥壳。

预留出6个原味的鹌鹑蛋备用。

酱油渍鹌鹑蛋

在盘里，混合酱油、柠檬汁和去皮后对半切开的生姜。用蛋抽搅匀，再加入芝麻油。

将煮熟鹌鹑蛋放入制作好的酱油芝麻醋汁中，腌渍约2小时，放入冰箱冷藏备用。

金合欢蛋内馅

取原味和酱油渍鹌鹑蛋（共12个：原味6个，酱油6个，之前备用的6个无需填馅），切下大约1厘米的蛋头。小心取出蛋黄，同时不要破坏蛋白的形状。将熟蛋黄用细目筛过筛到碗中，加入蛋黄酱、法国传统的带籽芥末、现切的细香葱碎以及柠檬汁，混合均匀。

确认是否调味得当。接着将此内馅填回到每个鹌鹑蛋内，备用。

白菇流心菌盖

在锅中煮沸全脂牛奶和植物果胶，无须搅拌，耗时1~2分钟。随后改为极微小的火，再煮1分钟左右，具体视状态而定。

取出6个冷冻的蘑菇奶油半球，用牙签一个个插入，将其依次浸入进前一个步骤制作好的混合物里，再将蘑菇半球提起。每个都蘸取2次，直至蘑菇半球表面被一层牛奶果胶包裹。将其放入冰箱冷藏大约15分钟，使半球缓慢地解冻，但蘑菇奶油依旧被锁在果胶里。

褐菇流心菌盖

在锅中煮沸矿泉水、酱油和植物果胶，无须搅拌，耗时1~2分钟。随后改为极微小的火，再煮1分钟左右，具体视状态而定。

取出6个冷冻的蘑菇奶油半球，按照白菇流心菌盖的制作步骤操作。

完成和摆盘

预热烤箱至180摄氏度。

在铺有烘焙油纸的烤盘上，均匀地撒上干菌粉和坚果粉（开心果粉和榛子粉）。

入烤箱烘烤大约10分钟，使食材散发出香气。

将每个圣女果切出1.5厘米的顶盖，将顶盖放置在6个鹌鹑金合欢蛋上，做成蘑菇的形状。

接下来，请尽兴地、玩乐般地将白菇流心菌盖和褐菇流心菌盖放置在原味鹌鹑蛋（未填馅的）和酱油渍鹌鹑蛋上。

最后在盘子里撒上烘烤后的干菌粉、开心果粉和榛子粉。

[注1] 因为成品蛋黄的颜色类似金合欢。
[注2] 哈伯雷花园成立于1989年，位于卢瓦河谷，现是法国小番茄市场的标杆品牌。
[注3] 法国的特殊品种，比普通干葱头要长，扁平。

用于制作6人份
提前1天准备

蘑菇奶油
100克洁白且肉质紧实的大号巴黎蘑菇
（即口菇，白菇）
5克新鲜的柠檬汁
20克鸡腿干葱头
20克无盐黄油
95克淡奶油
细海盐、白胡椒

鹌鹑蛋
18个鹌鹑蛋
细海盐

酱油渍鹌鹑蛋
48克酱油
29克柠檬汁
1克新鲜的生姜
71克芝麻油
6个熟鹌鹑蛋

金合欢蛋（mimosa）[注1]**内馅**
熟鹌鹑蛋黄
70克蛋黄酱
9克法国传统带籽芥末
9克细香葱碎
5克柠檬汁

白菇流心菌盖
6个蘑菇奶油半球
100克全脂牛奶
4克植物果胶
（如西班牙Sosa牌）

褐菇流心菌盖
6个蘑菇奶油半球
70克矿泉水
30克酱油
4克植物果胶
（以西班牙Sosa牌为例）

完成和摆盘
6个圣女果，最好是来自种植商
"哈伯雷花园"[注2]（Rabelais）
干菌粉（蘑菇切碎，入烤箱以80摄氏度烤制，以去除水分，再均匀粉碎）
烘焙开心果粉（开心果入烤箱以160摄氏度烘烤，再均匀粉碎）
烘焙榛子粉（榛子入烤箱以160摄氏度烘烤，再均匀粉碎）

仿真番茄佐
毛豆奶油霜

毛豆奶油霜

煮沸一锅盐水，用英式法烹饪毛豆：将毛豆浸入极咸的沸水里几分钟，取出后，立刻放入盛有冰块的极低温的冷水盆里。

趁余温，用均质机或者料理机打碎毛豆，随后用鸡高汤将其稀释成光滑的膏状。加入柠檬味噌和帕玛森干酪碎，按需调味。盛出，用保鲜膜贴面覆盖，放入冰箱冷藏30分钟。

用转印法制作模拟番茄蒂

将渍甜椒去籽，和软化的无盐黄油一起打成泥。加入埃斯普莱特辣椒粉和细海盐。在带有番茄蒂花纹的转印纸上放置1个与番茄直径相等的镂空模板或者切模，铺上制作好的甜椒黄油混合物，并用抹刀抹平。

拿走模板后，将番茄蒂放入冰箱冷冻至少1小时。取出后，将其翻转，立刻揭走转印纸表面的塑料部分。黄油这一面应该是干净光滑的。

组装

将串收番茄从蒂部切开，掏空，撒细海盐调味。

用裱花袋将毛豆奶油霜填充番茄内部。

将转印的模拟番茄蒂置于番茄顶部。

用于制作8个番茄

毛豆奶油霜

35克毛豆

14克鸡高汤

3克柠檬味噌

2克帕玛森干酪碎

细海盐

用转印法制作模拟番茄蒂

6克渍甜椒，去皮

10克无盐黄油

埃斯普莱特辣椒粉

细海盐

组装

8个串收番茄[注]

（最好是来自种植商哈伯雷花园）

细海盐

[注]也有翻译为成串番茄，成束番茄，或者荷兰番茄。

这是一个已实验并证明成功了的小诡计。孩子们也能爱上青豆！

而且你们知道"闪电"这个词从何而来吗？难道不是呼应了它带着闪亮淋面的外表，或者是食用它时惊人的速度吗？尝一尝吧，你定会得到最后的答案。

青豆闪电泡芙

用于制作6人份

泡芙面糊
详见第94页的"草莓香气冰激凌泡芙"配方，去掉杏仁和珍珠糖

西西里岛炖菜
600克绿色的西葫芦[注1]
90克紫茄子
30克甜红椒
54克洋葱
18克黄金葡萄干
12克刺山柑[注2]花蕾
48克油渍番茄
12克意大利里维埃拉牌（Riviera）橄榄
18克摩洛哥阿特拉斯牌（Altas）[注3]初榨橄榄油
12克意大利香脂醋[注4]
细海盐、现磨白胡椒

绿色面包糠
25克去皮吐司
15克意大利香芹叶

调味马斯卡彭
1克吉利丁片
14克半脂牛奶
54克马斯卡彭
1克细海盐
1滴雪利醋
6克第戎芥末

完成
6小束西蓝花花球
12克新鲜青豆
12小片酸模叶
细海盐
橄榄油

泡芙面糊
用直径为1.3厘米的裱花嘴制作出长度为13厘米的闪电泡芙。

西西里岛炖菜
将西葫芦、紫茄子、甜红椒和洋葱切成小丁。
把黄金葡萄干浸泡在少许温水里，使之膨胀，同时将刺山柑花蕾沥干。
将西葫芦在锅中焯水，待其冷却后沥干水。
在平底锅中，用一半的橄榄油将紫茄子炒至出水，备用。
用同样的方法处理甜红椒，备用。用少许橄榄油翻炒洋葱，直至变软成糊状，接着加入切成小细丁的油渍番茄，吸水后膨胀的葡萄干和橄榄，炒制5分钟。最后加入甜红椒、西葫芦、紫茄子和沥干了水的刺山柑花蕾。
用意大利香脂醋萃取锅底精华：用木刮刀刮出锅底的沉淀物，倒入意大利香脂醋，让其收汁，再用细海盐和现磨白胡椒调味。将其盛出后放入冰箱冷藏备用。

绿色面包糠
将去皮吐司大致碾碎，和洗净的意大利香芹叶一起，用料理棒搅打成细腻又极绿的精细面包糠，储存备用。

调味马斯卡彭
在冷水中泡软吉利丁片。将牛奶煮至温热，加入挤干的吉利丁片。
在不锈钢盆中，轻柔地混合马斯卡彭、细海盐、雪利醋和第戎芥末。接着加入牛奶和吉利丁的混合物，放入冰箱冷藏备用。

完成
用英式法烹饪西蓝花花球和青豆：将它们浸入极咸的沸水里几分钟，取出后，立刻放入盛有冰块的极低温冷水盆里降温。
横向在泡芙顶盖处开1个切口，高度大约为5毫米，并切掉其一半。用刷子在剩余的顶盖部分涂抹少许橄榄油，撒上少许绿色面包糠。
将西西里岛炖菜填充进泡芙内部，直到与顶盖等高，用刮刀抹平。再用带有齿状裱花嘴的裱花袋将调味马斯卡彭挤在西西里岛炖菜内馅上面。
最后以1小束西蓝花花球与青豆作为装饰，再摆上几片酸模叶。

[注1] 又译为节瓜。
[注2] 又译为水瓜柳，酸豆。
[注3] 创建于1887年的摩洛哥品牌，位于阿特拉斯（Atlas）山脉下，专注于顶级初榨橄榄油的生产。
[注4] 又译为巴萨米克醋，意大利黑醋等。

肥肝熊仔
配香料面包,
西葫芦熊仔
佐薄荷罗勒风味弗朗

肥肝熊仔配香料面包

香料面包和肥肝

详见第194页的"肥肝开胃小食和香料面包"的配方及制作方法。

组装和完成

将香料面包切成6片8毫米厚度的面包片，接着用切模，刻出6个熊仔。

用同样的方式加工肥肝。将熊仔状的肥肝摆放在香料面包上，轻微按压使之黏合，撒盐之花调味。

将熊仔放置在烤盘上，表面盖上1片带"三色铜"花纹的转印纸，用制作甜点时使用的刮板扫去缝隙里的空气，使两者紧密黏合。将其放入冰箱冷冻1小时30分钟。

从冷冻室将其取出后，扯掉转印纸表面的塑料膜。将鸡高汤淋面煮至温热，且质地变浓稠。用刷子蘸取淋面，将淋面轻柔地涂抹在转印纸上，小心不要破坏掉花纹，直到形成平滑又发亮的外表。如果有不美观的液体滞留痕迹，可以用刀尖挑去。

将松露切成薄片，用2个圆头裱花嘴，切出12块直径为5毫米的圆片，用于制作熊仔的眼睛；以及6块直径为9毫米的圆片，用于制作鼻子。将它们摆放在熊仔头上，食用时撒上盖朗德盐之花和碾碎的白胡椒。

西葫芦熊仔佐薄荷罗勒风味弗朗

迷你西葫芦小棍

用英式法将整个迷你西葫芦煮至轻微的弹牙程度。将西葫芦浸入极咸的沸水里几分钟，再取出立刻放入盛有冰块的极低温冷水盆里降温。

将西葫芦横向对半切开，放置在厨房纸巾上，吸干水。

弗朗内馅

将西葫芦头尾去掉，横向切成4块，去除内芯。洗净薄荷叶和罗勒叶。

将吉利丁粉配上其分量5倍的冷水，使其吸水膨胀。

在锅中，煮沸淡奶油、细海盐、白胡椒和吉利丁粉。

将西葫芦用烹饪迷你西葫芦的英式法制作。

西葫芦趁余温，和薄荷叶、罗勒叶一起打碎。当质地变顺滑后，一次性倒入热的淡奶油。最后加入抗坏血酸和鸡蛋，搅拌均匀至得到绿色的内馅，盛出备用。

组装和完成

将迷你西葫芦纵向摆放在6个熊仔模具内，深绿色部分朝上。注意在片与片之间留出空隙，便于倒入热的弗朗内馅。

将其全部放入冰箱冷藏1小时左右。借助锋利的小刀，将熊仔表面抹平整，以得到完美的效果。小心脱模，注意熊仔轮廓不要有破损，随后将熊仔放置在烤架上。

将鸡高汤淋面煮至温热且质地浓稠的状态。用刷子将淋面涂抹在熊仔上，以得到平滑又闪亮的外表。

用2个圆头裱花嘴，在松露片上切出12块直径为5毫米的圆片，用作熊仔的眼睛；以及6块直径为9毫米的圆片，用作鼻子。借助小刀的刀尖，将眼睛和鼻子放在熊仔上。

用于制作6人份

器具

1片带"三色铜"花样的转印纸
（PCB Création®品牌）

肥肝熊仔配香料面包

香料面包和肥肝

详见第194页的"肥肝开胃小食和香料面包"配方

组装和完成

100克鸡高汤淋面

碾碎的白胡椒

6克松露

盖朗德盐之花

西葫芦熊仔佐薄荷罗勒风味弗朗 [注1]

迷你西葫芦小棍

600克有机迷你西葫芦

弗朗内馅

450克西葫芦

25克新鲜的薄荷叶

25克新鲜的罗勒叶

18克吉利丁粉

70克淡奶油

5克细海盐

1克现磨白胡椒

240克鸡蛋（大约4个鸡蛋）

1克抗坏血酸 [注2]

组装和完成

100克鸡高汤淋面

1片松露

[注1] 非常传统的法式甜点，可以衍生出多种口味，最基础的版本类似蛋奶布丁挞。
[注2] 即维生素，防止蔬果切开后在空气里氧化变色。

可以分两个时间品尝的菜肴：
窝在可爱面条鸟巢里的禽肉蛋，
能作为开胃小食享用；面条则可以随后煮熟，
再与家人一起大快朵颐。

童
年

意式面条鸟巢抱蛋

用于制作大约25个抱蛋
提前2天准备

禽肉蛋
内馅
200克禽类里脊肉
8克细海盐
1克白胡椒
30克蛋清（大约1个鸡蛋）
200克淡奶油
50克肥肝
100克面粉
120克鸡蛋（大约2个鸡蛋）
2升煎炸用油

绿色面包糠
60克干吐司
40克意大利香芹

栗子糠
100克栗子

日式面包糠
50克日式面包糠

栗子鸟巢面团
100克T55面粉
400克栗子面粉
60克鸡蛋（大约1个鸡蛋）+150克蛋黄（大约7个鸡蛋）

原味鸟巢面团
440克T55面粉
细海盐
53克鸡蛋（大约1个鸡蛋）+175克蛋黄（大约9个鸡蛋）
13克橄榄油

香草鸟巢面团
700克原味鸟巢面团（配方如上）
105克甜菜细苗
35克龙蒿（取细叶）
35克细叶芹（取细叶）

禽肉蛋

制作内馅：将禽类里脊肉打碎成泥，用细目筛过滤到碗中。

加入细海盐、白胡椒，用刮刀混拌，再倒入蛋清。将碗放置于冰块上，加入淡奶油，搅匀至得到质地均匀的馅料。

将内馅填入半边蛋壳模具内（约50克），用保鲜膜贴面覆盖，然后放入蒸汽烤箱内，以75摄氏度烹饪（或者是放进蔬菜电蒸锅里），时长约6分钟。冷却后，放入冰箱冷藏备用。

将干吐司和意大利香芹一起打碎，得到绿色的酥粒。再使用擦皮器（Microplane牌），将栗子制作栗子糠。

将半边蛋壳状的禽肉蛋脱模，同时将肥肝刮软至膏状，将其两两黏合，形成1个整蛋。随后使用英式挂糠法：先扑上面粉，接着是打散的蛋液，再依次是糠、蛋液，最后再裹一层糠。此般交替制作出带有不同颜色面衣的禽肉蛋，放入冰箱冷藏备用。

加热炸锅里的油至170摄氏度，放入温度足够低的禽肉蛋，炸至外壳定型，但无须上色，置于厨房纸巾上，以吸取多余油分，并保持热度。

栗子鸟巢面团

用厨师机搅匀所有的原料，静置松弛30分钟。

用面条机将面团压成薄片，待其晾干。将面团切割成扁卷面状，再将卷面组装成鸟巢，在室温里干燥48小时。

原味鸟巢面团

将面粉和1撮细海盐混合均匀，随后加入鸡蛋和橄榄油。

用面条机将面团压成薄片，待其晾干5分钟，再切割成扁意面状。

将意面组装成鸟巢，在室温里干燥48小时。

香草鸟巢面团

将原味鸟巢面团切割出2份薄薄的长条。用刷子给其中一份长条极轻柔地刷上水，并粘上所有的香草（龙蒿和细叶芹）。让香草彼此紧挨着，但请勿叠加在一起。

随后将另一份长条覆盖其上，一起用面条机压成薄面片。

将薄面片切割成宽度为5厘米的长条，然后组装成鸟巢，在室温里干燥48小时。

组装

将禽肉蛋精巧地放置在鸟巢里。

晾干的面条鸟巢，能用于制作开胃小食的食托。也能将其煮熟，讨得孩子们的欢心。

欧防风奶油霜小罐
和小牛肉

用于制作6人份
提前1天准备

小牛胫部肉
1根胡萝卜
1个洋葱 [建议选用产自奥克松
（Auxonne）的品种]
1根西芹茎
1块小牛胫部肉
葡萄籽油
1瓣大蒜
1根细细的百里香
1片月桂叶
5克黑胡椒颗粒
400克白色鸡高汤
50克白波特酒
细海盐，现磨胡椒

欧防风泥
470克欧防风
1升水
250克全脂牛奶
6克粗海盐
60克淡奶油
20克无盐黄油
细海盐

油渍番茄芝麻菜黑橄榄棍
250克T55面粉
30克鸡蛋+100克蛋黄（大约5个鸡蛋）
7克橄榄油
50克普罗旺斯黑橄榄抹酱
（Tapenade）[注]
50克芝麻菜泥（芝麻菜焖煮1分钟，
打碎并放少许盐）
50克油渍番茄泥
细海盐

组装
60克榛子
120克波特酒浓缩小牛肉原汁
核桃油
2片费罗法式薄酥皮（pâte filo）
无盐黄油

小牛胫部肉

提前1天，将所有的调味蔬菜削皮，切成比较大的骰子状。

在小牛胫部肉上撒细海盐和胡椒，为其调味。在深底煎锅中倒入葡萄籽油，将牛肉炒至微微上色，出锅备用。将所有的调味蔬菜和碾碎的大蒜放入锅中，炒出汁水。再加入百里香、月桂叶和完整的胡椒颗粒。

浇上白色鸡高汤，关火，让整锅冷却。

将小牛胫部肉和所有的调味蔬菜装入可回收的真空食物袋中，在低温慢煮机里或者在75摄氏度的蒸汽烤箱里烹制15小时。

随后回收小牛肉原汁，用漏斗尖筛过滤，加热收汁至3/4的量。

将白波特酒浓缩至发亮的状态（类似糖浆的质地），再加入收汁后的小牛原汁。确认调味是否得当，备用。

欧防风泥

将欧防风削皮后，切成粗块，并仔细去除内部坚硬的部分。

将欧防风放入炖锅，和水、全脂牛奶以及粗海盐一起煮至糯软。沥干水，接着将欧防风入烤箱烘干几分钟。

煮沸淡奶油，和欧防风一起用料理棒打碎。加入无盐黄油，直至得到光滑的泥状。用细海盐调味，确认调味程度是否得当。

油渍番茄芝麻菜黑橄榄棍

混合面粉和1撮细海盐，接着加入鸡蛋、蛋黄和橄榄油，制成1份质地均匀的意大利面面团。

将面团两等分，用面条机将面团压制成2块厚度为1毫米，尺寸一致的长方形面片。

使用装有直径为3毫米的小圆头裱花嘴的裱花袋，在其中1块面片上，沿着与窄边平行的方向，依次挤上条状的油渍番茄泥，沥干后的普罗旺斯黑橄榄抹酱和芝麻菜泥。注意这三者之间需有规律地间隔开来。

叠放上第2块面片，并用大刀的刀背按压，以加深蔬果泥线条。将面片放入冰箱冷冻3小时，再横切成18份细长条。

烤箱预热至100摄氏度，烤制10分钟左右，以烘干油渍番茄芝麻菜黑橄榄棍。

组装

用平底锅干烘榛子，耗时数分钟。随后将榛子粗粗碾碎。

将小牛胫部肉切割成同样尺寸的小块，铺在6个玻璃酸奶罐子的底部。

在罐子内再倒入波特酒浓缩小牛肉原汁，直至与肉块齐平。随后在后者表面挤上欧防风泥，再撒上烘烤后的榛子颗粒，以及淋上一些核桃油。

烤箱预热至220摄氏度。

用刷子将融化的无盐黄油涂抹在费罗法式薄酥皮上。再借助直径为10厘米的切模，将酥皮切割出6块圆片。将圆片摆在酸奶罐上当做盖子，放入烤箱烘烤2分钟上色。

可出炉后趁热食用，或者当作冷食，皆佐以油渍番茄芝麻菜黑橄榄棒。

[注] 普罗旺斯地区的一种抹酱，含有黑橄榄、鳀鱼等。

肉食制品（Charcuterie）[注1] 之父库隆（Coulon）祖父的神秘配方！被设计成酥脆糖果的乡村肝酱冻，让小孩和成人都心生满足。这亦是传统与革新的一次成功联盟！

童年

祖母牛肝菌肝酱冻和酥脆糖果

用于制作12人份（肝酱冻分量约为900克，取300克用于糖果）
提前1天准备

祖母牛肝菌肝酱冻
400克禽类肝脏
340克猪喉
10克细海盐
百里香、月桂叶
8茶匙马德拉葡萄酒（madère）
200克牛肝菌
30克干葱头
鹅油
20克陈年白兰地
15克意大利香芹
40克吐司
20克全脂牛奶
1个鸡蛋
30克淡奶油
2克现磨胡椒
1克肉豆蔻粉
1克香菜粉
1份猪网膜

酥脆糖果
10片费罗法式薄酥皮
融化的无盐黄油

祖母牛肝菌肝酱冻

提前1天，分别给禽类肝脏和猪喉调味：撒细海盐，放百里香和月桂叶，浇上马德拉葡萄酒，再放入冰箱冷藏12~24小时。

将牛肝菌切成大的骰子状。在炖锅中，倒入鹅油，将预先已切碎的干葱头炒出水，耗时2~3分钟。接着加入已经撒盐的禽类肝脏，炒至表皮变硬，每一面都呈金黄色，但内部仍保持粉色。关火，用陈年白兰地进行锅底精华的萃取（用木刮刀刮出锅底的沉淀物），再撒上切碎的意大利香芹。将炒制好的牛肝菌冷却，牛肝菌原汁备用。

预热烤箱至180摄氏度。

将吐司在牛奶里浸透。

将禽类肝脏和猪喉放入绞肉机（配6号刀网）内，如有可能，保存一部分完整肝块，在馅料中可见。混合绞好的内脏泥和吐司，再依次加入鸡蛋和淡奶油。在混拌的最后，撒入各种香料（现磨胡椒、肉豆蔻粉和香菜粉）以及炒制好的牛肝菌。

取600克制得的馅料填入肉酱冻专用的陶瓷盅（terrine）里，剩余的馅料放入小号的立方体状或者长方形的器皿里，用于制作酥脆糖果。最后都用猪网膜将馅料封住。

将其放入烤箱烘烤17分钟至上色，接着降温至95摄氏度，改为隔水加热的方式，直至肝酱内部温度达到76摄氏度时结束烹饪。最后浇上芳香的牛肝菌原汁（祖母牛肝菌肝酱冻步骤中的肝脏原汁混合牛肝菌原汁）。

待其在室温里冷却数分钟，放入冰箱冷藏储存12小时。

酥脆糖果

制作当日，在小号的肝酱冻器皿中，切割出数个长为3厘米，宽和高为2厘米的六边形。将1片费罗法式薄酥皮擀开，用刷子涂上无盐黄油，再叠上另一片酥皮。

将酥皮切割成6厘米长，12厘米宽的长条。取1块肝酱冻置放在每片长条的顶端，然后卷成糖果状。

将其摆在烤盘上，放入冰箱冷藏20分钟。

预热烤箱至220摄氏度。

将其入烤箱烘烤数分钟，只需要表面上色，无须再次烤熟肝酱冻。

食用时，您可以在肝酱冻上撒些核桃颗粒，以提升风味。

[注] 在法餐里，"Charcuterie"泛指猪肉以及家禽类肉制品。

林间香气鸡肝慕斯

用于制作12杯
提前1天准备

鸡肝慕斯
125克鸡肝
125克淡奶油
60克鸡蛋（大约1个鸡蛋）
20克红宝石波特酒
3克细海盐
1克细砂糖
1克沙捞越黑胡椒

牛肝菌芭芭顶
详见第232页"哈雷芭芭国王饼"
配方中的"芭芭面团"配方
蛋清
2撮牛肝菌粉

鸡油菌内馅
100克小的鸡油菌
10克无盐黄油
10克细叶芹
10克去壳榛子
细海盐、现磨胡椒

白玉菇内馅
100克白玉菇
1/2个洋葱
橄榄油
50克白葡萄酒醋
1克细海盐
1克胡椒
1新鲜的香菜

日式芝麻海盐调味料
6克芝麻粒
12克盐之花
80克酱油

鸡肝慕斯
提前1天，剔去鸡肝的血管，置于冷水里去除杂质。
制作当日，预热烤箱至100摄氏度。
将鸡肝沥水，和淡奶油、鸡蛋、红宝石波特酒、细海盐、细砂糖和黑胡椒一起打成泥。用漏斗尖筛过滤鸡肝，灌入陶瓷制的鸡蛋杯内。
在烤箱中用水浴法烘烤15分钟。待其冷却后，放入冰箱冷藏1小时。

牛肝菌芭芭顶
请按照第232页的"哈雷芭芭国王饼"配方，制作芭芭面团。
将芭芭面团装入裱花袋内，将其填充进直径为6厘米的硅胶半球模具内。烤箱预热至165摄氏度，将模具置于湿度极高的制作间，在28摄氏度下（或者放入热的烤箱，并将炉门打开）醒发1小时。
醒发完成后，将其放入烤箱烘烤25分钟左右。
出炉后，即刻倒扣脱模，将芭芭顶放置在烤架上。取锯齿刀切割掉芭芭的底端，保留顶端的圆拱部分。用刷子蘸取蛋清，涂抹其顶部。撒上牛肝菌粉，重新回炉，以165摄氏度烘烤3分钟。

鸡油菌内馅
预热烤箱至160摄氏度。
用无盐黄油翻炒鸡油菌，无须上色。用细海盐和现磨胡椒调味，最后撒上切碎的细叶芹。
将榛子放入烤箱烘烤数分钟。出炉后用刀将榛子碾碎，备用，作为装饰。

白玉菇内馅
在平底锅中，放入橄榄油，将洋葱碎炒出水，无须上色。倒入白玉菇，随后用白葡萄酒醋萃取锅底精华：用木刮刀刮出锅底的沉淀物，让其略微浓缩，以减少一部分的酸度。用细海盐和胡椒调味，最后加入切碎的香菜，出锅。

日式芝麻海盐调味料
在平底锅中，翻炒芝麻粒和盐之花，持续翻炒至芝麻粒均匀上色。
倒入酱油萃取锅底精华，持续搅拌，直到芝麻粒和盐之花裹上酱油。出锅，备用，作为装饰。

组装
在一半的鸡蛋杯里，将鸡油菌内馅铺在鸡肝慕斯上。
撒上切碎的榛子粒，再盖上1个牛肝菌芭芭顶。
在另一半的鸡蛋杯里，将白玉菇内馅铺在鸡肝慕斯上，并撒上日式芝麻海盐调味料，最后盖上1个牛肝菌芭芭顶。

巧克力面包
（松露版无巧克力）

用于制作12个鸡尾酒会小食

松露维也纳甜酥

20克无盐黄油

10克松露碎

20克吐司糠

1撮细海盐

千层酥布里欧修

200克布里欧修面团（详见第270页的
"千层酥布里欧修面团"配方）

1个鸡蛋

1撮细海盐

松露维也纳甜酥

在不锈钢盆中，将无盐黄油软化成膏状，加入吐司糠和1撮细海盐，混合均匀，接着拌入切得极细的松露碎。

在烘焙油纸上，将面糊擀开至5毫米的厚度，随即冷冻锁温：放入冰箱冷冻放置3小时，再切割成5厘米×1厘米的条状。

千层酥布里欧修

将酥皮擀开至3毫米厚度，再切割成5厘米×8厘米的长方形。

在每份酥皮上面摆放1条松露维也纳甜酥，接着卷起来，整形成巧克力面包。

将其放置在铺有烘焙油纸的烤盘上。

将鸡蛋和细海盐一起打散，用刷子蘸取蛋液，涂在酥皮表面上色。

在28摄氏度下，让其醒发2小时（或者放在热的烤箱里，将炉门打开）。

烤箱预至200摄氏度，将千层酥布里欧修放入烤箱，温度调整至180摄氏度，烘烤8~10分钟。

出炉后将布里欧修放在烤架上冷却。

建议：您也可以将新鲜松露切割成同等尺寸的长条，用来代替松露维也纳甜酥。

榛子酱熊仔糕

用于制作12个熊仔

提前1天准备

布里欧修

6克新鲜酵母

1汤匙温水

180克精细面粉

15克细砂糖

5克细海盐

110克鸡蛋（2个小号鸡蛋）+1个蛋黄（用于上色）

125克无盐黄油

去壳杏仁

榛子抹酱

20克可可膏

140克炼乳

40克榛子膏

布里欧修

提前1天，在不锈钢盆中或者厨师机缸里，用温水化开酵母，放入预先过筛好的精细面粉，接着加入细砂糖、细海盐以及3/4的鸡蛋，搅打直至面团质地紧实，光滑且均匀。加入剩余的鸡蛋，继续搅打面团15分钟至质地光滑和柔软。最后加入无盐黄油，并持续不停地搅打，直至得到质地均匀的面团。将面团放在室温里醒发1小时30分钟。

当面团体积膨胀翻倍后，用手翻面2次，将面团放入冰箱冷藏，继续醒发2~3小时。重新用手再翻面2次，放入冰箱冷藏12小时。

制作当日，借助擀面杖，将布里欧修面团擀开至3毫米的厚度。用造型切模切出12个熊仔的头，将其放置在铺有烘焙油纸的烤盘上。

将杏仁细细切碎。将鸡蛋打散，用刷子将少许蛋液涂抹在每一个熊仔的头上。随后在熊仔头上撒满杏仁碎，让其在28摄氏度下醒发2小时（或者放入加热的烤箱，打开炉门，并在烤箱内放置1碗水）。

榛子抹酱

隔水融化可可膏，加入炼乳和榛子膏。用力搅拌均匀，在室温里储存备用。

完成

预热烤箱至200摄氏度。

当布里欧修入炉时，将温度降至180摄氏度，烘烤12~15分钟。出炉后将其放置在烤架上冷却。

将布里欧修对半切开，里面涂上榛子抹酱。

将布里欧修重新合拢，再借助裱花袋，用榛子抹酱绘出熊仔的鼻子和眼睛。

此款马卡龙极富艳阳下的慵懒度假风格。
恰是位于戛纳昂蒂布（Antibes）大街
的雷诺特店铺为小孩们推出的应景甜点。

童年

眼镜马卡龙

香草马卡龙壳
详见第224页的"蛮荒印记"配方及制作方法。

香草慕斯琳奶油
请按照第42页的"覆盆子香草糖果"配方，制作300克香草慕斯琳奶油。

双莓果块果糊
将吉利丁片在冷水中泡软。将50克草莓用料理棒打碎成果泥。
将剩余的草莓切成小丁，并和整颗的新鲜野草莓一起放置在不锈钢盆中。
另取一锅，将水和粗砂糖加热至121摄氏度，倒入草莓果泥，以阻止继续加热的进程（意为通过加入冷的果泥并不断搅拌的举动，来降低糖水的温度）。待煮至105摄氏度，放入泡软且拧干的吉利丁片。最后将其倒在新鲜草莓小丁和野草莓上，混合均匀。

组装和完成
用香草慕斯琳奶油挤满一半的马卡龙壳的边缘。
中间留空，用双莓果块果糊填充，接着盖上第2片马卡龙壳。
也可以摆上用巧克力制成的眼镜作为装饰。

用于制作12个单人份

香草马卡龙壳
详见第224页的"蛮荒印记"配方

香草慕斯琳奶油
详见第42页的"覆盆子香草糖果"
配方

双莓果块果糊
3克吉利丁片
150克草莓
90克野草莓
15克水
65克粗砂糖

组装和完成
巧克力制成的眼镜
（PCB Création®牌）

巴黎华夫饼

用于制作12个华夫饼

华夫饼面糊

440克全脂牛奶

75克无盐黄油

3克细海盐

10克粗砂糖

190克面粉

375克鸡蛋（大约7个鸡蛋）

190克淡奶油

数滴橙花水

巧克力酱

100克帕西[注1]（Passy®）

黑巧克力（70%）

100克全脂牛奶

1汤匙重奶油[注2]

25克细砂糖

15克无盐黄油

焦糖

70克粗砂糖

20克水

20克葡萄糖浆

完成

巧克力糖果（市售或者详见第184页

的"缤纷水果小方"配方）

糖粉

华夫饼面糊

在锅中倒入250克全脂牛奶，随后依次放进切成块状的无盐黄油、细海盐和粗砂糖。煮至微沸腾后离火，倒入预先过筛好的面粉，用蛋抽用力搅拌。将面糊重新放回炉火上，换成刮刀不停翻拌30秒，以炒干面糊的水分。随后将其转移到不锈钢盆中，逐个加入鸡蛋，用刮刀混合均匀，再倒入剩余的全脂牛奶、淡奶油和橙花水。

加热华夫饼机，预先上一层薄油。用长柄汤匙将面糊填满饼格，华夫饼的每一面烘烤约2分钟。

巧克力酱

隔水融化黑巧克力至40摄氏度。在锅中煮沸全脂牛奶，随后倒入重奶油重新煮沸。离火后，加入细砂糖、融化的黑巧克力、无盐黄油，再次煮沸数秒。搅拌均匀后冷却。

焦糖

在锅中，依次倒入水、粗砂糖，煮至沸腾。加入葡萄糖浆，再次煮沸至150摄氏度。随即将整锅浸入冷水盆里，用于中断继续加热的进程。最后将焦糖倒在烘焙油纸上或者带有气泡的专用糖纸上，待其冷却后，在室温里储存备用。

完成

将华夫饼置于碟子中，在其中1个饼格里淋上巧克力酱，并用焦糖块和巧克力糖果[注3]作为装饰。最后撒上糖粉。

[注1] 巧克力厂商可可百利与雷诺特厨艺学院联名出品的一款黑巧克力，混合了3种非洲可可豆，可可脂含量达到70%，带有水果调性，充满甘草香。

[注2] 重奶油乳脂含量为36%~40%，高于普通淡奶油的35%，又译作高浓度鲜奶油、高浓度淡奶油、高脂厚奶油。

[注3] 指第184页中的用巧克力制成的缤纷水果小方。

这份颇具波普艺术风格的创造，源自我们雷诺特董事会的主席帕特里克·思卡尔德（Patrick Scicard）与艺术家罗朗丝·让克尔（Laurence Jenkell）的一场交谈，后者以有机玻璃材质的包装糖果雕塑作品（bonbons wrappings）而出名。于是我们设想出充满童真的圣诞劈柴蛋糕版本，向她遥遥致敬。

未成年人请退却[注1]……

用于制作6人份
提前1天准备

器具
1个圣诞劈柴蛋糕模具，长宽高为
18厘米×8厘米×7厘米

牛奶巧克力淋面
65克牛奶巧克力
100克水
75克粗砂糖
2.5克NH果胶
7.5克葡萄糖浆

巧克力甘那许
30克黑巧克力（50%）
30克淡奶油

维也纳比斯基
30克鸡蛋+30克蛋清
15克糖粉
15克杏仁粉
10克细砂糖
15克面粉

威士忌潘趣酒糖浆（Punch whisky）
17.5克细砂糖
15克水
15克陈年12年威士忌（或者梨汁）

布列塔尼沙布雷面团
20克无盐黄油
1撮盐之花
20克糖粉
27.5克面粉
0.5克泡打粉
10克蛋黄
50克黑巧克力（50%）
5克葡萄籽油

栗子慕斯
2克吉利丁片
150克淡奶油
42.5克栗子奶油
85克栗子膏
18克陈年12年威士忌（或者梨汁）

巧克力刨花
300克黑巧克力（70%）

组装和完成
100克糖渍栗子碎
巧克力碎针或者金粉

栗子，栗子，栗子糖果

牛奶巧克力淋面
提前1天，在不锈钢盆中将牛奶巧克力切成块。
在锅中，倒入水以及NH果胶和粗砂糖的混合物，煮至沸腾。接着加入葡萄糖浆，重新煮沸。如有必要，撇去浮沫，随后将其倒在放有巧克力的盆里，用蛋抽搅匀，最后用均质机均质[注2]，放入冰箱冷藏12小时。

巧克力甘那许
制作当日，在锅中微微煮沸淡奶油，将淡奶油倒在切成块状的黑巧克力上，等待1分钟后，用蛋抽搅匀。待其稍微冷却后，将其倒在一张与劈柴蛋糕模具同样尺寸大小的硬质玻璃纸上摊平，大小为18厘米×8厘米。然后将巧克力甘那许放入冰箱冷藏，放置30分钟定型，随后装入模具内，一并放回冰箱冷藏储存。

维也纳比斯基
预热烤箱至170摄氏度。
将鸡蛋与预先过筛好的糖粉和杏仁粉混合，用蛋抽打发，耗时约10分钟。继续用蛋抽打发蛋清和细砂糖。将两者轻柔地混合均匀，再一点点地加入预先过筛好的面粉。
将制成的面糊倒在铺有烘焙油纸的烤盘上，摊成1个尺寸为6厘米×18厘米的长方形。入烤箱烘烤20分钟左右，待其冷却后，撕掉烘焙油纸。

威士忌潘趣酒糖浆
取1个小锅，将水微微煮沸，加入细砂糖，待其溶化后再倒入陈年威士忌（或者梨汁）。将糖浆放入冰箱冷藏备用。

布列塔尼沙布雷面团
预热烤箱至170摄氏度。
搅匀无盐黄油、盐之花和糖粉。加入预先过筛好的面粉和泡打粉。全部混合均匀后倒入蛋黄，直至成团。将面团整形成球状，裹上保鲜膜，入冰箱冷藏松弛20分钟。
将面团擀开至4毫米的厚度，切割出1块尺寸为7厘米×18厘米的长条。将其放在铺有烘焙油纸的烤盘上，并夹在两把钢尺之间，入烤箱烘烤20分钟，出炉后冷却。
融化黑巧克力，加入葡萄籽油。将其抹在沙布雷上，随后放入冰箱冷藏30分钟定型。

栗子慕斯
将吉利丁片放入冷水里泡软，吸收水分，接着在40摄氏度将其溶化。
将冷的淡奶油打发好。混合栗子膏和栗子奶油，倒入陈年威士忌（或者梨汁）和溶化好的吉利丁液，混合均匀，然后轻柔地分3次拌入打发的淡奶油。最后将栗子慕斯放入冰箱冷藏备用。

巧克力刨花
请按照第216页的"秋叶薄脆千层酥"的配方制作巧克力刨花，并组装成扇形。

组装和完成
在已铺有巧克力甘那许玻璃纸的劈柴蛋糕模具内，挤入一半分量的栗子慕斯，撒上一半的糖渍栗子碎。再放入1块维也纳比斯基，并刷上大量的威士忌潘趣酒糖浆（或者梨汁）。随后填入剩余的栗子慕斯，撒上剩余的糖渍栗子碎。最终用布列塔尼沙布雷长条封底，放入冰箱冷冻过夜。
组装当日，将牛奶巧克力淋面加热融化至45摄氏度。将劈柴蛋糕脱模，撇去硬质玻璃纸，将蛋糕放置在烤架上。用淋面均匀地浇淋整个慕斯，并用刮刀修饰平整。将其放入冰箱冷藏15分钟，随后装在盘中或者置于底托上。最后撒上巧克力碎针，以及在劈柴蛋糕的两端粘上微微刷有金粉的扇形黑巧克力（淋面有助于黏合），趁低温尽快享用。

[注1] 因为此款甜点里面有酒，所以禁止未满18岁的人食用。
[注2] 均质表示用高速旋转的刀头将食材打碎，乳化巧克力甘那许，或去除淋面气泡等。

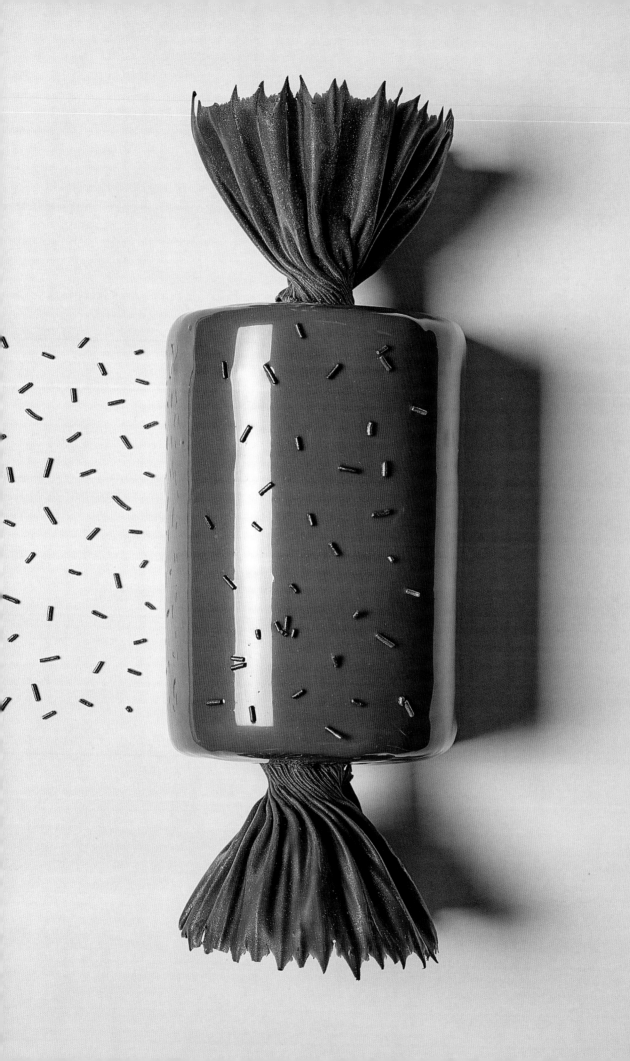

覆盆子香草糖果

用于制作6人份
提前1天准备

器具
1个圣诞劈柴蛋糕模具，长宽高为
18厘米×8厘米×7厘米

维也纳比斯基
30克鸡蛋
15克糖粉
15克杏仁粉
30克蛋清（大约1个鸡蛋）
10克细砂糖
15克面粉

香草卡仕达酱
80克全脂牛奶
25克细砂糖
1/4根香草荚
20克蛋黄（大约1个鸡蛋）
1/2汤匙面粉
1/2汤匙玉米淀粉

黄油奶油霜
100克细砂糖
25克水（大约3茶匙）
80克蛋黄（大约4个鸡蛋）
125克无盐黄油
40克蛋清
10克糖

香草慕斯琳奶油
75克香草卡仕达酱
20克覆盆子白兰地
250克黄油奶油霜

覆盆子库利
65克新鲜覆盆子
20克细砂糖

覆盆子潘趣酒糖浆
30克水
25克细砂糖
15克新鲜的覆盆子
10克覆盆子白兰地

酥脆
25克白巧克力
35克加伏特牌原味蕾丝薄脆饼干
25克榛子抹酱（详见第34页的"榛子酱熊仔糕"配方）
12.5克无盐黄油

香草白淋面
2克吉利丁片
1根香草荚
60克全脂牛奶
22.5克葡萄糖浆
65克白巧克力
65克象牙白淋面膏（可可百利牌）

巧克力刨花
300克白巧克力

组装和完成
85克覆盆子

维也纳比斯基 预热烤箱至170摄氏度。
将鸡蛋与预先过筛好的糖粉和杏仁粉混合，用蛋抽打发，耗时约10分钟。继续用蛋抽打发蛋清和细砂糖。将两者轻柔地混合均匀，再一点点地加入预先过筛好的面粉。
将混合好的面糊倒在铺有烘焙油纸的烤盘上，摊成1个尺寸为12厘米×36厘米的长方形，厚度为1厘米，入烤箱烘烤20分钟左右。待其冷却后，撤去烘焙油纸。
将其切割成2块大小为18厘米×6厘米的长条。

香草卡仕达酱 将香草荚对半剖开，刮取出香草籽，和香草荚壳一起投入锅中，与全脂牛奶和10克细砂糖一并煮至微沸。取1个不锈钢盆，搅打蛋黄和剩余的细砂糖，接着倒入预先过筛好的面粉和玉米淀粉，搅匀。取一部分热牛奶，倒入不锈钢盆里，混合后再全部倒回牛奶锅中。搅拌30秒至轻微沸腾，离火，冷却。

黄油奶油霜 在锅中，将水和细砂糖煮至121摄氏度，将其缓慢地倒入蛋黄里，不停搅拌，直至冷却。随后一点点地加入无盐黄油，搅拌至顺滑状态。为了使奶油霜质地口感更为轻盈，可拌入已和10克细砂糖一起打发好的蛋白。

香草慕斯琳奶油 用蛋抽将冷的香草卡仕达酱与覆盆子白兰地一起打散，恢复光滑质地，然后分3次加入黄油奶油霜。继续用蛋抽将全部搅至顺滑。
如果制得的香草慕斯琳奶油质地过硬，不够光滑，可将其放入隔水加热的锅里，用力地搅打数秒钟。成品在室温里保存至组装。

覆盆子库利 将细砂糖和覆盆子一起均质粉碎，若有需要，过筛1次。放入冰箱冷藏储存。

覆盆子潘趣酒糖浆 在锅中，将水与细砂糖煮30秒至微沸，倒入覆盆子白兰地。
将覆盆子用料理棒粉碎，加入上述的糖浆，过筛后放入冰箱冷藏备用。

酥脆 用隔水加热法融化白巧克力。将原味薄脆饼干粗粗碾碎，加入榛子抹酱，用刮刀混合均匀。随后依次倒入融化的白巧克力和融化的热的无盐黄油。混合均匀后摊平在1张烘焙油纸上，呈1个面积为36厘米×6厘米、厚度为0.5厘米的长方形。放入冰箱冷冻定型。

香草白淋面 将吉利丁片在冷水里泡软。将香草荚横向剖开，刮取出香草籽。在锅中煮沸全脂牛奶和葡萄糖浆，加入拧干的吉利丁片，接着将其倒在白巧克力和象牙白淋面膏上。
用蛋抽将淋面搅匀，注意不要产生气泡。最后加入香草籽，过筛。

巧克力刨花 请按照第216页的"秋叶薄脆千层酥"的配方，制作巧克力刨花，并组装成扇形。

组装和完成 将香草慕斯琳奶油摊平在一张与劈柴蛋糕模具同样尺寸大小的硬质玻璃纸上，再将其放入模具内。将模具放入冰箱冷藏20分钟。在模具中挤入香草慕斯琳奶油，摆上一半的新鲜覆盆子和覆盆子库利，再放置1块维也纳比斯基，并刷上大量的覆盆子潘趣酒糖浆。随后重复此步骤1次，最后放上酥脆封底。放入冰箱冷冻过夜。
组装当日，将香草白淋面加热融化至45摄氏度。将劈柴蛋糕脱模，撤去硬质玻璃纸，放置在烤架上。用淋面均匀地浇淋整个慕斯，并用刮刀修饰平整。将其放入冰箱冷藏15分钟，随后装在盘中或者置于底托上。最后在劈柴蛋糕的两端粘上扇形白巧克力（淋面有助于黏合），趁低温尽快享用。

冰激凌宝塔糖

用于制作2个宝塔糖（Berlingot）^[注]
（2~4人份）

提前1天准备

宝塔糖味冰激凌

150克全脂牛奶

100克淡奶油

1茶匙细砂糖

50克切碎的宝塔糖

1个蛋黄

香草冰激凌

详见第46页的"香草草莓摩托车"

配方

宝塔糖味冰激凌

提前1天，在锅中加热全脂牛奶、淡奶油和细砂糖至40摄氏度。

倒入切碎的宝塔糖，使其溶化，再加入蛋黄，边搅拌边煮至83摄氏度，直至质地浓稠，且挂在刮刀上不掉落（就像英式蛋奶酱）。如有需要，进行均质和过筛。将其装入容器内，覆上保鲜膜。

放入冰箱冷藏12小时。

香草冰激凌

将香草冰激凌涂满半边宝塔糖形状的硅胶模具（PCB®牌）的内壁，将边缘处抹干净，放入冰箱冷冻12小时备用。

完成

制作当日，将宝塔糖味冰激凌放入雪芭机里进行搅打。

制作完毕后，用宝塔糖味冰激凌填充半边宝塔糖形状的硅胶模具，抹平。随后将模具两两合拢一起，形成1个大号的宝塔糖糖果，放入冰箱冷冻定型12小时。脱模后，用加热的抹刀将连接的缝隙处抹平滑。

如果想要获得条纹的视觉效果，请使用PCB Création®牌的特制模具。

[注] 宝塔糖是法国的一种古老的硬质水果味糖果，呈四方形，并带有条纹。

给追风者们的配方！

这里有一段小小的的故事。我们摩托车手挚爱的哈雷·戴维森（Harley Davidson）摩托，以及童年里传奇的绒毛玩具泰迪熊，都诞生于1903年。美味将两者连接在一起，而且上部分的骷髅头[注1]装饰与底部的香草草莓冰激凌形成有趣的反差！

香草草莓摩托车

白巧克力外壳

以隔水加热的方式融化白巧克力至40摄氏度。

再将2/3的融化巧克力倒在洁净且干燥的大理石桌面上，进行调温：用长抹刀将巧克力摊开，并从巧克力的旁侧由下至上地不断铲起，再摊开，且始终保持与大理石台面的接触。巧克力会迅速变浓稠并结块，在质地变硬之前，将其全部铲起，放回40摄氏度的巧克力里。

之后无须再进行隔水加热。混拌均匀后，温度会达到28摄氏度。保持这个温度。

将巧克力倒入2个巧克力板状的模具内，翻转，并敲击模具，让多余的巧克力流淌而下。将模具边缘铲干净，待其冷却。

香草冰激凌

提前1天，在锅中加热全脂牛奶和淡奶油，放入剖开后刮取出的香草籽和香草荚。离火，静置萃取香气10分钟。过筛，将液体重新倒回锅中。依次倒入细砂糖、蛋黄，并不停搅拌，煮至83摄氏度（呈现出能挂在刮刀上的浓稠质地，如同制作英式蛋奶酱）。如有需要，进行均质和过筛。放入冰箱冷藏过夜。

制作当日，将其放入雪芭机中进行搅打，制作完毕后，即刻填入小熊模具内。

将模具放入冰箱冷冻定型2小时。

草莓雪芭

将草莓和20克粗砂糖一起均质打碎，得到光滑的果泥。在锅中，将水煮至温热，倒入葡萄糖粉和剩余的粗砂糖，并不停搅拌，煮至83摄氏度。

待其冷却后，与草莓果泥混合均匀。

将混合物放入雪芭机中进行搅打，制作完毕后，将其即刻填入白巧克力外壳内。将底部抹平整，放入冰箱冷冻定型2小时。

完成

将巧克力板状的白巧克力外壳脱模，全部喷上粉色的巧克力喷砂液。

将小熊脱模，并整体喷上白色的巧克力喷砂液。

将小熊放置在白巧克力板上，滴上几滴草莓果冻果酱作为装饰。

用于制作6人份
提前1天或者2天准备

白巧克力外壳
100克白巧克力

香草冰激凌
150克全脂牛奶
50克淡奶油
1/2根香草荚
40克细砂糖
20克蛋黄（大约1个鸡蛋）

草莓雪芭
190克去蒂草莓
50克粗砂糖
20克水
15克葡萄糖粉

完成
罐装的巧克力喷砂液（粉色和白色）
草莓果冻果酱[注2]

[注1] 骷髅头代表的就是哈雷摩托车。
[注2] 不含果肉的，类似果冻的果酱。

滚动小球

自带嘉年华愉悦氛围的冰激凌小球,香气怡人。
滚啊滚,一直滚到你的盘子里。

覆盆子雪芭

提前1天，打碎覆盆子和40克粗砂糖，得到光滑的果泥。

在锅中，将水煮至温热，倒入葡萄糖粉和剩余的粗砂糖，边用蛋抽不停搅拌边煮至83摄氏度。待其冷却后，与覆盆子果泥混合均匀。

制作当日，将其放入雪芭机里进行搅打，制作完毕后，即刻灌满24个直径为4厘米的半球模具。将模具放入冰箱冷冻定型2小时。

脱模。食用时，将兰斯玫瑰饼干打碎成粉末。将半球合并成覆盆子雪芭圆球，然后在饼干屑里滚一下。

盐之花焦糖冰激凌

提前1天，在锅中无水干熬75克细砂糖，直至呈现焦糖色。加入沸水，以阻止继续焦糖化的进程。另取一锅，将全脂牛奶煮至温热，倒入剩余的细砂糖、盐之花、葡萄糖粉和蛋黄，全程用蛋抽不停搅拌。随后加入无盐黄油和最初制得的焦糖，不停搅拌，煮至83摄氏度。如有需要，进行均质和过筛。

放入冰箱冷藏2小时进行冷却。

制作当日，将其放入雪芭机里进行搅打，制作完毕后，即刻灌满24个直径为4厘米的半球模具。将模具放入冰箱冷冻定型2小时。

脱模。食用时，将半球合并成冰激凌圆球，然后在依思尼牌焦糖块中滚一下。

椰子冰激凌

提前1天，在锅中将全脂牛奶煮至温热，约40摄氏度，并化开脱脂奶粉。

依次倒入淡奶油、细砂糖和葡萄糖粉。用蛋抽不停搅拌，煮至80摄氏度。如有需要，进行均质和过筛。待其冷却后，与椰子果蓉混合均匀。

制作当日，将其放入雪芭机里进行搅打，制作完毕后，即刻灌满24个直径为4厘米的半球模具。将模具放入冰箱冷冻备用。

脱模。食用时，将半球合并成冰激凌圆球，然后在椰蓉中滚一下。

开心果冰激凌

提前1天，在锅中，将全脂牛奶、淡奶油煮至温热，倒入细砂糖、蛋黄，不停搅拌，煮至83摄氏度（呈现出能挂在刮刀上的浓稠质地，如同英式蛋奶酱）。如有需要，进行均质和过筛。拌入西西里岛开心果膏，待其冷却，放入冰箱冷藏备用。

制作当日，将其放入雪芭机里进行搅打，制作完毕后，即刻灌满24个直径为4厘米的半球模具。将模具放入冰箱冷冻定型2小时。

脱模。食用时，将半球合并成冰激凌圆球，然后在开心果粉中滚一下。

用于制作每款味道各12个小球
提前1天准备

覆盆子雪芭
380克覆盆子
100克粗砂糖
45克水
30克葡萄糖粉
1盒兰斯玫瑰饼干[注1]

盐之花焦糖冰激凌
120克细砂糖
25克沸水
350克全脂牛奶
2克盐之花
25克葡萄糖粉
20克蛋黄（大约1个鸡蛋）
40克无盐黄油
依思尼牌（Isigne®）[注2]焦糖块

椰子冰激凌
30克脱脂奶粉
120克全脂牛奶
130克淡奶油
60克细砂糖
30克葡萄糖粉
175克椰子果蓉
椰蓉

开心果冰激凌
315克全脂牛奶
60克淡奶油
100克细砂糖
60克蛋黄（大约3个鸡蛋）
40克西西里岛开心果膏
开心果粉

[注1] 源自法国香槟大区首府兰斯（Reims）的古老饼干，呈粉色。
[注2] 法国的专业焦糖生产商，制作各种形态的焦糖产品。

云朵蛋白霜
配薄荷味奶油

用于制作12个鸡尾酒会小食

云朵蛋白霜

60克蛋清（大约2个鸡蛋）

60克细砂糖

60克糖粉

粗砂糖

1~2滴天然食用色素

云朵沙布雷

90克无盐黄油

30克糖粉

30克杏仁粉

1撮细海盐

120克面粉

20克蛋黄（大约1个鸡蛋）

薄荷味奶油霜

30克无盐黄油

20克糖粉

20克杏仁粉

50克冷的香草卡仕达酱（详见第42页
的"覆盆子香草糖果"配方，按需求
调整用量）

5片新鲜的薄荷叶

云朵蛋白霜

烤箱预热至85摄氏度。

将蛋清与细砂糖一起打发。倒入预先过筛好的糖粉，用刮刀混拌均匀。将制成的蛋白霜分成2份，其中1份按照喜好用色素染色。

用云朵形状的切模切割出白色（即原色）的蛋白霜云朵（长为7厘米，高为3厘米，厚度为2毫米）。撤去切模，在云朵上撒上粗砂糖。按照此方法制作出6朵白色云朵和6朵彩色云朵。将它们放入烤箱，烘烤1小时左右。冷却后，将云朵密封，干燥储存。

云朵沙布雷

在不锈钢盆中，混合切成块状的无盐黄油、糖粉。

加入杏仁粉、细海盐、面粉、蛋黄。全部搅匀但无须过度揉搓。将面团整形成球状，裹上保鲜膜，放入冰箱冷藏松弛1小时。

将面团擀开至3毫米的厚度，然后切割成12个和蛋白霜云朵同样尺寸大小的云朵沙布雷饼干。将饼干放在烘焙油纸上，放入冰箱冷藏松弛30分钟。

烤箱预热至160摄氏度，放入云朵沙布雷，烘烤15分钟左右，直至烤熟。出炉后冷却。

薄荷味奶油霜

将无盐黄油在不锈钢盆中软化成膏状，加入预先过筛好的糖粉、杏仁粉，搅拌均匀。将冷的香草卡仕达酱用蛋抽搅打至恢复光滑质地，加入混合物中。将薄荷叶切碎，放入混合物中轻柔搅拌。最后将做好的薄荷味奶油霜装入带有直径为10毫米裱花嘴的裱花袋内。

组装

在每片云朵沙布雷上，挤上2条薄荷味奶油霜，随后盖上云朵蛋白霜。

狮子
拼接套装

这是拼装和品尝两不误的游戏!

牛奶巧克力

用隔水加热的方式融化牛奶巧克力至40摄氏度。再将2/3的融化后的牛奶巧克力倒在洁净且干燥的大理石桌面上，进行调温：用长抹刀将巧克力摊开，并从巧克力的旁侧由下至上地不断铲起，再摊开，且始终保持其与大理石台面的接触。巧克力会迅速变浓稠结块，在质地变硬之前，将其全部铲起，再倒回至40摄氏度的巧克力里。无须再隔水加热，混拌均匀后，温度达到28摄氏度。保持这个温度。

将巧克力灌入1块巧克力板状模具内，在桌面上敲击，去除气泡，使巧克力液自然摊平。待巧克力冷却定型后，脱模。

再将剩余的巧克力灌入1个直径为5厘米的半球模具和1个直径为3厘米的半球模具内。将模具翻转过来，让多余的巧克力流出。稍微冷却后，重复此步骤1次，待其彻底冷却后脱模。

关于制作舌头和耳朵：将剩余的28摄氏度的巧克力，在巧克力玻璃纸上摊开至4~5毫米的厚度。等候片刻，让其略微结晶。接着借助小刀将巧克力切割出相应的形状，放入冰箱冷藏定型，记得压1块砧板在巧克力上面，防止巧克力卷翘。

黑巧克力

按照与牛奶巧克力一致的操作手法，进行黑巧克力的融化与调温，注意黑巧克力有其对应的不同温度（请见第182页的详细示范）。

关于制作狮鬃：将30摄氏度的黑巧克力在巧克力玻璃纸上摊至4~5毫米的厚度，等候片刻，让其略微结晶。接着借助小刀将巧克力切割出相应的形状，放入冰箱冷藏定型，记得压1块砧板在巧克力上面，防止巧克力卷翘。

白巧克力

按照与牛奶巧克力一致的操作手法，进行白巧克力的融化与调温，注意白巧克力有其对应的不同温度（请见第182页的详细示范）。

关于鼻子和眼睛：将28摄氏度的白巧克力在巧克力玻璃纸上摊至4~5毫米的厚度，等候片刻，让其略微结晶。接着借助小刀将巧克力切割出相应的形状，放入冰箱冷藏定型，记得压1块砧板在巧克力上面，防止巧克力卷翘。在眼睛上挤一点黑色巧克力，当作瞳孔。

关于蛋壳蝴蝶结：取白巧克力灌模，操作手法与制作牛奶巧克力半球一致，冷却后脱模。将红色杏仁膏擀薄，切成小长条，然后粘在蛋壳上。

组装和完成

将牛奶巧克力板放在1块平整的底托上，挤上一点融化的巧克力，粘上狮鬃。再以同样的方式，依次粘上1个大的半球、小半球、耳朵、眼、嘴巴、鼻子和拼接成蝴蝶结的巧克力蛋壳。

用于制作1份套装

器具
2张巧克力玻璃纸

100克巴布亚牛奶巧克力（35%）
500克黑巧克力
500克象牙白巧克力
10克红色杏仁膏

蓝莓栗子悠悠球带动你们的感官一起游戏，这些悠悠球映射出我们职业深处永恒的追求：协和美味和美观。让悠悠球唤醒你们的味蕾和眼睛，一起创造惊喜和激发愉悦。

童年

蓝莓栗子悠悠球

用于制作每款40个

器具

1张转印纸，带有特制的巧克力转印花纹

栗子甘那许

40克淡奶油

15克百花蜜 [注]

60克栗子膏

70克牛奶巧克力

20克黑巧克力（50%）

蓝莓甘那许

120克淡奶油

50克百花蜜

70克蓝莓果蓉

70克细砂糖

1汤匙醋栗利口酒

5克无盐黄油

200克帕西黑巧克力（70%）

完成

200克牛奶巧克力

200克帕西黑巧克力（70%）

栗子甘那许

在锅中，微微煮沸淡奶油和百花蜜。离火后，加入栗子膏，用蛋抽搅拌化开。

在不锈钢盆里，放入牛奶巧克力和黑巧克力，倒入热的淡奶油。等1分钟后，用蛋抽搅匀，注意不要产生气泡。待其冷却1小时。

蓝莓甘那许

在锅中，微微煮沸淡奶油、百花蜜和蓝莓果蓉。

将细砂糖熬至浅棕色，接着一点点地倒入淡奶油混合物，用以中断焦糖化的进程。当温度达到110摄氏度时，加入醋栗利口酒。

在不锈钢盆中，放入帕西黑巧克力和无盐黄油，浇上前一个步骤制得的热的焦糖淡奶油。等待1分钟后，用蛋抽搅匀，注意不要产生气泡。待其冷却。

完成

将2种口味的甘那许分别装入带有直径为1厘米圆头裱花嘴的裱花袋内，在烘焙油纸上，用裱花袋挤出圆饼，每个重5克，待其冷却。

将2种不同的巧克力分开调温（请见第182页的详细示范）。用巧克力叉叉起栗子甘那许圆饼，浸到调好温的牛奶巧克力内；蓝莓甘那许则浸到黑巧克力内，将其提出后抹掉多余的巧克力。

将这些圆饼放置在巧克力玻璃纸上，即刻在其表面贴上带有特制花纹的巧克力转印纸，待其冷却。一旦巧克力结晶凝固，撤去转印纸表面的塑料膜。

取2个不同口味的圆饼（1个栗子口味，1个蓝莓口味），将不带转印纸花纹的那一面极轻微地加热（例如在不太烫的烤盘上摩擦一下），然后黏合组装在一起。在室温里冷却后，将圆饼穿一条线，做成悠悠球。

———

[注] 意为不是单一种类的花酿造出的蜂蜜。

这份卡通作品，原是为一个极有名的法国奢侈品牌所设计。效果拔群，以至于比其品牌更吸睛。它像孩童的游戏，无法抵御其魔力。

垂钓

皇家糖霜

在不锈钢盆中倒入蛋清，逐步加入预先过筛好的糖粉，同时用刮刀不停搅拌，直至呈现挺立的、光滑的膏状。挤入柠檬汁，混合均匀后，盖1张浸湿的厨房纸巾，放入冰箱冷藏1小时。

杏仁膏动物

融化黑巧克力。

将杏仁膏和自己喜好的色素提前混合均匀，捏出6只小鸭子：先搓1个漂亮的小球，拉长，做成尾巴；2小块杏仁膏做成翅膀；1个小球做成头部，另一个做成嘴巴（稍微弄干燥些，能更好地支撑住）；在鸭子头部划一条小缝，插入嘴巴；用皇家糖霜将翅膀粘连在鸭子身上；最后用融化的巧克力挤出小点做成眼睛。

将杏仁膏和自己喜好的色素提前混合均匀，捏出6条鱼：先搓1个球，然后拉长，用剪刀剪开做成尾鳍；前端切开做成嘴巴；最后挤上融化的巧克力和皇家糖霜做成眼睛。

用刷子在所有的动物身上涂薄薄一层蛋清，再撒上粗砂糖，于干燥处晾干一整晚，形成晶体糖状外壳。最后将动物摆放在糖珠里。

[注] 意为杏仁含量50%，糖50%。

用于制作12个
提前1天准备

皇家糖霜
30克蛋清（约1个鸡蛋）
160~200克糖粉
10克柠檬汁

杏仁膏动物
10克帕西黑巧克力（70%）
1千克杏仁膏[注]（50%）
30克蛋清（约1个鸡蛋）
100克粗砂糖
天然食用黄色、红色色素
糖珠

皮埃尔·弗雷
之家的精神

2014

　　皮埃尔·弗雷（PIERRE FREY）公司建立于1935年，主营为设计与生产织物、壁纸，同时在装潢以及室内家具领域享有盛誉。如今这个家族企业旗下拥有4个知名品牌，并在帕特里克·弗雷（PATRICK FREY）和他的三个儿子——梵尚（VINCENT）、皮埃尔（PIERRE）和马蒂厄（MATTHIEU）的手中，以在古典、前卫间自如跳跃的布艺设计，维护了纯正的法式美学。

皮埃尔·弗雷和雷诺特这两大继承了法国文化遗产的机构，用这个劈柴蛋糕庆祝了彼此间创造力与信条传承的美好碰撞。这需归功于与品牌同名的创始人之孙：皮埃尔·弗雷（Pierre Frey），是他，促成了一群具有良好品位的手工匠人们之间的美好协作。皮埃尔·弗雷和雷诺特之家同为法式艺术工艺中，极具代表的花开两朵，又都隶属于法国精品行业联合会（Comité Colbert），这段结合再自然不过。此外，他们皆钟情于美好材质，并在对卓越技艺的追求上惺惺相惜。

"这个故事发生在我最喜欢的斯特凡纳·沙佩勒（Stéphane Chapelle）花店，就离我公司两步远。"皮埃尔·弗雷回忆道"我当时去那儿想选一束花送给我太太，偶然遇到了时任雷诺特品牌艺术总监的布鲁诺·梅希（Bruno Messey）。"这两位优雅绅士之间的交谈碎片，便促成了几天之后雷诺特将2014年圣诞劈柴蛋糕的主题托付给弗雷之家的佳事。须知每一年，劈柴蛋糕从设计到决定投入制作的时间只有几个星期而已，对于由居伊·克伦策领导的雷诺特甜点师队伍来说，次次都是一场硬战。"我们也恰好习惯了在紧迫中工作。这个劈柴蛋糕在短时间内被创造，恰是各种艺术交融的结晶。"皮埃尔·弗雷指出，"这也是我父亲，以及我祖父行事的方式。"

"我和我的父亲都不会绘画，所以我们最初与自家设计师沟通，一起构思出初稿后，再分享给居伊·克伦策。"皮埃尔·弗雷讲述道。想法多了，梦想自然也就碰撞起来。"我想要一个房子"，他笑起来，"我父亲则在考虑能有什么样的内部构造。我设想会有缤纷色彩的窗帘，而他坚持要装一个壁炉……当然，在最后，我们什么都拥有了！"就像所有能有幸参与到这场奇妙冒险中的创造者一样，皮埃尔·弗雷特别肯定了居伊主厨对于所有可能性呈开放姿态，并激发出合作方天马行空的想象的能力。他对我们说，"我们完全可以有疯狂的想法，愿望有多远就能走多远。无须过多地干涉我们！这份劈柴蛋糕，毫无疑问，是一个我们双方共同搭建出的美妙故事。"

这亦是一份由同为文化遗产代言人和潮流创造者的双方所带来的杰作，具体来说，是由布艺大师和甜点设计大师合作创造的，对于美观与美味结合的法式生活艺术最好的诠释。

雷诺特的手工匠人们因此转变为室内设计师，将皮埃尔·弗雷和他父亲所构想出的每一个细节，都赋予了生命。在第47号楼面背后（位于小场街，为皮埃尔·弗雷公司旧日在巴黎的总部），贴着彩色菱形图案的壁纸——皮埃尔·弗雷之家最负盛名的一款作品。透过用拉糖做的窗户，一个舒适的会客厅展示在眼前，并洋溢着圣诞节热烈愉悦的家庭氛围。同时也能窥见些许微型的物件：有用巧克力做成的扶手椅和沙发，上面摆着软心杏仁蛋糕坐垫；用杏仁膏制成的条纹窗帘与地毯；占度

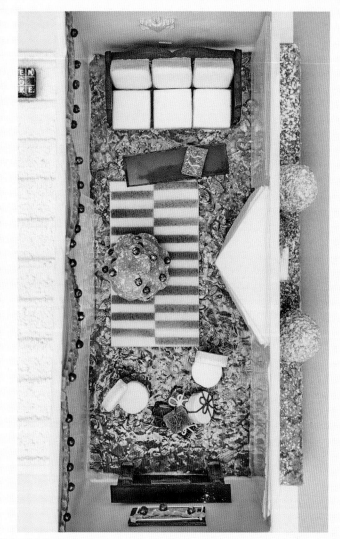

亚巧克力圣诞树；还有摆放在黑巧克力壁炉前的糖果礼物盒。

创意上的大胆，也辅佐着在味觉上的肆意，这个劈柴蛋糕一方面满足了弗雷家族的需求，另一方面也糅合了我们雷诺特之家以"异国风情"为主题的经典风味之一，同时亦呼应了对方于2015年庆祝品牌成立80周年所推出的澳洲土著艺术系列。"我们想要有色彩，又能流淌出美味！"皮埃尔·弗雷明确道，"要让人们在感受法式生活艺术的同时，又得到美味带来的刺激感。"因此酥脆底与热带香料并存于这份作品里，前者由帕里尼、葵花籽和烘烤的坚果构成；后者则含有柠檬渍菠萝酱汁，并以萃取了波旁香草香气的塔斯马尼亚胡椒进行调味。传统与创新的结合、文化遗产的维护与远行探索的渴望一并交织，完美得不能更完美。

"我之所以运用塔斯马尼亚胡椒，是取自圣诞节香料的灵感，想让这个劈柴蛋糕给您带来些许刺激的触动。"

皮埃尔·弗雷的圣诞节

用于制作1个8~10人份劈柴蛋糕

巧克力酥脆和坚果
35克榛子
35克开心果
35克杏仁
50克葵花籽
25克无盐黄油
10克牛奶巧克力
20克黑巧克力（70%）
30克加伏特牌（Garottes®）原味蕾丝薄脆饼干
80克榛子抹酱（详见第34页的"榛子酱熊仔糕"配方，按需求调整分量）

杏仁达克瓦兹比斯基
70克糖粉
70克杏仁粉
120克蛋清（大约4个鸡蛋）
35克细砂糖
30克杏仁长条

百香果牛奶巧克力奶油霜
2克吉利丁片
60克蛋黄（大约3个鸡蛋）
40克无糖百香果蓉*
60克牛奶巧克力
50克无盐黄油

无粉巧克力比斯基
30克蛋清（大约1个鸡蛋）+20克蛋黄（大约1个鸡蛋）
30克细砂糖
10克土豆淀粉
10克可可粉

百香果糖浆
35克水
20克细砂糖
25克无糖百香果蓉*

百香果牛奶巧克力慕斯
70克牛奶巧克力
25克黑巧克力（70%）
110克淡奶油
30克百香果蓉*

完成
由巧克力、杏仁膏和焦糖杏仁糖制成的装饰

*您可以购买市售的，也可以自己用新鲜的百香果制作。

巧克力酥脆和坚果
烤箱预热至180摄氏度。
粗粗切碎各种坚果，将其与葵花籽混合均匀，入烤箱烘烤5分钟，待其冷却。
分开融化无盐黄油和牛奶巧克力。在不锈钢盆中，混合坚果、捏碎的加伏特牌原味蕾丝薄脆饼干和榛子抹酱。先加入融化的巧克力，拌匀后，再倒入融化的热的无盐黄油。待到每粒坚果都均匀地裹上此混合物，将其填入1个尺寸为28厘米×12厘米×4厘米的长方形模具底部，抹平。

杏仁达克瓦兹比斯基
烤箱预热至170摄氏度。
将糖粉过筛，与杏仁粉混合。蛋清打发，在打发快结束时加入细砂糖。
将糖粉与杏仁粉的混合粉类逐步一点点地加入蛋白霜内，用刮刀混合均匀。准备1个尺寸为28厘米×12厘米×4厘米的长方形模具，放置在铺有烘焙油纸的烤盘上。将面糊摊开在模具内，并在表面撒上杏仁长条。入烤箱烘烤20分钟，出炉后将其放在烤架上冷却，随后将其切割成1个28厘米×12厘米的长方形，放置在前一个步骤制得的巧克力酥脆层上。

百香果牛奶巧克力奶油霜
用冷水泡软吉利丁片。
在锅中，用蛋抽将蛋黄和百香果蓉混合均匀，不停搅拌，煮至83摄氏度。将混合物淋在切碎的牛奶巧克力上，搅匀。再加入拧干的吉利丁片，用蛋抽搅拌至降温到40摄氏度，随后加入切成小块的无盐黄油，用均质机使其质地光滑，再将其浇在杏仁达克瓦兹比斯基层上。

无粉巧克力比斯基
烤箱预热至170摄氏度。
打发蛋清，其间逐步加入细砂糖，制成蛋白霜状。随后依次倒入蛋黄、土豆淀粉和预先过筛好的可可粉，用刮刀混合均匀。将面糊摊开在1个尺寸为28厘米×12厘米×1厘米的长方形模具内，入烤箱烘烤17~20分钟，出炉后放在烤架上冷却。最后将冷的无粉巧克力比斯基叠在百香果牛奶巧克力奶油霜层上。

百香果糖浆
在锅中，煮沸水和细砂糖。加入百香果蓉，冷却后，用刷子将百香果糖浆大量涂抹在无粉巧克力比斯基上。

百香果牛奶巧克力慕斯
切碎牛奶巧克力和黑巧克力，以隔水加热的方式将巧克力融化至40摄氏度。用蛋抽将淡奶油打发成香醍奶油（crème chantilly）。将百香果蓉加热至60摄氏度，放入巧克力中，用蛋抽搅匀。随后轻柔地，改用刮刀将打发好的香醍奶油拌入巧克力中混合。将巧克力慕斯摊开在无粉巧克力比斯基层上，抹平，入冰箱冷藏1小时定型。

完成
取1把小刀，将刀刃在热水浸一下，将劈柴蛋糕与模具脱离。
摆上由巧克力、杏仁膏和焦糖杏仁糖制成的装饰[注]。

[注] 第63页具体描述了这些装饰的物件。这些装饰是由雷诺特的手工匠人制作，在此无具体制作步骤，市面上也无成品出售。

爱

给我亲爱的人设计出的一道点心，适用于在樱桃季节品尝。第一口咬下去，榛子的酥脆口感会让人产生樱桃没有去核的错觉。接着，咔嚓一声，榛子烘烤后的特殊香气在嘴里蔓延，恍然大悟。十足的惊喜！

"致我亲爱的" 樱桃肥肝

用于制作20个

器具

Chocoflex®牌用于制作巧克力的硅胶模具（由2个硅胶半球模具组成）

20粒皮埃蒙地区（Piémont）[注]的去皮榛子

100克半熟肥肝

15克新鲜的无盐黄油

400克色泽鲜艳的红色樱桃

10克植物果胶

海盐和现磨胡椒

将榛子放入200摄氏度的烤箱里进行烘烤，直至表面上色至均匀的金黄色。

将新鲜的无盐黄油与半熟肥肝一起打碎，用海盐和现磨胡椒按照喜好调味后，全部装入裱花袋内，先填满半球模具的下半部分。在模具中间部位放上1粒榛子，再盖上另一个半球模具。通过模具表面的小孔，将剩余的肥肝慕斯挤进去，填满所有的空隙，最后得到漂亮的、完整的小球。

樱桃去核，挑选出20根最好看的果蒂。从肥肝小球的孔洞里将果蒂插入，固定住，放入冰箱冷冻至少2小时。

将樱桃果肉放入原汁机，榨出的汁水储存备用。

脱模，取出肥肝小球，并保留果蒂。将其重新放入冰箱冷冻，因为接下来的步骤会用到热的蘸液，小球需要低温来操作。

在锅中，将樱桃汁与植物果胶煮沸，沸腾后继续加热1分钟，轻微地鼓泡即可。

从冰箱冷冻室里取出肥肝，提着果蒂，将其浸入热的果胶蘸液里，在小球表面形成一层薄膜，然后拎出来。如果1次不够，可蘸取2次。取出后将其即刻放入盘中，形成底座，使之能竖立。将樱桃肥肝放入冰箱冷藏3小时。在盘中组装好后，趁低温新鲜时食用。

[注]意大利西北部的大区之一，盛产葡萄和榛子。

珠贝壳盛阴阳
圣雅克扇贝和龙虾

用于制作10份

器具
20枚阴阳状天然珠贝壳

珠光圣雅克扇贝
5枚完好的圣雅克扇贝肉
橄榄油
海盐和胡椒

珠光龙虾
1只来自法国海域的漂亮的蓝龙虾
500克干白葡萄酒
100克白葡萄酒醋
500克水
1小捆香草束
1小根胡萝卜
1个小洋葱
4粒胡椒
1小根西芹茎
1撮粗海盐

芒果甜酸酱（Chutney）[注1]
10克干葱头
1个成熟且果肉紧实的芒果
6克橄榄油
3克法国芥末籽
10克高品质的米醋
1克新鲜的香菜

西班牙甜红椒醋库利
50克去皮的成熟番茄果肉
25克西班牙甜红椒
22克日本邪扒[注2]醋（jabara）或者
青柠檬汁
海盐和胡椒

完成
1个西班牙甜红椒
5克鳟鱼子
1根青葱
3粒砂拉越黑胡椒

珠光圣雅克扇贝

烤箱预热至175摄氏度。

打开扇贝，取出扇贝肉，撒海盐和胡椒调味。将扇贝肉浇上橄榄油，放在烤盘上，入烤箱烘烤2分钟，直至扇贝肉呈现珍珠色泽。待其冷却后，将扇贝肉横切，得到椭圆形的厚肉片。

珠光龙虾

在1个足够大的炖锅里，煮沸所有用于制作白葡萄酒海鲜汤汁的食材：干白葡萄酒、白葡萄酒醋、水、香草束、削皮并切成小段的胡萝卜、洋葱碎、胡椒、西芹茎和粗海盐。煮3分钟后离火，加盖静置20分钟，萃取香气。

将龙虾的虾身与虾钳拆分，前者置于砧板上，用绳捆扎，使得整个烹饪过程里龙虾能保持笔直。将白葡萄酒海鲜汤汁过筛，重新煮沸，然后将虾身置于其中煮4分钟，虾钳6分钟。

待龙虾彻底冷却，将虾身去壳：去除虾线，不破坏龙虾肉，并将龙虾肉切割成10个完好的椭圆形厚肉片。其余的虾肉储存备用，可用作另一道菜肴。

芒果甜酸酱

将干葱头剥皮，切碎。芒果去皮去核，切成小细丁，并预留一些好看的果肉用于摆盘时的装饰。

在锅中，用橄榄油将干葱头和芥末籽炒至出水，倒入米醋萃取锅底精华：用木刮刀刮起锅底的沉淀物，再加入芒果小细丁，继续煮几分钟，使得蔬菜的水与醋里的酸性物质挥发完全。离火，加入切碎的新鲜的香菜。将完成的甜酸酱放入冰箱冷藏储存。

西班牙甜红椒醋库利

将番茄果肉、西班牙甜红椒、日本邪扒醋、海盐和胡椒放入料理机中，以大功率打碎至极其顺滑的质地。放入冰箱冷藏备用。

完成

先在10枚漂亮的天然珠贝壳里放入5克芒果甜酸酱，再摆上1块完好的龙虾厚肉片。在龙虾肉表面精巧地放上一些西班牙甜红椒小丁和数粒鳟鱼子。

在剩下的10枚天然珠贝壳里，先放入少许的西班牙甜红椒醋库利，再摆上1块圣雅克扇贝厚肉片。最后用之前特意预留的漂亮芒果小丁、青葱圈以及现磨的砂拉越黑胡椒颗粒作为装饰。

将珠贝壳以阴阳对应的形式两两装盘，请趁新鲜低温时食用。

[注1] 源自印度的一种酱料。其主要成分为新鲜蔬果、糖、醋以及各种辛香料。
[注2] 邪扒是橙子在日本特有的自然杂交变种，其特点为酸味与苦味非常强烈。

爱之果

用于制作6人份

器具
6根透明的棒棒糖小棒

黑胡椒混合香料
10克黑胡椒碎
10克盐之花
10克香菜籽
6克法式芥末籽
5克茴香籽
5克干甜椒
5克干大蒜（可选）

苹果啫喱
5克苹果汁或者微甜白葡萄酒
（按照喜好）
15克基础啫喱[注]

苹果甜酸酱
6个乔纳金苹果
3滴柠檬汁+数滴用于防止苹果氧化
15克百香果果肉

组装
240克肥肝（详见第194页的"肥肝
开胃小食和香料面包"配方）

黑胡椒混合香料
粗粗碾碎所有的香料籽、干甜椒和干大蒜。混合全部，在室温里储存备用。

苹果啫喱
用小锅煮沸苹果汁和基础啫喱，搅匀后，待其冷却，随后放入冰箱冷藏定型。

苹果甜酸酱
如图片所示，将苹果切开，只保留3/4的体积。将苹果内部掏空后备用，并浇上几滴柠檬汁，防止其暴露在空气中氧化变黑。
将掏出的苹果肉切成小块，放入平底锅内。加入柠檬汁和百香果果肉，加盖小火慢煮，直到苹果果肉已经完全熟透。用叉子将苹果压成泥，放入冰箱冷藏1小时冷却。

组装
如图片所示，在每一个掏空的苹果里，放入10克冷的苹果甜酸酱，随后用肥肝填满，并将表面抹平。用刷子涂上一层苹果啫喱或者白葡萄酒啫喱，再按照喜好，撒上黑胡椒混合香料调味。最后插进1根小棒，模拟出苹果糖葫芦状。两人一起咬着吃会更甜脆！

[注] 将鸡高汤澄清后添加吉利丁获得。

番茄修女泡芙

用于制作6个番茄

番茄
6个田间大番茄
6个田间小番茄

芥末蛋黄酱
30克蛋黄酱（详见第204页"青柠风味明虾薄片所制生熟意式前菜"中的鸡尾酒沙司配方，除去番茄酱和白兰地）
2克第戎芥末
1克细海盐
1克白胡椒
5克水
3克雪利醋

面包蟹酿馅
180克面包蟹的纯蟹钳肉
42克芥末蛋黄酱（配方如上）
12克细香葱碎
6克柠檬汁

完成
90克新鲜奶酪，以圣莫黑牌（St-Môret）为例
60克西班牙甜红椒糠（50克面包糠＋10克西班牙甜红椒，混合均匀打碎后，放入烤箱以100摄氏度烘干1小时）

番茄
将不同的番茄投入沸水里片刻，捞出待彻底冷却后剥皮。留着番茄蒂用于最后的组装。借助挖球勺掏空番茄内部。

芥末蛋黄酱
按照配方所示，制作30克的蛋黄酱（无番茄酱和白兰地的鸡尾酒沙司），并加入其他所有配料。

面包蟹酿馅
混合所有的原料，检查是否调味得当。

完成
将面包蟹酿馅填充进每个番茄里。在个头大的番茄表面撒上西班牙甜红椒糠。将新鲜奶酪用蛋抽打散至顺滑状态，装入带有锯齿裱花嘴的裱花袋内，并将奶酪挤在番茄顶部做成领子。接着将小番茄叠加在上面，并插上番茄蒂，模拟成甜点里的修女泡芙。

融合了传统的盐渍手法与创新的热腌泡汁技巧，其味道既有新奇的辛香料调性，又有传统的讨喜风味，似一首两人品尝的美味二重奏。

爱

盐渍三文鱼柳

用于制作6人份
提前36小时进行准备

盐渍三文鱼
100克有机黄柠檬皮屑
100克有机青柠檬皮屑
50克有机橙皮屑
15克八角
15克胡椒粗颗粒
1千克粗海盐
1千克细砂糖
2份800克的三文鱼柳

甜菜腌泡汁
1.4千克熟的红甜菜根
10克新鲜生姜
50克意大利香脂醋
1克柠檬百里香

盐渍三文鱼

将柑橘类水果皮屑打碎，与八角和胡椒粗颗粒混合，再加入粗海盐和细砂糖。将此混合物抹满三文鱼柳，裹上保鲜膜，放入冰箱冷藏12小时进行盐渍。
用清水冲洗三文鱼，擦干三文鱼表面的水，储存备用。

甜菜腌泡汁

将熟的红甜菜根和新鲜生姜洗净去皮。将生姜切末。将甜菜根切成小块，放入原汁机中榨汁，随后将汁水过筛到锅里。
加入意大利香脂醋、生姜碎和柠檬百里香，一并煮至沸腾。
待其冷却，将其倒在2份盐渍三文鱼柳中的1份上，放入冰箱继续冷藏24小时，腌渍入味。

完成

制作当日，将每份三文鱼柳切割成6个同等尺寸的椭圆形肉块。在每块三文鱼里，插入1根木质小棍，做成棒棒糖状。

爱

猪蹄

用于制作2人份

猪蹄

3个猪蹄

3升猪高汤

调味蔬菜（胡萝卜、洋葱、韭葱、
月桂叶、百里香）

内馅

50克牛肝菌

橄榄油

无盐黄油

50克熟的甜菜根

5克新鲜的细香葱

5克新鲜的细叶芹

10克法国芥末

细海盐和胡椒

蛋黄酱

1个蛋黄

20克法国芥末

1撮海盐

100克油

墨鱼汁

甜红椒啫喱

2个甜红椒

橄榄油

300克鸡高汤淋面

猪蹄

将猪蹄洗净，置于清水里，泡出血水。

将猪蹄投入放有调味蔬菜的猪高汤里。

煮沸后，撇去浮沫，调整火力，维持高汤极轻微的沸腾状态，并确保猪蹄在整个烹制过程里不会散掉。全程约6小时。

一旦煮熟后，从锅中取出猪蹄，尽可能细致地进行剔骨，使得猪蹄依旧能保持原有的形状，便于随后的填馅。

内馅

切分出2个猪蹄的猪肉皮和肉，将其切分成边长为1厘米的大方块。第3个猪蹄备用。称出500克煮过猪蹄的猪高汤，收汁到大约100克。

将牛肝菌切成小细丁，用少许橄榄油和无盐黄油进行翻炒。再将熟的甜菜根也切成小细丁，新鲜的细香葱和细叶芹亦切碎。

取1个容器，将切成大方块的猪蹄放入容器中，与牛肝菌细丁、甜菜根细丁、细香葱碎、细叶芹碎以及法式芥末混合，并用细海盐和胡椒调味。加入收好汁的猪高汤，全部搅匀。将此混合物填入预先留出的猪蹄里，并用保鲜膜裹成猪蹄原本的形状，放入冰箱冷藏储存备用。

蛋黄酱

准备制作蛋黄酱：在1个碗里，用力搅拌蛋黄、法式芥末和海盐。随后一点点地倒入油，同时不要停止搅拌的动作。

一旦混合物质地变得浓稠，检查调味是否得当。

将蛋黄酱分成2份，其中1份加入墨鱼汁，直到达成想要的效果。用保鲜膜将蛋黄酱贴面覆盖，入冰箱冷藏储存。

甜红椒啫喱

烤箱预热至250摄氏度，将甜红椒放在烤架上，烘烤25分钟，其外皮会变得焦黑开裂，易于剥落。随后烤箱调至120摄氏度，将去皮的甜红椒放入橄榄油里渍熟，耗时1小时。

用微波炉融化鸡高汤淋面，与油渍甜红椒一起用料理棒打碎，再用漏斗尖筛过滤。

用上个步骤制得的甜红椒啫喱给填好馅的猪蹄进行淋面，放入冰箱冷藏储存。一旦啫喱凝结，用烘焙油纸做成2个小圆锥裱花袋，分别装入白色和黑色的蛋黄酱，在猪蹄表面交错着画出装饰小点。

龙虾蕾丝花边酥盒

用于制作6人份
提前24小时准备

器具
橄榄状硅胶模具
1个直径为16厘米的切模

甜菜酸渍珍珠洋葱
18个珍珠洋葱
235克水
70克细砂糖
90克甜菜
113克白葡萄酒醋
59克意大利香脂醋
2克白胡椒颗粒
1根百里香

白葡萄酒汤汁
150克胡萝卜
150克洋葱[建议选用产自奥克松（Auxonne）的品种]
60克西芹茎
1.5升水
1.5升白葡萄酒
300克白葡萄酒醋
1片月桂叶
1根百里香
45克粗海盐

龙虾
6只布列塔尼龙虾（每只重500克）

蘑菇
600克口菇（白菇）
200克矿泉水
27克无盐黄油
6克柠檬汁
8克细海盐

橄榄状龙虾丸
46克去皮的牙鳕鱼柳
31克龙虾（去头）
3克细海盐
现磨白胡椒
23克软化至膏状的无盐黄油
8克鸡蛋
14克蛋清（大约1/2个鸡蛋）
23克美式酱汁[注]（sauce américaine）
53克淡奶油
22克鳟鱼子

酥盒
千层酥皮（详见第232页的"哈雷芭芭国王饼"配方）
1个鸡蛋
1撮海盐

完成
300克美式酱汁
18个带缨胡萝卜
1个有机青柠檬
现磨胡椒

甜菜酸渍珍珠洋葱

提前1天，将珍珠洋葱去皮，小心不要损坏洋葱。将洋葱和水、细砂糖一起，小火慢炖。另取一锅，将甜菜汁、白葡萄酒醋、白胡椒颗粒、意大利香脂醋和百里香煮至沸腾，浇在珍珠洋葱上。随后放入冰箱冷藏，至少腌渍24小时。

白葡萄酒汤汁

将胡萝卜和洋葱去皮，将胡萝卜和西芹茎切成丁状，洋葱细细切碎。将所有的原料都放入炖锅中，煮至沸腾。离火静置，萃取香气。

龙虾

将白葡萄酒汤汁重新加热至沸腾。分开虾身和虾钳，虾身在汤汁里烹饪3分钟，虾钳4分钟，冷却后皆去壳。

蘑菇

清洁口菇并去蒂。
将所有原料加盖烹煮3分钟。

橄榄状龙虾丸

将去皮的牙鳕鱼柳与虾身切成小方块，与细海盐以及白胡椒一起，在料理机中打碎。再加入软化至膏状的无盐黄油，继续搅打成泥，最后一点点地加入鸡蛋和蛋清。
用细目网将泥状混合物过筛到置于冰块上的沙拉盆里，逐步加入美式酱汁和淡奶油。再拌入鳟鱼子，轻柔地混合均匀。
将其灌入橄榄状的硅胶模具内，入蒸汽烤箱烹饪5分钟。

酥盒

按照配方所示，所有食材分量除以3，制作1份千层酥皮。
预热烤箱至200摄氏度。
将酥皮擀开至5毫米厚度，切割成2块直径为22厘米的圆片：其中1片取直径为16厘米的切模，在中心进行镂空处理。在这片直径为22厘米，带有16厘米镂空的酥皮上，用带花纹的硬质玻璃纸按压上去，印出蕾丝花边。
用刷子蘸取少许分量的水，将两片酥皮叠加合拢在一起。将鸡蛋打散，加入海盐，将蛋液涂抹在带有花边的酥皮表面，用于上色。
入炉时，烤箱温度降至180摄氏度，烘烤30分钟。用小刀将酥皮内里掏空，重新放回烤箱，烤5分钟，以烘干水分。

完成

将不同的配料（橄榄状龙虾丸、带缨胡萝卜、蘑菇、珍珠洋葱等）拌入少许美式酱汁，重新加热。随后将其精巧地摆放在热的酥盒里。撒上青柠檬屑和现磨的黑胡椒。食用时，配上装在酱汁船皿的剩余美式酱汁。

[注] 这是法式料理中的一款酱汁，由甲壳类（通常是螃蟹）、油、黄油、调味香草、鱼高汤、白兰地、白葡萄酒、面粉、海盐、卡夏辣椒等制作而成。"américaine"是古代法国的卢瓦尔河与塞纳河之间的区域。

爱

早安覆盆子卷

覆盆子杏仁面团

混合特级杏仁膏和覆盆子果蓉，备用。

可颂面团

在厨师机缸中，搅打面粉、细砂糖、细海盐和3汤匙的全脂牛奶，接着加入60克融化的无盐黄油、180克全脂牛奶和预先在温水里化开了的酵母。

面团应呈现柔软的质地，微温，并且在1分钟的搅打后能不粘缸壁。

如有可能，将面团置于25摄氏度下，盖上发酵布，让其醒发，体积翻倍（大约耗时1小时）。

将面团擀开，入冰箱冷藏2~3小时。将剩余的无盐黄油（375克）软化，铺满面团的2/3处。从没有放置黄油的部分叠起，将面团进行1轮三折（意为提起一端，落在面团的2/3处，然后将另一端提起，叠在上面），放入冰箱冷藏2小时。接着将面团擀开，再进行1轮三折。

放入冰箱冷藏2小时。取出后继续做1轮三折，放入冰箱冷藏2小时。最后将面团擀成1个40厘米×25厘米的长方形，放入冰箱冷藏30分钟。

组装和完成

将覆盆子杏仁膏铺开在长方形的可颂面团上，紧紧地卷起来。入冰箱冷藏30分钟。

将面团切割成每3厘米一段，两两挨着摆放在铺有烘焙油纸的烤盘上，在28摄氏度的制作间里，醒发1小时30分钟。

烤箱预热至210摄氏度。用刷子给覆盆子卷涂上打散的鸡蛋液，起上色作用。（入烤箱时，温度降至170~180摄氏度），烘烤13~15分钟。待其冷却后，在可颂卷的表面撒上玫瑰果仁糖碎粒。

用于制作12个单人份

覆盆子杏仁面团

120克特级杏仁膏

35克覆盆子果蓉

可颂面团

750克T45面粉

75克细砂糖

20克细海盐

180克全脂牛奶+3汤匙的额外分量

435克无盐黄油

180克温水

30克新鲜酵母

组装和完成

1个鸡蛋

玫瑰果仁糖（Praline rose）[注] 碎粒

[注] 玫瑰果仁糖是法国里昂的著名特产，玫色的糖衣裹着杏仁、榛子等其他坚果。

对我而言，这个蜂巢面包既象征着法国工匠协会（les Compagnons du Tour de France des Devoirs unis）曾传授于我的对高准则工作的热爱，亦隐喻着置身于加斯东和科莱特创办的雷诺特之家，如处在忙碌的蜂巢，每日都有劳动的愉悦。

爱

迷迭香蜂蜜风味之
蜂巢面包

用于制作1个2千克的面包

蜂蜜面包面团

750克水

1.15千克面粉

10克新鲜酵母

200克迷迭香蜂蜜

23克细海盐

在厨师机缸中，倒入23摄氏度水温的水，随后倒入面粉。

以慢速搅打5分钟，再静置20分钟进行水解。随后加入捏成碎屑状的酵母，转为2挡搅打5分钟。加入蜂蜜后继续搅打5分钟。最后撒入细海盐，以2挡重新搅打5分钟。如有可能，在26~28摄氏度的温度下进行面团的第1轮发酵，耗时45分钟。然后将面团整形成球状，放在烘焙油纸上，在18摄氏度下醒发3小时。

烘烤

烤箱预热至180摄氏度，并在烤箱内放进1盘水。一旦面团醒发完毕，在其表面置上1个镂空模板，撒上面粉，得到蜂巢图案。再用面包割口刀片在四周划一圈，入烤箱烘烤40~45分钟。出炉后待其冷却。

不敢碰触的爱

用于制作12个单人份

提前1天准备

草莓淋面

150克草莓

15克细砂糖

30克水

5克吉利丁片

125克粗砂糖

10克葡萄糖浆

覆盆子啫喱库利

200克覆盆子库利

5克吉利丁片

牛奶巧克力酥脆

50克牛奶巧克力

25克无盐黄油

70克加伏特牌原味蕾丝薄脆饼干

50克榛子帕里尼（详见第220页的"冰冻火星"配方）

250克覆盆子

黑巧克力巴菲

250克帕西黑巧克力（70%）

300克淡奶油

25克水

100克粗砂糖

100克蛋黄（大约5个鸡蛋）

红色巧克力淋面

250克可可脂

6克巧克力专用红色食用色素

500克象牙白巧克力

组装

巧克力扇形刨花（详见第216页的"秋叶薄脆千层酥"配方）

草莓淋面

提前1天，在隔水加热的不锈钢盆里，放入去蒂后的草莓、细砂糖和水。盖上保鲜膜，小火煮至草莓变白（耗时1小时30分钟~2小时）。待其冷却，隔日使用。

组装当日，将吉利丁片放冷水里泡软。将过夜的草莓果汁过筛，不要去压挤果肉，最终得到200克汁水。将其倒入锅中，加入粗砂糖和葡萄糖浆，煮1分钟至沸腾。放入泡软并拧干的吉利丁片，搅匀溶化后，降温至30摄氏度，即可进行操作。

覆盆子啫喱库利

将吉利丁片放入冷水里泡软，拧干，以40摄氏度使吉利丁片溶化，再将溶化的吉利丁液加入覆盆子库利里。最终得到的成品啫喱库利应该呈现半流动状态。将覆盆子啫喱库利置于室温下储存备用。

牛奶巧克力酥脆

采取隔水加热的方法融化牛奶巧克力，无盐黄油则用锅融化。取1个不锈钢盆，将原味薄脆饼干粗粗碾碎，加入榛子帕里尼，用刮刀混拌。再依次倒入融化的巧克力和融化的热的无盐黄油，搅拌均匀。将制得的牛奶酥脆摊开在烘焙油纸上，呈1个12厘米×18厘米的长方形，厚度为0.5厘米。在表面摆上覆盆子，并浇淋覆盆子库利啫喱来填补空隙。将牛奶巧克力酥脆放入冰箱冷冻定型3小时，再切割成24个3厘米×3厘米的方块。

黑巧克力巴菲

隔水融化黑巧克力至40摄氏度。用蛋抽打发淡奶油，入冰箱冷藏备用。

在锅中，加热水和粗砂糖至118摄氏度。取1个不锈钢盆，或者1台厨师机，搅打蛋黄，然后将煮好的糖水呈线状（就像制作蛋黄酱）倒入其中，不停地进行搅打，直至降温到30摄氏度。取一半的蛋黄糖液与1/3的打发淡奶油，以及融化的黑巧克力混合，用蛋抽用力地搅匀。最后加入剩余的蛋黄糖液与打发淡奶油，改用刮刀，轻柔地混拌均匀。

将混合物填充进24个直径为6厘米的半球模具（每个45克）内，同时塞入1个牛奶巧克力酥脆方块封底（带覆盆子的那面朝着半球底部）。将模具表面抹平整。

将其放入冰箱冷冻3小时。脱模，然后极轻微地加热半球的横截面，将半球两两拼在一起，形成完整的球形，放回冰箱冷冻备用。

红色巧克力淋面

在隔水加热的不锈钢盆里，融化可可脂，接着依次放入巧克力专用红色食用色素和象牙白巧克力。全部融化升温至50摄氏度。

组装

在每个黑巧克力巴菲球里插1根竹签。将黑巧克力巴菲球逐个地，完整地浸入红色巧克力淋面里。蘸取淋面后将巴菲球提起，放在烤架上，即刻取出竹签。随后淋上草莓淋面，待其冷却，最后每个圆球上装饰1片漂亮的巧克力扇形刨花。

为母亲节设计的甜点，看上去就像一份小小的花束。这份充满诗意的慕斯蛋糕，交织着花香与果味，以此献给所有的妈妈们。

爱

夏日之花

用于制作6人份

器具

1个切模

直径为3厘米和4厘米的硅胶半球模具

沙布雷面团

90克无盐黄油

30克糖粉

30克杏仁粉

1撮细海盐

120克面粉

1个蛋黄

柠檬比斯基

60克鸡蛋（大约1个鸡蛋）

30克糖粉

30克杏仁粉

1个有机黄柠檬（皮屑）

60克蛋清（大约2个鸡蛋）

20克细砂糖

30克面粉

黄柠檬奶油霜

15克有机黄柠檬皮屑

135克细砂糖

4克吉利丁片（2片）

120克鸡蛋（大约2个鸡蛋）

100克黄柠檬汁

120克无盐黄油

奶油奶酪慕斯

2克吉利丁片（1片）

100克淡奶油

10克水

30克粗砂糖

1个蛋黄

80克奶油奶酪

中性镜面果胶

组装

50克草莓果酱

25克野草莓

10个或者30克覆盆子

巧克力和翻糖膏所制成的装饰和花朵

沙布雷面团

在不锈钢盆中，搅拌切成块状的无盐黄油和糖粉，加入杏仁粉、细海盐、面粉以及蛋黄。混合均匀，但无须过度揉搓。放入冰箱冷藏松弛3小时。

将面团擀开至5毫米的厚度，切割出1块直径为22厘米的圆片。用直径为10厘米的切模将中心进行镂空处理，将其放在铺有烘焙油纸的烤盘上，放入冰箱冷藏20分钟。

烤箱预热至160摄氏度，烘烤15~20分钟，出炉后让沙布雷面团在室温下冷却。

柠檬比斯基

用蛋抽将鸡蛋和预先过筛好的糖粉、杏仁粉、现擦出的柠檬屑一起打发，耗时10分钟左右。依旧用蛋抽打发蛋清和细砂糖。

先轻柔地混合这两部分，再逐步地加入预先过筛好的面粉，混合均匀。

烤箱预热至170摄氏度。

将上个步骤制得的比斯基面糊摊在烘焙油纸上，呈1块直径为22厘米的圆片，厚度为1厘米，入烤箱烘烤15~20分钟。

出炉冷却后，撤去烘焙油纸。用直径为10厘米的切模对中心进行镂空处理。

黄柠檬奶油霜

用刨皮器擦出柠檬皮屑，越细越好，与细砂糖混合均匀，封存住香气。吉利丁片在冷水里泡软。

在锅中，用蛋抽搅匀鸡蛋、柠檬汁，再加入拧干了并溶化了的吉利丁液。倒入柠檬皮和细砂糖的混合物，一起煮至89摄氏度，全程都用蛋抽不停地搅拌。离火后，用均质机或者料理机打匀至光滑的状态。随后把锅底浸泡到冷水盆里，降温至40摄氏度。最后一点点地逐步加入无盐黄油，并同时用均质机或者料理机搅打均匀。

奶油奶酪慕斯

将吉利丁片泡入冷水里。用蛋抽打发淡奶油。

在锅中，加热水和粗砂糖至117摄氏度。取1个不锈钢盆，用力打发蛋黄，然后将煮好的糖水呈线状倒入盆中（就像做蛋黄酱时，加入油一样），全程保持搅拌的动作，直至冷却。将奶油奶酪打散成柔滑的质地，加入蛋黄糖液里，再倒入拧干了水并融化了的吉利丁液，用蛋抽搅匀，最后拌入打发好的淡奶油。

将慕斯灌入直径为3厘米和4厘米的半球模具内（每款6个或7个），放入冰箱冷冻3小时定型。脱模后，用刷子涂上中性镜面果胶，放入冰箱冷冻储存备用。

组装

准备好1个底托，或者1个甜点盘，先放上沙布雷底，涂上草莓果酱，再叠上柠檬比斯基，并精巧地放上奶油奶酪慕斯半球。在半球的间隙里，挤上黄柠檬奶油霜小球和草莓果酱。最后点缀野草莓、对半切开的覆盆子和用巧克力及翻糖膏制成的装饰和花朵。请趁低温食用，此为慕斯的最佳口感。

樱桃的庆典

红色糖艺装饰

在锅中，依次倒入水、粗砂糖，煮沸后加入葡萄糖浆，再次煮沸，直至达到150摄氏度。滴入少许糖类专用食用红色色素，用温度计搅匀上色。将锅底浸入冷水盆里，用于中断继续升温的进程。请注意可能会有沸水喷射出来。待其冷却数分钟，装入用烘焙油纸做成的小圆锥裱花袋内（请多折叠几层，谨防烫伤）。

在烘焙油纸或者硅胶垫上，画出12个螺旋状花纹。待其冷却后，轻柔地剥离，室温储存直至使用。

打发淡奶油

在冷的不锈钢盆里，用蛋抽打发淡奶油和香草糖，放入冰箱冷藏备用。

火焰樱桃

将樱桃洗净，去蒂。

平底锅加热，倒入蜂蜜，煮至起泡沫。加入樱桃，用中火在热的蜂蜜里翻炒2分钟。另取一锅，加热樱桃酒，将樱桃酒倒在樱桃上，一起翻拌。接着点火，燃起火焰，待其稍微冷却，将汁水储存备用。

完成

在杯中或者甜点盘里，倒入少许前一个步骤制得的樱桃汁水。在中间的部位放上1勺黑醋栗果冻果酱和一份挖成橄榄状的打发淡奶油。在四周摆放温热的火焰樱桃，最后撒上少许开心果粉，插上红色螺旋糖片，并在上方用金箔点缀。

小贴士：这份甜点极其适合与一份橄榄状的樱桃雪芭或者香草冰激凌搭配食用（详见第46页的"香草草莓摩托车"配方）。

用于制作12个单人份

红色糖艺装饰
100克水
335克粗砂糖
100克葡萄糖浆
糖类专用红色食用色素

打发淡奶油
400克淡奶油
20克香草糖

火焰樱桃
600克新鲜黑樱桃（伊特萨苏或者贝勒特萨品种）
150克蜂蜜
75克樱桃酒（Kirsch）

完成
12茶匙黑醋栗果冻果酱
开心果粉
金箔

此款甜点是为圣多诺黑大道的一家鞋商所创，十分优雅，堪称高定。

爱

结霜高跟鞋跟

用于制作12个

100克香草冰激凌（详见第46页的"香草草莓摩托车"配方）

100克覆盆子雪芭（详见第49页的"滚动小球"配方）

用香草冰激凌和覆盆子雪芭填充细长棍状的硅胶模具（长约12厘米）。放入冰箱冷冻3小时，然后脱模。放入冰箱冷藏储存备用，直至食用。

借制作这些冰激凌泡芙的时刻，来歌颂我对草莓永恒的热爱，特别是当它们来自加亚尔德兄弟（les frères Gaillard）在伊芙林省（Yvelines）的阿率梅勒桦小城（Alluets-le-Roi）的种植园。马尼耶、林间马拉、夏洛特[注]……那里简直是水果的天堂。

爱

草莓香气
冰激凌泡芙

用于制作12个分量

泡芙面糊
50克水
50克全脂牛奶
40克无盐黄油
2克细砂糖
2克细海盐
55克面粉
100克鸡蛋（大约2个鸡蛋）
杏仁碎
珍珠糖
糖粉

组装和完成
200克覆盆子雪芭（详见第49页的"滚动小球"配方）
1罐粉色巧克力喷砂液
200克香草冰激凌（详见第46页的"香草草莓摩托车"配方）
葡萄糖浆

泡芙面糊
烤箱预热至200摄氏度。

在锅中，将水、全脂牛奶、无盐黄油、细砂糖和细海盐煮至微沸。离火，倒入预先过筛好的面粉，用力搅拌。回火，换成木刮刀，不停翻拌至形成面团，且不粘锅壁。将其转移并倒进1个不锈钢盆内，然后逐步一点点地加入鸡蛋，用刮刀混合均匀。

将混合物装带有直径为8毫米裱花嘴的裱花袋内，在铺有烘焙油纸的烤盘上，挤出直径为3厘米的泡芙，注意彼此之间留有空隙。撒上杏仁碎和珍珠糖，再轻轻地铺上一层糖粉。入烤箱时，降温至180摄氏度，烘烤20分钟左右。出炉冷却后再进行切割。

组装和完成

将覆盆子雪芭填充进玫瑰花形的硅胶模具内，放入冰箱冷冻3小时定型。脱模后，喷上粉色的巧克力喷砂液，放入冰箱冷冻储存。

在泡芙顶端的3/4处切开，填入香草冰激凌，然后轻柔地放上玫瑰形状的覆盆子雪芭。将葡萄糖浆装入烘焙油纸做的小圆锥裱花袋内，在每朵玫瑰花上挤出一滴露珠。亦可以配合热的草莓库利汁一起食用。

[注] 皆为草莓的品种。

俏皮骰子

爱

樱桃姜杏仁膏

将阿玛雷娜樱桃和糖渍姜打碎，均质，随后加入杏仁膏。

铸糖

在锅中，依次倒入水和粗砂糖，小火慢慢煮沸（使得糖的晶体完全溶解），再加入葡萄糖浆，收尾时转成稍大的火，煮至160摄氏度。

将其灌入立方体状的硅胶模具内，在底部和内壁处摊匀。待其室温里冷却30分钟后，塞入樱桃姜杏仁膏（每枚10克），然后轻柔地脱模。

俏皮文字糖膏

在小锅内，加热水，用热水溶化吉利丁粉。再倒入糖粉、土豆淀粉和柠檬汁，搅匀。借助抹刀，将前一个步骤制得的糖膏摊开至0.5毫米的厚度，切出比骰子的每个面要略小的一些小圆片。待其干燥后，借助PCB®牌转印纸或者食用色素，按照喜好，在上面写下俏皮词。取少许熟糖或铸糖装入烘焙油纸做的小圆锥裱花袋内，最后将带文字的圆片粘在骰子每一面上。

建议：可以将铸糖再次淋在每个成品骰子上，以获得镜面的效果。

奥利维耶·普西耶（Olivier Poussier）[注3]对于餐酒搭配的建议

比热-塞尔东，荷纳尔达-法须酒庄（Bugey-Cerdon，Domaine Renardat-Fatche）源自加美（Gamay）和波尔萨德（Poulsard）两种葡萄的混酿，比热酒是一种天然的气泡玫红酒，来自法国安省（Ain）的一个小规模原产地命名控制产区。它的香气里带有红色浆果的深深印记，与欧洲酸樱桃完美相称，其纤细的气泡与菜肴的优雅口感亦能相得益彰。这款微甜的低度数酒（7.5%），常能很好地搭配红浆果甜点。

[注1] 又名欧洲酸樱桃。

[注2] 由水、糖、吉利丁、淀粉、色素等制成，可像翻糖一样做成各种形状。其风干速度较快。

[注3] 2000年全球最佳侍酒师获得者。

用于制作12枚骰子

器具

立方体的硅胶模具

食用色素或者转印纸（PCB®牌）

樱桃姜杏仁膏

100克杏仁膏（50%）

20克阿玛雷娜樱桃 [注1]

20克糖渍姜

铸糖

90克水

300克粗砂糖

90克葡萄糖浆

俏皮文字糖膏 [注2]

25克水

3克吉利丁粉

250克糖粉

250克土豆淀粉

3克柠檬汁

雨中之爱

爱

巧克力

以隔水加热的方式融化白巧克力至40摄氏度。再将2/3的融化巧克力倒在洁净且干燥的大理石桌面上进行调温：用长抹刀将巧克力摊开，并从巧克力的旁侧，以及由下至上地不断铲起，再摊开，且始终保持与大理石台面的接触。巧克力会迅速变浓稠结块，在质地变硬之前，将其全部铲起，放回40摄氏度的巧克力里，混合均匀后，应达到30摄氏度。

将白巧克力灌入4个半边的心形模具（每个尺寸为5厘米左右）以及其他配件模具内，例如脚和手的模具。翻转并敲击模具，让多余的巧克力液流淌而下。用铲刀将巧克力液刮干净，放在烤架上。放入冰箱冷藏几分钟。取出后重复这样的步骤1次，再放入冰箱冷藏定型30分钟。脱模后，室温储存。

以隔水加热的方式融化黑巧克力至40摄氏度。再将2/3的融化巧克力倒在大理石桌面上，进行调温，操作手法与白巧克力一致。在质地变硬之前，将其全部铲起，倒回40摄氏度的巧克力里，混合均匀后，温度应达到28~30摄氏度。

将黑巧克力灌入雨伞和2个伞柄模具内，翻转，并敲击模具，让多余的巧克力液流淌而下。用铲刀将巧克力液刮干净，将模具放在烤架上，放入冰箱冷藏几分钟，取出后重复这样的步骤1次，再放入冰箱冷藏定型30分钟。脱模后，室温储存。

组装和完成

将半边的心形巧克力边缘极轻微地加热，并两两拼在一起。冷却后，粘上脚和手，喷上红色巧克力喷砂液。接着完成雨伞的组装，并照着图片，将少许巧克力与心形巧克力粘在一起，最后使用冷凝剂定型。

用于制作2个

器具
4个长度为5厘米的心形模具

巧克力
300克白巧克力
100克帕西黑巧克力（70%）

组装和完成
1罐红色巧克力喷砂液
1罐冷凝剂

仰慕，快乐，期盼，爱，怀疑……所有这些
在爱情里，被司汤达（Stendhal）[注]描述的
阶段，难道不也存在于我们职业的深处吗？这
些最终造就了高级创造的结晶。

爱的诞生

巧克力塑形

以隔水加热的方式融化白巧克力至40摄氏度。再将2/3的融化巧克力倒在洁净且干燥
的大理石桌面上，进行调温：用长抹刀将巧克力摊开，并从巧克力的旁侧，以及由下
至上地不断铲起，再摊开，且始终保持与大理石台面的接触。巧克力会迅速变浓稠结
块，在质地变硬之前，将其全部铲起，倒回40摄氏度的巧克力里，混合均匀后，温
度应达到28~30摄氏度。

将巧克力灌入4个尺寸为15厘米的半边蛋壳模具内，翻转并敲击模具，让多余的巧克
力液流淌而下。用铲刀将巧克力液刮干净，将模具放在烤架上。

将模具放入冰箱冷藏几分钟，取出后重复此步骤1次，再放入冰箱冷藏定型30分钟，
脱模。

将半边的巧克力蛋壳边缘极轻微地加热，然后两两拼在一起。

冷却至蛋身完全合拢。再用加热的刀子，在蛋头部分切割出一块，使得糖蛇的身体可
以探出。

糖蛇

在锅中，依次倒入水和粗砂糖。小火慢慢煮沸（使得糖的晶体完全溶解），再加入葡
萄糖浆，收尾时转成更大的火，煮至160摄氏度。

将制得的一半的熟糖倒在硅胶垫上，先用三角铲刀从边缘收拢，然后尽可能地拨动，
直到糖液几乎不再能移动。将制得的熟糖全部置于糖灯下。

将熟糖整形成2个20厘米长的香肠状，并同时捏出蛇头，待其冷却。

用剩余的熟糖，做出多个小球，将糖球放置在烘焙油纸上，待其冷却。随后将小球一
粒接一粒地粘连在蛇身和蛇头上。粘2条硬直的糖线当作舌头。再用1把细毛刷蘸取红
色食用色素，绘出一些红色花纹，以及蛇的眼睛。

最后往每个巧克力鸡蛋里放置1条糖蛇。

用于制作2个

巧克力塑形
300克白巧克力

糖蛇
90克水
300克粗砂糖
90克葡萄糖浆
天然红色食用色素

[注]《红与黑》的作者。

我的圣诞唇印
纳塔莉·瑞基尔
（NATHALIE RYKIEL）

2004

纳塔莉·瑞基尔，身兼时装人、作家和咨询师，并在其母亲索妮娅·瑞基尔（Sonia Rykiel）于1968年创办的时装公司担任董事会副主席。后者以其具有强烈辨识度的风格，超越了所有的时尚规则，并将极度的自由主义精神传播至时尚界之外。"要独特，要诱惑，要神秘"，这份告诫如今在纳塔莉·瑞基尔手中，被前所未有地发扬光大。

一个宛如唇印的梦幻劈柴蛋糕。一个圣诞唇印，被充满情欲地绘出，精巧得就像一个吻，珍贵得如一件珠宝。这个首饰蛋糕创造于2004年，由纳塔莉·瑞基尔提供灵感，亦是居伊·克伦策和他的团队为雷诺特之家献上的首部作品。居伊主厨创造了两个简约风格的部分（唇印和包装盒），它们和谐又密不可分，用于满足这位时尚人士的大胆欲望。最终成品兑现了一份双重愉悦的承诺。

"我致力于用大胆的味觉来表现出女人的欲望，而她不畏惧将所有的渴求通过词语传递给我……"

"当雷诺特询问我，是否愿意设想出一个节日的甜点时，
我想到了我童年时的生日蛋糕。

一个庆祝节日的蛋糕，
一份就像对事实的渴望。
用什么巧克力？源自非洲加纳的黑巧克力。
用什么颜色？红色，当然了。
用什么样的质地？慕斯与乔孔达比斯基（biscuit joconde），
以及用姜块增添口欲之感。

但这是一份轻浮的欲望，一个并不沉重的需求。
其原意是一场没有罪恶感的愉悦，
亦可再呈上第二份甜点，柔软又冰冷，
与之相配，或者独自享用。

一个献给节日的蛋糕，我想，应该是可以说出我爱你。
一个献给节日的蛋糕，应该可以拥抱整个世界。
不需要整圆、长条，不需要装饰、繁复与浮夸。
不，一个献给节日的蛋糕，应该就是一个简单的亲吻，
但是抹上纵欲的情色，就似烈焰红唇，
一个能吞咽、舔舐、吸吮、咬嚼的美味唇舌。

一个献给节日的蛋糕，应该就是这样的一个亲吻，
被放在巧克力做成的托盘里，似孩童的过家家，
最后在嘴里咬下，就像仅仅只是一场游戏。
一场献给劈柴蛋糕的唇舌游戏，
我的圣诞唇印。"

纳塔莉·瑞基尔

爱

纳塔莉·瑞基尔的
劈柴蛋糕

用于制作1个6人份的劈柴蛋糕

器具

1个嘴唇形状的模具，尺寸为33厘米×
17厘米，厚度为3厘米

无面粉巧克力比斯基

250克比斯基（详见第64页的"皮埃
尔·弗雷的圣诞节"配方）

可可糖液

60.5克水

35克粗砂糖

12.5克可可粉

巧克力碎片

150克帕西黑巧克力（70%）

黑巧克力慕斯

35克帕西黑巧克力（70%）

100克帕西黑巧克力（55%）

175克淡奶油

42.5克全脂牛奶

组装

150克红色杏仁膏

25克可可脂

50克糖渍姜方块

1罐红色巧克力喷砂液

无面粉巧克力比斯基

烤箱预热至170摄氏度。在铺有烘焙油纸的烤盘上，摊开或者挤出4块厚度为1厘米的嘴唇形状的比斯基，长宽尺寸与模具一致（33厘米×17厘米）。入烤箱烘烤17~20分钟，出炉后放在烤架上冷却。

可可糖浆

在锅中，放入一半的水和粗砂糖，煮至微沸。倒入可可粉，用蛋抽搅匀，再加入剩余的水，离火后室温下冷却。

巧克力碎片

以隔水加热的方式融化黑巧克力至45摄氏度。再将2/3的融化的巧克力倒在洁净且干燥的大理石桌面上，进行调温；用长抹刀将巧克力摊开，并从巧克力的旁侧，以及由下至上地不断铲起，再摊开，且始终保持与大理石台面的接触。巧克力会迅速变浓稠结块，在质地变硬之前，将其全部铲起，再倒回45摄氏度的巧克力里。混合均匀后，温度应达到30摄氏度。

将巧克力薄薄地摊开在硬质玻璃纸或者巧克力玻璃纸上，让其结晶，然后掰成小块，在室温下储存备用。

黑巧克力慕斯

在不锈钢盆中，用蛋抽打发淡奶油，将奶油放入冰箱冷藏备用。

将两种黑巧克力切碎，放进不锈钢盆里，以隔水加热的方式融化至40摄氏度。另取1个锅，将全脂牛奶加热至70摄氏度，再倒入巧克力中，用蛋抽搅拌直至混合物质地柔顺且光滑。随后加入1/3的打发淡奶油，继续用蛋抽用力地搅匀。

余下的打发淡奶油，会在劈柴蛋糕最后的组装时刻使用。用刮刀将淡奶油轻柔地与黑巧克力慕斯混拌均匀。

组装

将红色杏仁膏擀薄，铺平在劈柴模具的底部和内壁。

融化可可脂，用刷子蘸取可可脂，刷在杏仁膏上，将其放入冰箱冷冻20分钟定型。

在模具内填充37.5克的黑巧克力慕斯，再依次撒上1/4的糖渍姜方块和15克的巧克力碎片。随后铺上1块无面粉巧克力比斯基，并涂上1/4分量的可可糖液。重复此步骤1次，直到满模，放入冰箱冷冻3小时定型。

脱模。隔水加热红色巧克力喷砂液罐，将劈柴蛋糕全部喷上红色。将蛋糕放在盘子上，放入冰箱冷藏回温，至少4小时。

用一朵拉糖做的玫瑰作为装饰，居伊主厨将会非常乐意来您家完成这个步骤。

une branche de Noël ... Nathalie Cohen

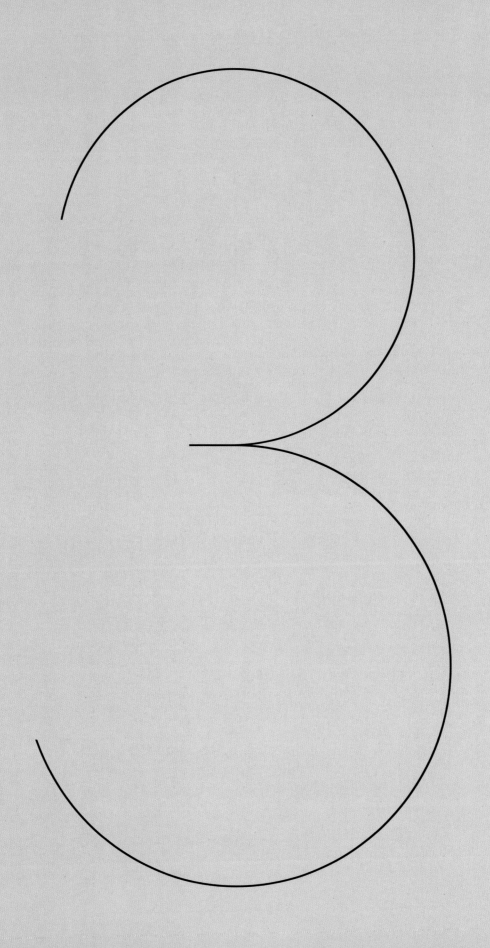

奢华

奢华

阿塔拉斯之灵

用于制作6个

蛋黄酱

10克蛋黄（大约1/2个鸡蛋）

10克第戎芥末

210克葵花籽油

10克雪利醋

2克摩洛哥综合香料

（ras-el-hanout）[注1]

细海盐

胡椒

禽肉鞑靼球

2克吉利丁片

70克天然农场禽类里脊肉（熟的，且去皮）

9克鸡腿干葱头

4克刺山柑花蕾

9克酸黄瓜

2克新鲜香菜

10克切尔慕拉调味料[注2]（详见第254页的"艾瑞克·莫德雷的春日慕蟹"配方）

鹰嘴豆瓦片酥

75克鹰嘴豆面粉

150克水

1克细海盐

5克阿特拉斯牌"沙漠奇迹系列"初榨橄榄油

蛋黄酱

用蛋黄、第戎芥末、细海盐和胡椒制作蛋黄酱。一边搅打它们，一边逐步地倒入葵花籽油，最后用雪利醋和摩洛哥综合香料收尾。

禽肉鞑靼球

将吉利丁片泡入冷水里。将吉利丁片取出，拧干，采用隔水加热的方式溶化，然后稍等几分钟，待吉利丁液冷却后加入蛋黄酱里。

将禽类里脊肉切割成制作鞑靼所需的小块，放入1个沙拉盆里，加入切碎的鸡腿干葱头、刺山柑花蕾、酸黄瓜碎和新鲜香菜碎，以及切尔慕拉调料。

加入蛋黄酱，混拌均匀，放入冰箱冷藏几分钟。取出后将混合物用手捏成6个大小一致的球。放入冰箱冷藏备用。

鹰嘴豆瓦片酥

用温水溶化细海盐，将盐水倒入沙拉盆里，再加入鹰嘴豆面粉，调制成可丽饼面糊的状态。最后加入橄榄油，在室温里静置30分钟。

在烧得极热的平底锅里，倒入面糊，分量恰好能薄薄覆盖住锅底。烘烤10秒，然后用弯抹刀在面皮下面刮动，以去除多余的面糊。当其呈现出漂亮的酥脆蕾丝裙边时，轻柔地将其铲起，出锅，备用。

收集好所有酥脆蕾丝裙边的边角余料和碎屑，压碎。

完成

将禽肉鞑靼球在鹰嘴豆酥脆蕾丝碎屑里滚一下，食用时搭配鹰嘴豆瓦片酥。

小贴士： 也可以用别样的方式呈上桌。例如：将鹰嘴豆瓦片酥的边角余料捏碎，将碎片装在1个小盒子里，然后将禽肉鞑靼球和鹰嘴豆瓦片酥放置在上面，这样能营造出一种沙子的效果，非常自然，类似砂岩玫瑰酥（Rose des sables）[注3]。

这个配方能制作出约20块鹰嘴豆瓦片酥，将它们放进密封盒子里，可以储存5日左右。

[注1] 其含有孜然粉、姜粉、肉桂粉、姜黄粉、黑白胡椒粉、卡宴辣椒粉、肉豆蔻粉、香菜籽粉等，常用在摩洛哥、阿尔及利亚和突尼斯的料理里。

[注2] 产自阿尔及利亚、摩洛哥和突尼斯等国的一种混合调料，用于给海鲜或者肉类调味。

[注3] 用巧克力、黄油和玉米麦片混拌制成的甜点。因其与在干旱的沙质条件下天然形成的玫瑰状石膏晶体簇类似，从而得名。

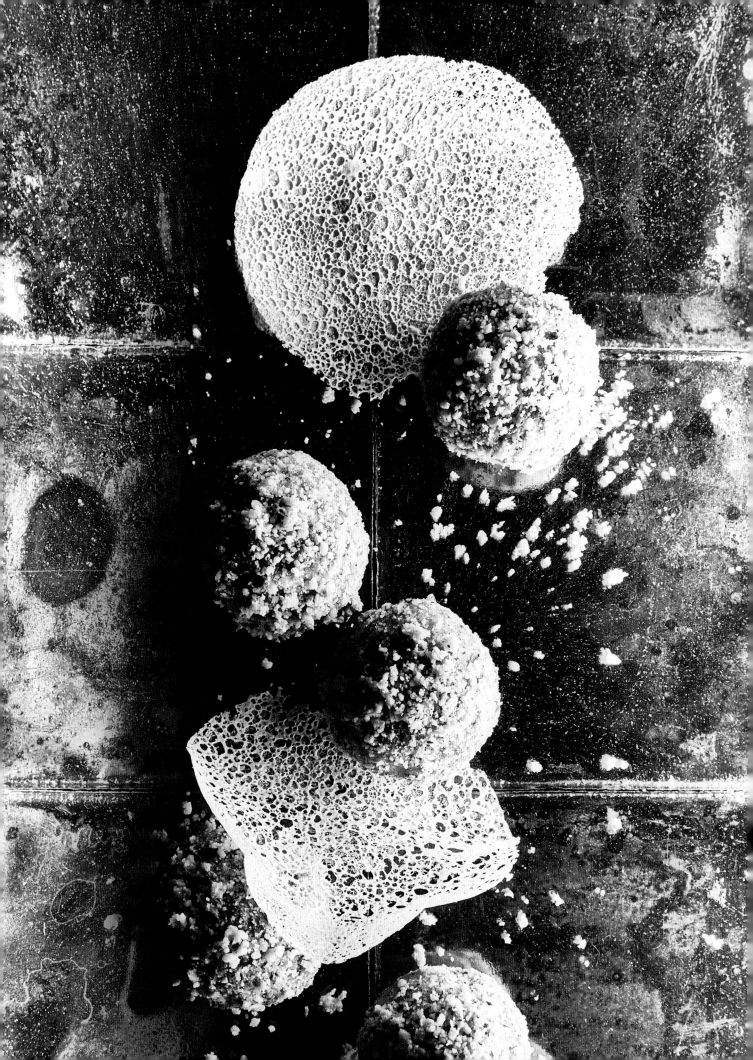

海胆圣雅克扇贝
佐油渍灼茴香

油渍灼茴香

在烧烤炉里准备上好的木炭。将茴香球茎投入火焰里，让每一面都烧焦。球茎应该完全被灼熟，染上轻微的烟熏味。用刀插入内部确认是否烤好，其质地应该是柔软的。去除掉球茎所有烤焦的外皮，只留下用于油渍的内芯（2个球茎可以得到80克左右的茴香内芯）。

将大蒜剥皮，放入锅中，用水没过，煮沸。

再将水倒掉，重复此操作2次。

在研钵里，将茴香内芯与焯水后的大蒜捣碎，加入橄榄油，乳化打发至浓稠的质地。

白葡萄酒奶油酱汁

在炖锅中，放入切碎的干葱头、干白葡萄酒和白葡萄酒醋，小火收汁至3/4的量。用少量水化开玉米淀粉至黏稠质地，将淀粉水加入锅中，起增稠的作用。小火继续煮10分钟左右。离火后，倒入淡奶油。将酱汁全部过筛，在室温里冷却。

装盘和完成

打开海胆，预留海胆肉，用清水洗净海胆壳内部，让其晾干。

将2枚圣雅克扇贝纵向切成3大片。再将剩下的扇贝肉处理成边长为5毫米的小块，储存备用。

在沙拉盆里，混合圣雅克扇贝小块与白葡萄酒奶油酱汁。接着加入海胆肉，轻柔地混合均匀，将制得的扇贝海胆鞑靼储存备用。

在每个海胆壳里，底部铺上油渍灼茴香，再放上扇贝海胆鞑靼。最后盖上1片微微淋有橄榄油的圣雅克扇贝肉，并精巧地摆上鱼子酱和鳟鱼子。

用于制作6份

油渍灼茴香
2个茴香球茎
1/2瓣大蒜
30克橄榄油

白葡萄酒奶油酱汁（beurre blanc）[注]
38克干葱头
76克干白葡萄酒
6克白葡萄酒醋
1克玉米淀粉
14克淡奶油

装盘和完成
6个紫色海胆
9枚圣雅克扇贝
6克鱼子酱
（以普吕尼耶公司所产为例）
6克鳟鱼子了
橄榄油

[注] 传统的白葡萄酒奶油酱汁以黄油为原料，但在此配方中，主厨用淡奶油代替了黄油，因为考虑到这份调味汁为冷食，如果使用黄油会凝结，影响口感。

鱼子酱蛋白蛋

白花菜泥

将白花菜花球在沸水中焯足1分钟，和半盐黄油一起放入炖锅里。倒入少许水，防止黄油烧焦，再盖上1张烘焙油纸，小火慢烹，直到花菜变软。

将花菜沥干水，趁热用料理机打碎，得到极其光滑的花菜泥，放入冰箱冷藏备用。

白雪蛋

打发蛋清至细腻浓稠状态，无须太硬挺。在尾声时加入柠檬汁和1撮细海盐。

烤盘里抹上黄油，倒入蛋白，抹平，去除气泡。将蛋白盖上保鲜膜，入蒸汽烤箱，以85摄氏度烤制8分钟。

冷却后，用切模切出圆柱体形状。

完成

将每个白雪蛋圆柱的顶部切掉1厘米左右，中心镂空直至底部，以便能塞进白花菜泥和鱼子酱，随后把切掉的顶部重新盖上。

将鱼子酱白雪蛋摆在每个盘子里，或者放在大盘里再分食。最后用刨皮器擦出法式乌鱼子屑，将乌鱼子屑撒在上面。

[注] 乌鱼子为鲟鱼的卵巢，取出后盐渍并晒干而成。

炒蛋，盐渍蛋黄

用于制作6人份
提前1天准备

器具
大号切模

盐渍蛋黄
100克细海盐
100克细砂糖
6个蛋黄

炒蛋
12个大号鸡蛋
30克无盐黄油
80克淡奶油
海盐、胡椒

完成
20克日本芜菁叶
30克百香果库利
舒味滋牌（Schwartz®）辛香料
盐之花

盐渍蛋黄

提前1天，将细海盐和细砂糖混合均匀，在盘子里撒一部分海盐和细砂糖的混合物。将蛋黄放在盐糖层上，再盖上剩余的盐糖混合物。让其在冰箱冷藏里静置12小时。摆盘当日，在流水下仔细地冲洗蛋黄，储存备用。

炒蛋

将鸡蛋一个个敲进沙拉盆。用蛋抽极轻微地搅打。
取1个平底锅，加入一半的无盐黄油，再倒入打散的鸡蛋。开小火边烹饪边搅打，注意蛋液不要粘锅，以及避免炒制过度。成品炒蛋应该呈浓稠的质地。在尾声时加入剩余的无盐黄油，并用海盐和胡椒调味。最后倒入淡奶油，以中断继续加热的进程，出锅在室温下储存备用。

完成

借助切模，将炒蛋放在盘里定型。在每份炒蛋上面，精巧地放上日本芜菁叶，并做极淡的调味处理。随后在中间摆放1个覆盖有百香果库利的盐渍蛋黄，最后撒上舒味滋牌辛香料和盐之花。

献给圣·安东尼（Saint Antoine）的俏皮玩笑，即使是肉食制品与松露种植业的守护之神，面对这篮裹满新鲜松露块的肥肝松露，也难辨其真假。

一场美味的视觉欺骗！

松露

用于制作6人份

提前1天准备

器具

6个直径为3厘米的小号硅胶半球模具

苏岱贵腐甜白葡萄酒冻

4.5克凝胶强度为180的吉利丁粉

20克水

30克细砂糖

150克苏岱贵腐甜白葡萄酒（sauternes）

（或者类似的酒）

金箔（非必要）

肥肝松露

·240克鹅肝或者鸭肝

30克新鲜松露

（或者更多，取决于您的预算！）

盖朗德盐之花

苏岱贵腐甜白葡萄酒冻

提前1天，将吉利丁粉泡入冷水里吸水膨胀。取1个小锅，锅中倒入细砂糖，倒入一半的贵腐甜白葡萄酒，煮至45摄氏度，将细砂糖溶解。以隔水加热的方式溶化吉利丁，将其加入锅里，搅拌均匀，然后再倒入剩余的酒。如果追求优雅的视觉效果，可以加入一些金箔。

将酒液灌入硅胶制的半球模具内。入冰箱冷藏定型，最好过夜。

肥肝松露

组装当日，将肥肝在手中轻轻施力，塑形成每个重40克的小球。先将小球在粗粗切碎的松露里打滚，然后用保鲜膜将每个小球单独包裹，放入冰箱冷藏至少3小时，使得香气可以相互渗透。

在呈上桌前半小时左右，撤去裹着肥肝松露的保鲜膜，让它缓慢地回温至适宜的口感。将其摆在盘中，配上贵腐甜白葡萄酒冻半球，最后撒上盖朗德盐之花调味。

小贴士：我非常喜欢将这些肥肝松露小球放在篮子里呈上桌，这样每位来宾可以自由地选择食用。

肥肝金砖抹酱

用于制作1千克的肥肝

提前1天准备

肥肝

半熟肥肝的配方，详见第194页的"肥肝开胃小食和香料面包"（亚硝酸盐非必要）

组装

8~10片金箔

盐之花

现磨胡椒

肥肝

按照第194页的配方（亚硝酸盐非必要），制作1千克的半熟肥肝。

组装

提前1天，将肥肝装入金砖状的陶瓷盅里。关于烹饪方法，请参考用于制作半熟肥肝的技巧。

组装当日，将肥肝金砖冷却后脱模，去除油脂颗粒，使得金砖能维持完好形状，并呈现光滑的外表。

从金箔纸册里取出金箔片，用刷子将金箔片粘在金砖上，使其能完整地覆盖住金砖。

呈上桌时，撒上些许盐之花以及现磨的胡椒。

我的厨艺启蒙之父乔治·鲁（Georges Roux）将经典与疯狂的构思同时融合在这个配方里。2011年的MOF奖获得者，也是我曾在另一个机构为其工作过的主厨克里斯托夫·帕切科（Christophe Pacheco），于2000年参加法国全国厨艺大赛时，便是用这道油渍小牛胸肉裹粉红小牛肝获得了冠军。

油渍小牛胸肉裹粉红小牛肝

用于制作6人份
提前36小时准备

酿小牛胸肉
1.5千克的小牛胸肉
18克细海盐
3克胡椒
1.5克埃斯普莱特辣椒粉
300克小牛肝
盐之花
橄榄油

小牛肉原汁
1/2个小牛蹄
小牛胸肉的边角料（大约600克）
花生油
50克无盐黄油
40克鸡腿干葱头
1个有机橙子
2克砂拉越黑胡椒颗粒
50克红宝石波特酒
水

完成
1个有机橙子
1个有机黄柠檬
1个有机青柠檬
24克帕玛森干酪刨花
6克油炸大蒜片
盐之花
舒味滋牌辛香料或者黑胡椒混合香料
（详见第72页的"爱之果"配方）

酿小牛胸肉
提前2天，将小牛胸肉去骨去脂（或者请肉店代劳，并将切下的边角余料带回），使得肉块厚度均匀且无脂肪，能制成漂亮的长方形。用细海盐、胡椒和埃斯普莱特辣椒粉调味。

将小牛胸肉放入食用真空袋里，用蒸汽或者低温慢煮机在65摄氏度下烹饪36小时（或者放在85摄氏度的高汤里，煮制6~8小时，然后留在高汤里冷却，静置过夜）。

制作当日，将小牛胸肉浸入1个装有冷水的大盆里。

去除小牛肝的膜及所有血管，以少许盐之花调味。在烧热的平底锅里（冒烟的程度），用少许橄榄油将小牛肝煎至每一面都呈金黄色，但是内部依旧是生的。待其冷却。

在工作台上，铺上双层的保鲜膜，放上沥干了水的小牛胸肉。将小牛肝摆在中间部位，紧实地卷起来，入冰箱冷藏1小时。随后撤去保鲜膜，将小牛胸肉用绳捆绑起来，放入冰箱冷藏备用。

小牛肉原汁
提前1天，将半个小牛蹄放在水中过夜，以去除杂质。

制作当日，将小牛胸肉的边角料切割成均匀大小的块状。

取1个深底煎锅，加热至冒烟，用少许花生油将小牛胸肉的边角料的每一面都煎至上色，同时一点点地加入无盐黄油，最终成品应呈现漂亮的金棕色。

将小牛胸肉边角料在漏网里沥干。将深底煎锅放回火上，加入细细切碎的鸡腿干葱头、现擦出的橙子皮屑（橙肉去除筋络后，榨汁留着备用）和砂拉越黑胡椒颗粒。全部炒至出水，但注意不要炒焦，再重新加入小牛胸肉边角料。

接下来用红宝石波特酒和橙汁进行锅底精华的萃取：将锅底的沉淀物用木刮刀刮起，然后收汁，大约耗时15分钟。肉块应被汤汁裹住，并呈现出光亮的色泽。

锅内加入水，刚好浸过食材，再放进沥干了水的小牛蹄。小火慢煮至水分蒸发，大约耗时2小时。

加入第2次水，刚好没过食材，继续用小火煮半小时左右。随后静置，再用漏斗筛网过滤。取1个小锅进行收汁，耗时约30分钟，最终得到300克的小牛肉原汁。

完成
烤箱预热至150摄氏度。

将酿好的小牛胸肉放在烤盘上，并用少许小牛肉原汁浇淋，入烤箱烘烤20~25分钟。如有需要，在烹制过程中，可频繁地将肉原汁浇淋在小牛胸肉上。注意内里的小牛肝不要烤得太过。

出炉后，将其放入盘中。擦出有机橙子、黄柠檬和青柠檬的皮屑，撒在菜品表面，并摆放帕玛森干酪刨花和油炸大蒜片。最后撒上盐之花和舒味滋牌辛香料。

122

大约在12年前，当我来到雷诺特时，时任甜点主厨和1994年最佳手工匠人（甜点）的杰哈尔德·哥特洪（Gérard Gautheron），询问我是否可以设计出一款咸味的国王饼。所以，我向带有趣味的小小罪孽屈服：在球状的千层酥里填入肥肝，以及松露口味的白肠，好看又好吃。

奢华

白肠圆酥饼夹松露和肥肝

用于制作1个圆形酥饼

器具
20厘米直径的模具

千层酥面团
详见第232页的"哈雷芭芭国王饼"
配方

松露白肠内馅
15克松露
135克猪喉
80克火鸡里脊肉
165克全脂牛奶
70克鸡蛋（大约1个大号鸡蛋）
8克土豆淀粉
25克红宝石波特酒
10克松露汁（成品）
8克细海盐
0.5克胡椒
0.5克擦碎的肉豆蔻

肥肝
400克肥肝片
海盐

组装
1个鸡蛋

千层酥面团
按照配方所示，制作1份千层酥面团。
如果您有稍微宽裕些的预算，可以在千层酥第1轮开酥时，备好占面团1%~3%比例的松露碎，与无盐黄油一同加入。

松露白肠内馅
将松露、胡椒与细海盐混合均匀。
将猪喉和火鸡里脊肉放入绞肉机，配3号刀网。
将制得的肉糜与细海盐的混合物、鸡蛋、擦碎的肉豆蔻、松露汁、红宝石波特酒以及预先过筛好的土豆淀粉一起用料理机搅打。牛奶加热至60摄氏度，一点点地将牛奶倒入肉馅中，最终得到质地均匀的肉馅。
放入冰箱冷藏备用。

肥肝
平底锅烧至极高的温度，无须倒入油脂，直接将撒了盐的肥肝片放入，迅速煎制。

组装
在模具中，填入松露白肠内馅。
用保鲜膜密实封住模具，将模具放进蒸汽烤箱中，以80摄氏度烹饪15分钟。
待其冷却。
烤箱预热至185摄氏度。
将千层酥面团整形成球状，只需要擀开1次（因此得名球状千层酥）。
将千层酥皮擀开成1块直径为23厘米的圆片，厚度为5毫米。鸡蛋打散，用刷子将蛋液涂抹在酥皮表皮上色。借助锋利的小刀刀尖，割出装饰线条。入烤箱烘烤45分钟。
将千层酥饼放在室温下冷却约30分钟，以水平线方向切割开千层酥饼，塞入松露白肠内馅，再叠上肥肝片，重新合拢。烤箱调至100摄氏度，重新回炉烘烤25分钟，使松露白肠和肥肝加热至温热。

向埃里克·勒科克（Eric Lecoq）致敬。在不到1周的时间里，他成功完成了挑战，创作出此款镶嵌在定制模具里的布里欧修，用于参与博古斯金奖大赛（le Bocuse d'Or）。在众多配方里，蒂博·鲁杰里（Thibaut Ruggeri）和朱莉·吕莫（Julie Lhumeau）凭借它在这场极负盛名的世界厨艺大赛上成功夺冠。团队精神的魔力，足以使所有的困阻转化为优势！

黄金布里欧修

用于制作2个6~8人份的布里欧修
提前1天准备

器具
2个金属圆柱体

黄金布里欧修
详见第34页的"榛子酱熊仔糕"配方

完成
金粉

黄金布里欧修
按照配方所示，将所有的食材分量翻倍，制作布里欧修面团。
提前1天，在不锈钢盆中或者厨师机缸里，用温水化开酵母，撒进预先过筛好的精细面粉，接着加入细砂糖、细海盐以及3/4的鸡蛋，搅打全部直至面团质地紧实，光滑且均匀。
加入剩余的鸡蛋，继续搅打面团15分钟直至质地光滑和柔软。最后加入无盐黄油，并持续不停地搅打，直至得到质地均匀的面团。在室温下醒发约1小时30分钟。
当面团体积膨胀翻倍后，用手翻面2次，放入冰箱冷藏，继续醒发2~3小时。重新用手再翻2次面，放入冰箱冷藏12小时。

完成
制作当日，将面团切割成2份，整形成2条长度为25厘米的香肠状面团。将其放入特别定制的金属圆柱体内，在28摄氏度下醒发2小时（或者放在加热的烤箱里，炉门打开）。烤箱预热至200摄氏度。
当布里欧修放入烤箱时，将温度降至180摄氏度，烘烤25~30分钟。出炉后将其放在烤架上冷却。在布里欧修的上方，放置1块镂空模板，撒上金粉，或者涂抹金粉，凸显出表皮的花纹。

交响挞之花

用于制作1个6人份的挞

器具

直径为4厘米的切模

沙布雷面团

详见第88页的"夏日之花"配方

酥皮面团

详见第216页的"秋叶薄脆干层酥"

配方，但表面无须焦糖化

焦糖苹果

180克水

250克粗砂糖

60克葡萄糖浆

6个法国尚特克蕾尔（chantecler）

品种苹果

25克软化至膏状的无盐黄油

苹果果冻果酱

浓郁焦糖

75克淡奶油

5克葡萄糖浆

1/8根香草荚

25克粗砂糖

香草轻质奶油

150克香草卡仕达酱（详见第42页的

"覆盆子香草糖"配方）

25克乳脂含量为35%的淡奶油

烘烤和完成

杏仁片

糖粉

沙布雷面团

制作出175克沙布雷面团。

将沙布雷面团擀开至3毫米厚度，切割成6块直径为8厘米的圆片，彼此相连地摆放在铺有烘焙油纸的烤盘上，呈花朵状。用刷子涂上一层薄薄的蛋黄液。

酥皮面团

制作出125克酥皮面团。

将酥皮面团擀开至3毫米厚度，切割成6块直径为8厘米的圆片，再用切模将每片的中心部位进行镂空处理。将它们依次摆放在沙布雷圆片上，放入冰箱冷藏。随后作为挞底之用。

焦糖苹果

在1个大号的锅里，将80克的水和粗砂糖微微煮沸，加入葡萄糖浆，煮至195摄氏度。然后倒入剩余的100克水（已预先煮沸），用于中断继续加热的进程。重新煮至沸腾，加入软化成膏状的无盐黄油，用蛋抽全部搅匀至浓稠。

烤箱预热至175摄氏度，在1个大盘里，放入数个已削皮并掏空了内部的完整的苹果。将苹果淋上焦糖，入烤箱烘烤40~45分钟，时不时再浇上焦糖。用刀尖插入果肉来判断烤熟程度：应感受到刀尖遇到少许阻碍，且苹果已经烤至焦糖化上色。待其冷却，涂上苹果果冻果酱。

浓郁焦糖

在锅中，放入淡奶油、葡萄糖浆、对半剖开并刮取出的香草籽和荚体，煮至微沸。

另取一锅，将粗砂糖无水干熬至焦糖色，随后逐步一点点地倒入热的淡奶油混合物，以中断继续焦糖化的进程。全部继续煮沸至106摄氏度，待其冷却。

香草轻质奶油

在不锈钢盆里，用蛋抽打发冷的淡奶油。

将香草卡仕达酱打散，恢复光滑的质地，然后轻柔地拌入打发好的淡奶油，放入冰箱冷藏备用。

烘烤和完成

烤箱预热至180摄氏度。

在铺有烘焙油纸的烤盘上，摊开杏仁片，入烤箱烘烤5分钟，取出备用。

将挞底放进烤箱烘烤20~25分钟，其间不要打开炉门。

出炉后将挞底在烤架上冷却，随后在挞的边缘撒上糖粉。

将烤好的挞底摆在底托或者盘中。在每个酥皮圆片的凹陷处挤上浓郁焦糖，再放上焦糖苹果。用香草轻质奶油填充苹果，并在每个顶部挤上1个小半球，最后撒上几片烘烤后的杏仁片作为装饰。

奢华

3个鸡蛋，1勺糖……简单，高效，在蛋抽底端流淌出属于厨师的动作之美感。此款菜品有点儿像布拉尔妈妈（la mère Poulard[注1]）会给前往圣米歇尔山的饥肠辘辘的朝圣者做出的舒芙蕾欧姆蛋。我也不止一次地用它来填饱肚子，并用它给小孩子和大人们惊喜。

舒芙蕾欧姆蛋

烤箱预热至200摄氏度，准备2个可以入烤箱烘烤的盘子，涂抹上黄油和细砂糖。

将蛋清和蛋黄分离。在1个不锈钢盆里，打发蛋黄、一半的细砂糖和刮取出的香草籽，直到颜色变浅（蛋抽抬起，能形成流动的缎带状）。将蛋清打发至较为硬挺，在搅打尾声时一次性加入剩余的细砂糖。先取出1/3的打发蛋白，加入蛋黄糊混合物内，用蛋抽搅匀。随后改用刮刀，将剩余的打发蛋白轻柔地与蛋黄糊混合均匀。

欧姆蛋的主体部分制作完毕，备用。

在平底锅（直径为26厘米或者28厘米）内加热无盐黄油，直至焦化[注2]。将粗黄糖和香草荚撒进锅里，然后倒入欧姆蛋主体。

中火烹饪4~5分钟。当欧姆蛋开始上色（可以稍稍抬起欧姆蛋边缘查看），并充分膨胀，将其倒出滑进盘里，然后对折。即刻送入烤箱烘烤大约10分钟，并注意观测上色程度。出炉后立刻食用。

"一个简单的动作"

用于制作1个6人份的欧姆蛋

210克鸡蛋（大约4个鸡蛋）

50克细砂糖

1根香草荚

25克无盐黄油

10克粗黄糖

用于涂抹模具的黄油和糖

[注1] 原名为Anne Boutiaut，是出生在1851年的一位法国女厨师，以位于圣米歇尔山的旅馆，以及拿手的欧姆蛋而出名。当年她注意到前来圣米歇尔川的朝圣者们，在抵达时已经疲惫又饥饿，所以她觉得要提供简单的菜式，且能在任何时候快速地制作出，故便将欧姆蛋在旅馆大力地推广。

[注2] 意为呈现浅棕色，并散发出榛子的香气。

爱之井，这个带有情色意味的隐喻最初是用来描述18世纪的一种空心甜点，凹处的部分填充有果酱或者焦糖卡仕达酱，并且多亏了同名轻歌剧的成功，它在1901年曾颇为流行。在我们的版本里，原有的酥皮面团被在唇齿间发出愉悦咔嚓声的糖丝线所替代，而井底则盛放着香草轻质奶油和些许野草莓。以下是来自雷诺特手工匠小队的小贴士：我们会使用固定在电钻上的甜点擀面杖来拉出天使的发丝（即糖丝线）。

是不是很聪明！

爱之井或者野草莓巢

用于制作12个单人份

器具

竹签

香草轻质奶油

（详见第127页的"交响挞之花"配方）

糖丝线

500克细砂糖

完成

野草莓

装饰糖粉

香草轻质奶油

制作600克香草轻质奶油。

糖丝线

在锅中，用小火无水干熬细砂糖。

再准备1个盛满冷水的锅。当焦糖已经变成琥珀色，关火，立刻将焦糖锅的锅底浸泡到冷水锅里，以中断继续焦糖化的进程。最终得到的焦糖应拥有液体蜂蜜的质地，像糖浆般黏稠。

接下来制作纤细如头发丝一般的焦糖丝线，具体技巧为：在工作台上，准备1张烘焙油纸，摆上1个甜点用的擀面杖。在后者的上方架上竹签，与其成直角。再用2把并列靠在一起的叉子（之所以用2把叉子，速度会加快2倍），蘸取焦糖，并迅速地在竹签上方前后划动，如此般形成糖丝线。最后整形成鸟巢。

室温储存，直至使用。

完成

直至呈上桌前的最后一刻，将糖丝线制成的鸟巢放置在甜点碟上。用裱花袋在鸟巢内填充进香草轻质奶油，装饰几粒野草莓，并撒上装饰糖粉。

伴着蒸腾的烟雾，由一群侍者充满仪式感地呈上桌。这个在凡尔赛大厅里被切开，由香草糖壳包裹的菠萝，产生的戏剧感毋庸置疑。

糖壳菠萝

用于制作6人份

糖壳菠萝

1个维多利亚品种的菠萝

1.5千克粗砂糖

50克水（视状态而定）

完成

香草冰激凌（详见第46页的"香草草莓摩托车"配方）

浓郁焦糖（详见第127页的"交响挞之花"配方）

糖壳菠萝

烤箱预热至110摄氏度。

切去菠萝的顶部，留着备用。

在不锈钢盆中，混合粗砂糖和冷水，直至呈现出湿砂的样子。在铺有烘焙油纸的烤盘上，倒入少许粗砂糖，做成1个底座。将菠萝置于粗砂糖里，再将剩余的糖砂一点点地堆上来，边堆边压紧实，直至最后糖砂几乎全部覆盖住菠萝，唯有顶部可见。

入烤箱烘烤2小时，用刀尖插入果肉确定是否烤好。

一旦达到想要的熟度，出炉，放置1小时。

完成

将预留的菠萝顶部插入菠萝上方，并带着温热的口感呈现给宾客。

打碎糖壳，小心地剥掉菠萝皮，然后将菠萝切成薄片或者分成4大块。

食用时，可以搭配一份橄榄状的香草冰激凌，以及淋上一丝浓郁焦糖。

奥利维耶·普西耶对于餐酒搭配的建议

2014年朱朗松甜白葡萄酒（Jurançon moelleux）[注] 2014–克罗·予琥拉特庄园（Clos Uroulat），查尔斯·奥尔斯酒庄（domaine Charles Hours）

[注] 朱朗松（Jurançon）产区是法国西南部重要的白葡萄酒产区，亦是法国较早获得法定产区地位的产区之一。

费雷德里克·布尔斯（Frédéric Bourse），身份是雷诺特厨艺学院的老师，但对我而言，他首先是自1991年起便与我维持着长久默契的老朋友，其次是全世界优秀的甜点师之一。这个作品体现出了他的极高天赋。

榛子黄油香草千层酥

榛子黄油千层酥皮

提前1天，将厨师机缸装上搅钩，搅打2种面粉、水、细海盐和榛子膏。不要过度搅打（防止起筋），避免过于有弹性。用保鲜膜包裹住面团，入冰箱冷藏12小时。此为面皮层。

制作当日，在装上搅拌桨的厨师机缸里，混合膏状黄油、榛子膏和150克T55面粉。将面团整形成正方形的榛子黄油块，厚度为0.8厘米，覆上保鲜膜，入冰箱冷藏备用。此为油酥。

将质地柔软，但温度较低的油酥放置在面皮层上，后者需比前者的尺寸大2倍。用面皮层包裹住油酥，并合拢边缘。接下来进行第1轮折酥：先将酥皮面团用擀面杖擀开，进行1轮三折。翻转90度，继续用擀面杖擀开，再进行1轮四折。将其紧实裹上保鲜膜，放入冰箱冷藏3~4小时。取出后重复之前的操作，即先进行1轮三折，再1轮四折，随后放入冰箱冷藏3~4小时。最后将一半的酥皮面团擀开至3毫米厚度，放入冰箱冷藏1小时备用。

烤箱预热至160摄氏度，将3毫米厚度的酥皮切割成细细的火柴条状，摆放在铺有烘焙油纸的烤盘上，入烤箱烘烤约20分钟。出炉后，在火柴条上撒上糖粉，重新放回烤箱，调到220摄氏度，继续烘烤1~2分钟，使表面焦糖化。

将剩余的一半酥皮擀开至2毫米厚度，将酥皮夹在两个烤盘中，入烤箱烘烤大约30分钟。出炉后，在酥皮上撒上糖粉再重新放回烤箱，以220摄氏度烤制，使表面焦糖化。随后将酥皮切割出24块直径为7厘米的圆片，备用。

香草之心

提前1天，将香草荚对半剖开，用刀尖刮取出香草籽，和香草荚一起放置于淡奶油里，放入冰箱冷藏静置12小时，用于萃取香草的香气。

制作当日，在不锈钢盆里，放入细砂糖和蛋黄，用蛋抽搅打至颜色微微变浅。取1个锅，将萃取后的淡奶油和香草煮沸。过筛后，将其倒入蛋黄糖液内，搅拌，然后全部倒回锅里，煮至85摄氏度。用均质机处理，放入冰箱冷藏1小时，迅速降温。

将其灌入直径为4厘米的硅胶半球模具内，放入冰箱冷冻至少2小时。

用于千层酥的香草奶油

提前1天，将香草荚对半剖开，用刀尖刮取出香草籽，和香草荚一起放在淡奶油里，放入冰箱冷藏静置12小时，用于萃取香草的香气。

制作当日，在不锈钢盆里，放入细砂糖和蛋黄，用蛋抽搅打至颜色微微的变浅。取1个锅，将淡奶油和香草煮沸。过筛后，将其倒入蛋黄糖液内，搅拌，然后全部倒回锅里，煮至85摄氏度。吉利丁粉预先和冰水混合静置，至膨胀吸收水分后加入锅中，用均质机处理，冷却到35摄氏度。

拌入预先已用蛋抽打发至柔软状态的淡奶油，混合均匀。将其填充进直径为7厘米的硅胶半球模具内，并在中心位置，塞入1个冻硬了的香草之心，放入冰箱冷冻至少3小时。

乳白榛子糖脆块

烤箱预热至170摄氏度。

将榛子摊在铺有烘焙油纸的烤盘上，入烤箱烘烤10分钟，时不时进行翻拌，出炉后冷却。

在锅中，将方登糖和葡萄糖浆煮至155摄氏度，加入切碎的烘烤后的榛子，随后在1张硅胶垫上摊匀，冷却，用Robot-Coupe®牌食物处理器打碎成细细的粉末。再取细目网筛将榛子粉过筛到1张硅胶垫上，至多为1毫米厚度。入烤箱以160摄氏度烘烤15分钟，待其出炉冷却后，将其掰碎成薄薄的块状。在室温下储存备用。

组装和完成

将香草奶油脱模，放入冰箱冷藏至少2小时（如有可能，最好是保持3摄氏度），使其回温，达到品尝的最佳口感。呈上桌时，将其放置在榛子黄油千层酥圆片上，并将细火柴条状的酥皮切割成不同长度的斜棱，精巧地插在香草奶油半球上。在酥皮上撒上糖粉，最后摆放一些乳白榛子糖脆块作为装饰。

用于制作24个
提前1天准备

器具
半球硅胶模具：
24个直径为4厘米的模具＋
24个直径为7厘米的模具

榛子黄油千层酥皮
面皮层：
190克T55面粉
190克T45面粉
180克水
9克细海盐
55克皮耶蒙地区100%榛子膏
油酥：
495克膏状黄油
55克皮耶蒙地区100%榛子膏
150克T55面粉
糖粉

香草之心
1根马达加斯加香草荚
260克乳脂含量35%的淡奶油
70克蛋黄（大约3个鸡蛋）
55克细砂糖

用于千层酥的香草奶油
2根马达加斯加香草荚
150克乳脂含量35%的淡奶油
115克蛋黄（大约6个鸡蛋）
95克细砂糖
6克凝胶强度为200的吉利丁粉
30克冰水
570克打发至柔软状态的淡奶油

乳白榛子糖脆块
60克去皮榛子
150克甜点用白色方登糖（Fondant blanc confisenr）
100克葡萄糖浆

组装和完成
糖粉

凡尔赛宫的国王菜园提供了约15款梨子品种，使我们能一一尝试，并最终定下哈蒂和考密斯这两款。在雷诺特工坊与凡尔赛花园的紧密合作里，藏有我们与安东尼·雅各布松（Antoine Jacobsohn）以及耶罗迈·梅纳尔（Jérôme Ménard）之间的友谊，更蕴含传递的象征意义。在此配方里，我们重温的不仅是加斯东·雷诺特留下的精神遗产，而且以新鲜梨子雪芭给予我们灵感，亦是关于法式卓越匠艺的追求。对于这一点，我们日日致力于传递给学徒们，并邀请他们前来参观凡尔赛宫，使他们穿梭于这文化的至高殿堂里，得到更为深刻的领悟。

凡尔赛宫国王菜园所产
西洋梨雪芭和蕾丝蛋筒

用于制作12个单人份
提前1天准备

器具
蕾丝花纹硅胶软垫

凡尔赛宫国王菜园所产西洋梨雪芭
400克新鲜西洋梨
（哈蒂和考密斯这两个品种）
70克水
135克细砂糖
5克黄柠檬汁

烟卷面糊（Pâte à cigarettes）
100克无盐黄油
200克糖粉
150克蛋清（大约5个鸡蛋）
125克面粉

凡尔赛宫国王菜园所产西洋梨雪芭
提前1天，将西洋梨削皮去籽。
在锅中，将水和细砂糖煮至微沸，待其冷却。
同一时间，将西洋梨和柠檬汁均质，粉碎，再加入冷的糖水，入冰箱冷藏过夜。
制作当日，将均质后的西洋梨放进雪芭机里搅拌。

烟卷面糊
在不锈钢盆里，用蛋抽将无盐黄油软化成膏状。
一边加入预先过筛好的糖粉，一边搅拌。倒入一半的蛋清，再倒入一半的面粉，继续搅拌。随后依次倒入剩余的蛋清和剩余的面粉，并持续搅拌的动作。完成后，在冰箱冷藏里放置30分钟。
烤箱预热至170摄氏度。
将烟卷面糊在蕾丝花纹硅胶烤垫上均匀地摊开成12块直径为15厘米的圆片。
入烤箱烘烤大约10分钟。出炉后，将其立刻从烤垫上剥离，并卷在1个15厘米高的圆锥体上定型。待其冷却，在室温下储存备用。

完成
将西洋梨雪芭装入带齿状裱花嘴的裱花袋内，在蕾丝蛋筒里轻柔地挤出玫瑰花形。

乌塔沙布雷饼干

沙布雷饼干，就是我的玛德琳。在我的记忆里，按照德国和阿尔萨斯的传统，妈妈将这些不同形状的小点心挂在圣诞节的冷杉树上，然后命令我们不得在圣诞节之前吃掉。但我不觉得，我们有遵守过吗？哪怕一次！完全无法抵挡的沙布雷饼干……

皇家糖霜

按照配方所示，制作皇家糖霜。

黄柠檬比斯基

提前2天，按照配方所示，将所有食材分量除以2，制作比斯基面糊。

烤箱预热至170摄氏度。

将比斯基面糊填充进已经微微涂抹了油脂的咕咕霍夫模具内，入烤箱烘烤15~20分钟，具体时间取决于模具的尺寸大小。待其冷却后，脱模。

在咕咕霍夫顶端钻1个小孔，挤一点儿皇家糖霜，并系上1根银钩，放置在室温下，晾干整晚。

隔日，在咕咕霍夫表面撒上糖粉，在中间的部位填充糖渍橙子块。

蛋白霜球

按照配方所示，制作1份法式蛋白霜。

烤箱预热至80摄氏度。

用直径为1厘米的裱花嘴挤出24个法式蛋白霜小球，撒上沙布雷碎片或者是捏碎的加伏特牌原味蕾丝薄脆饼干。入烤箱烘烤1小时15分钟或1小时30分钟。出炉后冷却。

在每一个蛋白霜小球上挤一点儿皇家糖霜，并系上1根银钩，接着用柑曼怡橙酱，将它们两两粘连在一起，放置在室温下，晾干整晚。

沙布雷面团

按照配方所示，制作沙布雷面团。

将沙布雷面团擀薄至3毫米厚度，用不同的切模制成不同的形状，每款为12个。将切好的饼干放在铺有烘焙油纸的烤盘上，入冰箱冷藏松弛1小时。

烤箱预热至160摄氏度，烘烤15~20分钟。出炉后，待其冷却。

完成

在塑料裱花袋内或者用烘焙油纸制成的小圆锥裱花袋内，填入皇家糖霜，在不同的沙布雷饼干上细细勾勒出线条至其完全被覆盖。在饼干上撒上银粉或者银箔，晾干整晚。

隔日，可以将它们挂在发光板上或者其他支撑物上。

小贴士： 您也可以在沙布雷饼干上覆盖一层薄薄的杏仁膏。再钻1个小洞，点上一点儿皇家糖霜，并系上1根银钩，最后晾干整晚。

[注] 普雷结，又译作扭结、德国结、椒盐卷等。它的形状好似双手交叉，在胸前祷告的样子。据说最初是教会用来鼓励学会祈祷的孩子们的礼物。

用于每款制作12个
提前2天准备

器具

12个小号咕咕霍夫形状的硅胶模具
特别款式的切模[天使、星星、月亮、普雷结（Bretzel）[注]等]

皇家糖霜

详见第284页的"糖果瓢虫和苏奥巧克力"配方

黄柠檬比斯基

详见第88页的"夏日之花"配方
+糖粉
+糖渍橙子块
用于涂抹模具的油或者黄油

蛋白霜球

详见第276页的"里约青柠檬挞"配方
+沙布雷碎片或者加伏特牌原味蕾丝薄脆饼干
+5克柑曼怡橙酱（详见第288页的"高田贤三的劈柴蛋糕"配方）

沙布雷面团

详见第88页的"夏日之花"配方

完成

银粉或者银箔

在1968年10月1日，加斯东·雷诺特雇用了克里斯汀·拉库尔（Christian Lacour），向其要求制作出2千克的覆盆子水果软糖，来促进糖果和巧克力的业务。而现在，雷诺特之家很快就要迎来成立50周年，克里斯汀·拉库尔，这位我非常崇拜的主厨，应该会为如今以吨计算产量的美味的水果糖而骄傲。这显然已经成为我的团队日常的，并擅长的工作。

奢华

绚钻果芒

用于制作每款25个
提前1天准备

器具
钻石形状的模具

醋栗和百香果
100克醋栗果蓉和百香果果蓉
85克梨子果蓉（用于柔和醋栗和百香果的酸度）
20克+215克细砂糖
5克黄色果胶
60克葡萄糖浆
0.5克酒石酸

草莓
175克草莓果蓉
5克黄色果胶
17克+175克细砂糖
60克葡萄糖浆
0.5克酒石酸

醋栗和百香果

在铜锅里，倒入醋栗果蓉和百香果果蓉。将黄色果胶和20克细砂糖无水干拌在一起，然后将此混合物倒在已煮至温热，达到50摄氏度的果蓉里。用蛋抽进行搅拌，避免形成果胶的凝结颗粒。让果胶吸水膨胀片刻，再加入剩余的细砂糖和葡萄糖浆，一起煮沸，并撇去表面形成的浮沫。最后得到的水果膏温度应该是在105~106摄氏度之间。

在熬制的尾声，离火，加入酒石酸。将混合物全部灌入钻石形状模具内，在冰箱里冷藏放置24小时冷却。

草莓

在铜锅里，倒入草莓果蓉。将果胶和17克细砂糖无水干拌在一起，然后将此混合物倒在已煮至温热，达到50摄氏度的果蓉里。用蛋抽进行搅拌，避免形成果胶的凝结颗粒。让果胶吸水膨胀片刻，再加入剩余的细砂糖和葡萄糖浆。一起煮沸，并撇去表面的浮沫，最后得到的水果膏应该是在105~106摄氏度之间。

在熬制的尾声，离火，加入酒石酸。将混合物全部灌入钻石形状模具内，在冰箱里冷藏放置24小时冷却。

完成

为了更悦目的视觉效果，无须再在水果软糖的表面覆盖一层砂糖[注]。

您也可以将水果软糖放置在带电池的小型LED灯上，折射出珠宝一般的光泽。

[注] 传统的法式水果软糖表面会撒上砂糖，防止粘连。

源自与蒂埃里·瓦塞尔（Thierry Wasser），娇兰（Guerlain）的调香师的一场美好邂逅。他所任职的娇兰是极稀少的、自己生产香水的法国品牌之一。某次他向我吐露想要设计出一款带有凡尔赛宫廷风格的香氛，充盈着茉莉花的馥郁。我由此受到启发，萌生了将玛丽·安托瓦妮特（Marie Antoinette）皇后最为迷恋的茉莉花香制成马卡龙的念想。随后我们又将这份彼此皆倾心的花草香佐以马达加斯加香草，衍生为茉莉花果酱，如今它已成为雷诺特非常受欢迎的系列之一。

凡尔赛宫茉莉花马卡龙

用于制作40个马卡龙

马卡龙壳
详见第224页的"蛮荒印记"配方
140克去皮杏仁粉
240克糖粉
130克蛋清（大约4个鸡蛋）
40克细砂糖
加伏特牌原味蕾丝薄脆饼干
金粉

香草慕斯琳奶油
详见第42页的"覆盆子香草糖果"配方

组装
200克茉莉花果酱（果酱商：弗洛里安）[注]

马卡龙壳
烤箱预热至180摄氏度。
在装有刀片的研磨机中，细细磨碎去皮杏仁粉和糖粉。随后将其和1个约30克重的蛋清（无须打发）混合均匀，制成马卡龙面糊。
将剩余的蛋清打发成硬挺的状态，其间逐步地加入细砂糖，帮助稳定。将1/4的打发蛋白与马卡龙面糊混合，稀释成黏稠的质地，再加入余下的蛋白，混拌至光滑状态。
在铺有烘焙油纸的烤盘上，用7号裱花嘴，每行交错着挤出圆饼，并撒上捏碎的加伏特牌原味蕾丝薄脆饼干和金粉。
入烤箱烘烤12~15分钟。出炉后，在烘焙油纸和烤盘之间注入少许水，便于剥离马卡龙壳。将剥下的壳放回到1张干净的烘焙油纸上，在烤架上晾干。

香草慕斯琳奶油
按照配方所示，所有的食材分量减半，制作香草慕斯琳奶油。

组装
用直径为8毫米的裱花嘴，将香草慕斯琳奶油挤在一半的马卡龙壳边缘，中间部分填充茉莉花果酱。最后盖上另一半马卡龙壳。

[注] 创立于1949年的果酱品牌，坐落于南法的格拉斯，此地以花田出名，被称为香水之都。

钻石恒久远

用于制作每款12个

器具

PC树脂制成的钻石形状模具
（烘焙用品店或者网络购买）

巧克力

150克黑巧克力

150克白巧克力

伯爵红茶甘那许

5克无盐黄油

3克皇家大吉岭伯爵红茶
[玛黑兄弟牌（Mariage Frères）]

60克淡奶油

8克转化糖或者蜂蜜

25克帕西黑巧克力（70%）

25克黑巧克力（50%）

组装

银箔

巧克力

用隔水加热的方式，分开融化黑巧克力和白巧克力至40摄氏度，全程有规律地进行搅拌。
接着将2/3的每种融化的巧克力倒在洁净且干燥的大理石桌面上，进行调温：用长抹刀将巧克力摊开，并从巧克力的旁侧，以及由下至上地不断铲起，再摊开，且始终保持与大理石台面的接触。巧克力会迅速变浓稠结块，在质地变硬之前，将其全部铲起，倒回40摄氏度的巧克力里。

无须再隔水加热，混拌均匀后，黑巧克力应达到30摄氏度，白巧克力达到28摄氏度。保持这个温度。

伯爵红茶甘那许

融化无盐黄油。将伯爵茶倒入预先已经加热了的淡奶油里，静置3分钟，萃取香气，随后用滤布过筛。加入转化糖或者蜂蜜，再加入之前融化了的无盐黄油，在70摄氏度时进行均质。

加入2种黑巧克力，再均质1次。

在室温下储存备用，直至组装。

组装

在钻石模具的底部撒上银箔，铺上白巧克力或者黑巧克力，放入冰箱冷藏，用于冷却。
随后在模具中灌入温度在30~32摄氏度的伯爵红茶甘那许，放入冰箱冷藏1小时。取出后，再以黑巧克力或者白巧克力封底。继续入冰箱冷藏1小时定型，脱模。

和甜点主厨让－克里斯托弗·让松（Jean-Christophe Jeanson）一起，我们设计出此款捧花，能让全世界的新人们倾心。这座捧花泡芙挞也在西里尔·利尼亚克（Cyril Lignac）和斯特凡纳·贝恩（Stéphane Bern）的节目中赢得了银幕上的高光时刻。它优雅万分！

"只为你" 婚礼捧花

用于制作1份可供50人使用的捧花

器具
直径6厘米或7厘米的圆锥蛋卷模具

焦糖杏仁糖
详见第272页的 "愉悦版黑森林" 配方

泡芙面糊
详见第94页的 "草莓香气冰激凌泡芙" 配方

香草卡仕达酱
详见第42页的 "覆盆子香草糖果" 配方

用于泡芙蘸面的焦糖
详见第132页的 "爱之井或者野草莓巢" 配方

组装和完成
珍珠糖
糖衣果仁
马卡龙

焦糖杏仁糖
制作2千克焦糖杏仁糖。
将焦糖杏仁糖用刮刀在烤盘上数次铲起并抹开，最后摊成薄薄的一层。将其切割成三角形，底部呈圆弧状，直径为20厘米，高度为15厘米。然后将三角形的焦糖杏仁糖紧贴在蛋卷模具上，冷却后脱模，室温下储存备用。

泡芙面糊
按照配方所示，将所有食材分量乘以2，制作泡芙面糊。

香草卡仕达酱
制作2千克的香草卡仕达酱。

用于泡芙蘸面的焦糖
制作500克的糖丝线。

组装和完成
烤好泡芙，用香草卡仕达酱（从泡芙底部或者旁侧）进行填充，并蘸上焦糖。接着将泡芙翻转置于珍珠糖内，使它们粘上糖粒。食用时，每个蛋卷里放上2个泡芙，以及装饰的糖衣果仁和马卡龙。

在我的冬日花园

路易-阿尔贝·德·布罗伊
"园丁王子"
2013

　　出身于一个在军事、政治、科学、外交以及文学领域皆享有盛名的家族，路易-阿尔贝·德·布罗伊（LOUIS-ALBERT DE BROGLIE）却并没有遵循家族原有的轨迹，而是在做了7年银行家之后，回归初心，一心研究园艺，成为园丁王子！因为醉心于大自然的魅力，他于1995年，在自己私人的布尔黛西埃尔城堡建立了一所国家番茄品种研究所。迄今为止，研究所共栽培超过650种番茄品种。又因对生物多样性保护举措的积极参与，他于2000年收购了德罗尔昆虫与动物标本收藏馆。这些举动都极好地吻合了德·布罗伊家族的格言："展望未来"。

在2013年，为了纪念曾任路易十四杰出园丁的安得烈·乐诺特（André Le Nôtre）的400周年诞辰，雷诺特之家邀请路易-阿尔贝·德·布罗伊参与了这项对传统圣诞劈柴蛋糕重新创作的项目。园丁王子，既是因家族历史而继承的头衔，又因对自然的热爱而得名，他一面回应了邀请，设计出此款极其法式，并具有高度象征意义的冬日花园；另一方面，这款作品则不经意地使人追忆起了过往的一些美好回忆。

"就是在厄尔，我的父母认识了加斯东·雷诺特——这位年轻的，但才华横溢的甜点师。在我父亲任戴高乐政府部长的时期，我母亲会固定地向他订购蛋糕，于是我父亲把他介绍进了爱丽舍宫，成为甜点供应商。这也是每年我生日的时候都会收到他闻名遐迩的，唤作'成功'蛋糕的缘故。因此就像巴普洛夫效应，我本能地接受了雷诺特品牌的邀请，来纪念我的父母，同时亦是与我自己的经历相共鸣。"玛德琳蛋糕的故事[注1]，在这里因甜点仙子的魔力变成了劈柴蛋糕。

带着激情与创意，路易-阿尔贝·德·布罗伊回忆起，在信封一角短短数秒间画上的初稿——传统正式的花园，例如子爵城堡、凡尔赛宫，它们在与他自己的梦幻园林之间促生出交锋与对照。最终园丁王子的想象与古典花圃重合：以天才的创造力与极富远见的眼光，在彼此的时代中留下浓墨重彩的两位天才——乐诺特与雷诺特先生，将会在一座温室中会面。"这个创意呢"，他表明，"是通过还原其园林结构以及凸显透视效果，来向安德烈·乐诺特的卓越成就致敬，同时也用一个温馨的美食陈列室来加强这座'冬日花园'的艺术感。"

"这就是我想给你们带来的劈柴蛋糕！"在与居伊·克伦策主厨以及合作者们的第一次会晤后，路易-阿尔贝·德·布罗伊如此总结道。雷诺特之家作为邀请方，也面临着挑战——在创造和技术上皆是。园丁王子的想法和意愿越细致，落实的过程就越复杂！他设想出的小小美食陈列室充斥着无穷无尽的精巧细节。"随着日子的流逝，"居伊主厨回忆道，"我对自己说，也许将它们全部忠实地还原成微型小件，是一项不可能完成的任务。就比如，这个用糖做的极为透明的温室，在雪的覆盖下微微透着蓝色，是我们经过了数十次的反复试验才得到的成果。"同样令人惊讶的是，不止一处，而是所有的细节都需要如此打磨到极致。为了这个劈柴蛋糕，雷诺特召集而来多位其他领域中的，同属佼佼者的艺术家和手工匠人们：园丁们、园林设计师们、建筑师们，当然了，还有甜点师们。

园丁王子也揭露了他的三个罪恶的小热爱——水果、糖和酒精。它们一一被诠释成了杏仁膏、巧克力和他旅行时品尝到的不同领域的美味：海地巴邦库特公司的朗姆酒旨在向他大溪地籍的妻子致敬；西柚用来增加热带异国情调；当然不要忘记，

"我认识了一个真正的王子，从血统到心灵！"

还有被做成了辛香味果糊的番茄。这是隆冬季节对于甜点师团队的真正挑战，也可看作他对这世界上独一无二的珍藏品的一种致意。

我们在这个劈柴蛋糕中不仅能窥见他对园艺修剪艺术的爱好，亦有于20年前重新设计的昆提尼（Quintinie）款式的洒水壶，还有他标志性的草帽。这是一场真正的视觉和味蕾上的享受！

此次成功的合作，是园林与甜点领域中这些极富想象与激情的创造者们，怀着对自然以及高雅艺术的同样热爱，提炼出的独特而充满技术含量的艺术结晶。这确实是在一个不寻常的时刻所完成的一项极度专业的工作。

"这个劈柴蛋糕具有美好的象征意义，"路易-阿尔贝·德·布罗伊总结道，"它使得我能荣幸地追忆起曾接触过的一位伟大的甜点师，他首先因自己的才能，而获得'成功'[注2]，其次也有我父母引荐的功劳。我设想出的这座花园古典建筑，与我的私人故事相连接，促成了一次充满人情味的团队合作。就延续的意味而言，我与加斯东·雷诺特先生遥隔时空，却达成了一致。"

[注1] 出处是普鲁斯特的《追忆似水年华》，作者尝到玛德琳蛋糕时，便宛如进入了时空隧道，回到过往。
[注2] 此处是双关语，也指他的成名作之一，上文提到的唤作"成功"的一款蛋糕。

"园丁王子" 劈柴蛋糕

用于制作2个8~10人份的劈柴蛋糕

器具

2个尺寸为28厘米×32厘米×3厘米的长方形模具

杏仁达克瓦兹比斯基

详见第64页的"皮埃尔·弗雷的圣诞节"配方

牛奶巧克力酥脆

200克牛奶巧克力

100克无盐黄油

280克加伏特牌原味蕾丝薄脆饼干

200克榛子帕里尼（详见第220页的"冰冻火星"配方）

黑巧克力慕斯

详见第104页的"纳塔莉·瑞基尔的劈柴蛋糕"配方

巧克力甘那许

70克黑巧克力（55%）

70克淡奶油

详见第40页的"栗子，栗子，栗子糖果"配方

组装

200克白色杏仁膏

马卡龙

巧克力和杏仁膏制成的装饰物

杏仁达克瓦兹比斯基

按照配方所示，将所有食材分量乘以3，制作比斯基面糊。

将面糊摊开成2个尺寸为28厘米×32厘米的长方形。

烤箱预热至190摄氏度，将面糊入烤箱烘烤12分钟，出炉后室温里冷却。然后在每个长方形模具内放入1片比斯基，模具底下预先垫上烘焙油纸。

牛奶巧克力酥脆

在隔水加热的锅里，分开融化牛奶巧克力和无盐黄油。在不锈钢盆里，粗粗碾碎加伏特牌原味蕾丝薄脆饼干，并加入帕里尼，用刮刀混合均匀。倒入融化的牛奶巧克力，最后以融化的热的无盐黄油收尾。搅匀后，用刮刀将混合物在杏仁达克瓦兹比斯基上摊开。

黑巧克力慕斯

按照配方里同样的分量，制作黑巧克力慕斯。

巧克力甘那许

制作甘那许，在室温下冷却。

组装

在长方形模具内，填入2/3的黑巧克力慕斯，使其覆盖住牛奶巧克力酥脆层。叠上第2片达克瓦兹比斯基，再填入剩余的黑巧克力慕斯，涂抹平整。入冰箱冷冻30分钟定型，最后铺上薄薄一层巧克力甘那许。

将其切成2个尺寸为28厘米×16厘米的长方形，每个的一半用擀至3毫米厚度的杏仁膏覆盖，并装饰马卡龙，以及其他用巧克力和杏仁膏制成的装饰物。

色彩

欢乐时刻

用于制作每款12~15个

切尔穆拉青酱

1束新鲜香菜（或者择好的18克叶子）

1/2束意大利香芹（或者择好的14克叶子）

3克葛缕子

3克香菜籽

1克甜红椒粉

1克细海盐

23克希腊酸奶或者类似的酸奶

5克黄柠檬汁

1瓣大蒜

现磨胡椒

35克初榨橄榄油

切尔穆拉青酱渍狼鲈鞑靼

200克狼鲈鱼柳

23克切尔穆拉青酱

辣椒仔牌（Tabasco®）辣椒调味汁

细海盐

柠汁腌渍鲷鱼鞑靼

200克鲷鱼鱼柳

1个小的嫩洋葱

1个有机青柠檬擦出的皮屑和榨出的柠檬汁

辣椒仔牌辣椒调味汁

2克新鲜香菜

细海盐

薄荷风味烟熏三文鱼鞑靼

200克烟熏三文鱼

15克干葱头

1/4个有机橙子擦出的皮屑和榨出的橙汁

4片新鲜薄荷叶

细海盐

蔬菜刨片

2根西葫芦

1根白萝卜

1个奥基贾品种（chioggia）甜菜根 [注]

2根沙地胡萝卜

完成

15粒蚕豆

15克熟木薯珍珠

4朵可食用花朵

15克鳟鱼子

切尔穆拉青酱

将香菜和意大利香芹洗净，择下叶子。将其放入料理机中，和葛缕子、碾碎的香菜籽、甜红椒粉、细海盐、希腊酸奶、黄柠檬汁、碾碎的大蒜以及少许现磨胡椒一起，粉碎成泥。随后加入橄榄油，乳化打发成奶油霜状的膏体，放入冰箱冷藏备用。

切尔穆拉青酱渍狼鲈鞑靼

将狼鲈切成制作鞑靼的小细丁，与切尔穆拉青酱混合，加入2滴辣椒仔牌辣椒调味汁和细海盐。借助保鲜膜将狼鲈鞑靼卷成卷，同第294页的"布伦柱之灵感"的配方中的肥肝鸡肉卷的制作方法一致，但是此配方成品直径为0.8厘米。放入冰箱冷冻几分钟，让其定型，便于之后进行干净利落的切割。

柠汁腌渍鲷鱼鞑靼

将鲷鱼切成制作鞑靼的小细丁，与切得极碎的嫩洋葱、青柠檬擦出的皮屑、青柠檬汁、2滴辣椒仔牌辣椒调味汁以及切碎的新鲜香菜混合，撒细海盐调味。借助保鲜膜将鲷鱼鞑靼卷成卷，与切尔穆拉青酱渍狼鲈鞑靼操作手法一致。

薄荷风味烟熏三文鱼鞑靼

将三文鱼切成制作鞑靼的小细丁，与切碎的干葱头、橙子擦出的皮屑、橙汁以及细细切碎的新鲜薄荷叶混合，撒细海盐调味。

借助保鲜膜将三文鱼鞑靼卷成卷，与切尔穆拉青酱渍狼鲈鞑靼操作手法一致。

蔬菜刨片

蔬菜洗净去皮，用刨皮刀或者蔬菜切片器，擦出又长又薄的带状蔬菜片，尺寸为5厘米长，1.7厘米宽，厚度为0.5毫米。

完成

撤去裹着鞑靼卷的保鲜膜，将其切成2厘米宽的小段。趁着刚从冷冻室取出，还有少许硬度，将它们包进蔬菜刨片里。请记得让鞑靼卷的部分高出一些，这样视觉上更美观，并确保卷的底部是平整的，不会摇晃，可以坐在碟子里。

注意使鞑靼的颜色与蔬菜刨片保持一致。例如，切尔穆拉青酱渍狼鲈鞑靼搭配西葫芦等。

将蚕豆预先在沸水里焯几分钟，然后在冷水里降温。将其和熟木薯珍珠、可食用花朵以及鳟鱼子一起，遵循相呼应的颜色，装饰放在盘中的各款鞑靼小卷。请趁新鲜低温尽快食用。

小贴士：这些鞑靼的口味可随季节进行变换。此配方能制作出100克的切尔穆拉香料青酱，将其放入密封小罐里储存，它可用于其他菜肴的调味，例如：明虾或者爆炒海螯虾。

[注] 非常古老的意大利甜菜品种，极适合装饰摆盘。其肉质清甜，切开来，横截面呈红白圆环状。

帝王蟹佐野生芝麻菜啫喱和
螺旋藻瓦片酥

用于制作6人份
提前1天准备

螺旋藻瓦片酥
1个大号的桑巴品种土豆，重约180克
90克蛋清（大约3个鸡蛋）
2克细海盐
2克螺旋藻粉

野生芝麻菜啫喱
210克野生芝麻菜
3克吉利丁片
粗海盐

蛋黄酱
4克蛋黄
4克第戎芥末
1克细海盐
1克胡椒
62克菜籽油
2克陈年葡萄酒醋

帝王蟹的烹饪
6个生的帝王蟹（每个60克）
30克橄榄油
细海盐
胡椒

完成
6根克雷永品种（crayon）[注]韭葱蕊
20克半盐黄油
18克酸模叶
18克细的意大利香芹
25克绿色马齿苋
60克小的嫩蚕豆
1个有机青柠檬（汁和皮屑）
橄榄油
细海盐
胡椒

螺旋藻瓦片酥
提前1天，连皮煮熟土豆，然后去皮，称出150克土豆泥。
趁热，将土豆泥和其他食材一起打碎至光滑状。用细目网过筛。
将混合物在硅胶垫上薄薄地铺成一层，如有可能，在70摄氏度下干燥整晚，然后室温储存。

野生芝麻菜啫喱
在1个大号炖锅里，煮沸一锅极咸的盐水，将洗净的野生芝麻菜浸入，至少煮1分钟。沥干后，在冰水里将芝麻菜冷却，再用两手轻柔地攥干，接着将其放入料理机中打碎成质地光滑的鲜绿色库利状。如有需要，可用滤布过筛，最后储存备用。
将吉利丁片放入冷水里泡软。

蛋黄酱
用蛋黄、第戎芥末、细海盐和胡椒来制作蛋黄酱，一边搅打它们，一边逐步地倒入菜籽油，最后用陈年葡萄酒醋收尾。

取出1/4的野生芝麻菜库利，轻微加热，拌入拧干的吉利丁，使其受热溶化。再全部倒回剩余的库利里，与蛋黄酱一起混合均匀，盖上保鲜膜，入冰箱冷藏备用。

帝王蟹的烹饪
用少许橄榄油、细海盐和胡椒给帝王蟹调味，然后给每一只帝王蟹单独地裹上保鲜膜。将帝王蟹放入万能蒸烤箱里，温度调至65摄氏度，烹制大约4分钟。将指针式温度计插入蟹肉内部，探测温度达到51摄氏度时，立刻取出。
待其冷却，储存备用。

完成
将煮熟的帝王蟹放在烤架上，用刷子涂上野生芝麻菜啫喱，使之光亮，放入冰箱冷藏约10分钟定型。
用刷子给韭葱蕊涂抹少许软化的半盐黄油，然后在铁板上迅速地爆炒，若没有铁板，也可以用烧得极热的平底锅，使韭葱蕊轻微地上色。
在不锈钢盆里，放入所有的香草和嫩蚕豆。用青柠檬皮屑、青柠檬汁、少许橄榄油、细海盐和胡椒进行调味。
在每份盘中，精巧地摆上1块帝王蟹，在其周围搭配1份韭葱蕊和各色香草，最后撒上螺旋藻瓦片酥碎块作为装饰。

[注] 品种呈黄色，风味柔和。

千味杯

用于制作12人份
提前2天准备

蘑菇馅
250克金钻级别的禽类肝脏[注]
4.5克细海盐
250克混合菌菇
（牛肝菌、鸡油菌、口菇等）
50克干葱头
25克无盐黄油
50克胡萝卜
10克意大利香芹
35克白波特酒
125克半盐猪胸肉

鸭肝奶油
250克禽类肝脏
11克细海盐
250克淡奶油
70克鸡蛋（大约1个大号鸡蛋）
250克生鸭肝

肥肝弗朗馅
200克淡奶油
200克全脂牛奶
8克细海盐
200克生肥肝
140克鸡蛋
（大约3个小号鸡蛋或者2个大号鸡蛋）

组装
黑胡椒混合香料
（详见第72的"爱之果"配方）
蒜花

蘑菇馅

提前2天，用细海盐给禽类肝脏调味，将其放入冰箱冷藏备用。

组装当日，清洁并擦拭蘑菇。

在炖锅里，将干葱头碎用一半分量的无盐黄油炒出水。加入切成小细丁的胡萝卜，混合菌菇和意大利香芹碎，混合均匀后，再烹饪几分钟，出锅后备用。

用剩余的无盐黄油将禽类肝脏翻炒至粉色，放进前一个步骤使用到的炖锅里。将炖锅重新放回旺火上，用白波特酒萃取锅底精华：倒入白波特酒，然后用木刮刀刮起锅底的沉淀物。再将切成小丁状的半盐猪胸肉放入翻炒几分钟。

将料理机装上细刀片，将混合物全部打碎，盖上锡箔纸，入冰箱冷藏储存备用。

鸭肝奶油

提前2天，用细海盐给禽类肝脏调味。

组装当日，用小锅将淡奶油煮至温热。禽类肝脏用料理机的细刀片打碎成光滑的膏状，加入45摄氏度的淡奶油，再倒入鸡蛋，切成小块的生鸭肝，将它们全部打碎。盖上锡箔纸，入冰箱冷藏备用。

肥肝弗朗馅

在锅中，将淡奶油、全脂牛奶和细海盐煮至温热，达到约50摄氏度。

将生肥肝切成小块，放入厨师机缸中，再加入鸡蛋以及淡奶油和牛奶的液体混合物，全部搅打至光滑，用漏斗尖筛过滤，入冰箱冷藏储存备用。

组装

在可以进烤箱的杯子里，按层组装（从下至上）：蘑菇馅，然后是约1厘米高的鸭肝奶油。入冰箱冷藏定型1小时，取出后，以肥肝弗朗馅收尾。

烤箱预热至80摄氏度。

将其放入烤箱，以水浴法烹饪45分钟，直到表面凝固结皮，类似于烤布蕾。

最后在杯中装饰一些蒜花，并撒上黑胡椒混合香料。

小贴士：食用时，可佐以酥脆小点，并放置1把小勺子在上面。制作腌渍物或者猪肉类制品时，通常来说，会使用亚硝酸盐来代替细海盐，以预防食物发白，并保持有市售肉制品典型的鲜艳颜色。但我们还是比较钟爱细海盐。

[注] 最新鲜的肝脏级别，亦特指布雷斯（Bresse）鸡的肝脏。

用最好的一块肉，来制作最好的一道菜！
我还记得大家一起在巴黎拉彼鲁兹餐厅
（Lapérouse），用菲力牛排尾部为原料制作的
这道牛肉美食。因为它如此受欢迎，于是我们
索性也试着用菲力以及其他部位来制作。在这
里，我们用澳大利亚的和牛肉重新进行演绎。
此配方亦是用来致敬肉类制品行当的庄严，以
及这些极具天赋的手工业者的高超技法。

居伊和牛

用于制作6人份

包裹材料

酒椰棕榈叶

腌制干葱头

152克干葱头

123克干白葡萄酒

168克白葡萄酒醋

6克黑胡椒颗粒

2克细海盐

1克香菜籽

3克新鲜细叶芹

3克新鲜龙蒿

14克新鲜莳萝

牛肉

1千克和牛腹肉

10克砂拉越黑胡椒颗粒

3克舒味滋牌香料（或者第72页的
"爱之果"的黑胡椒混合香料）

1/2束意大利香芹

橄榄油

30克油渍大蒜

500克和牛菲力

1/4块去肉皮乡村烟熏猪胸肉

完成

橄榄油

腌制干葱头

将切碎的干葱头、干白葡萄酒和白葡萄酒醋倒入炖锅里。将碾碎的黑胡椒颗粒、细海盐、香菜籽和香草放进纱布里，用绳子捆好，放进炖锅内，收汁至水分全无。

牛肉

将牛腹肉放在砧板上，底下垫保鲜膜，从中间将肉片开，不要切到底部，将肉摊开成规则的方形肉片。

取1个不锈钢盆，混合腌制干葱头、碾碎的黑胡椒颗粒、舒味滋牌香料和意大利香芹碎。淋入橄榄油，刚好没过食材。

将此混合物涂满牛腹肉片的表面。

将油渍大蒜去皮，每瓣对半切开，然后沿着牛腹肉片的宽边，一瓣瓣地将大蒜前后粘连摆成一列，再将和牛菲力叠在大蒜上。借助保鲜膜，将其全部卷起来，形成一个漂亮的法式猪血香肠状，放入冰箱冷藏备用。

在工作台上，铺上双层的保鲜膜，呈1个大的长方形。

将乡村烟熏猪胸肉切成薄片，摆在保鲜膜上，片与片之间微微重叠。取出和牛菲力香肠卷，撤去和牛菲力外部包裹的保鲜膜，将香肠卷放置在呈长方形的猪胸肉片的边侧，然后紧实地卷起，放入冰箱冷藏至少6小时。

完成

撤去猪肉卷外部包裹的保鲜膜，用酒椰棕榈叶将肉卷捆绑。

在倒有少许橄榄油的平底锅里，将肉卷的每一面煎至上色，但无须煎熟，随后放入冰箱冷藏静置30分钟。

食用时，将其切成厚片。然后按照个人对生熟程度的喜好，就像煎牛排一样，快速地进行煎制即可。

奥利维耶·普西耶对于餐酒搭配的建议

罗迪丘（Côte Rôtie）2009，杰美特酒庄（Domaine Jamet）

罗迪丘是北罗纳河谷的一个珍稀产区，这里是能种植西拉（Syrah）品种的北部极限。西拉的特色为集成熟与清爽于一体。让-保罗·佳美（Jean-Paul Jamet）被视为此产区的一个极具代表性的种植者。罗迪丘的酿酒集不同风土特色之大成，尤以棕丘的片岩为主，口感既浓郁又微妙。2009年被认为是光照充足的一年。之所以选它来搭配和牛肉，是因为罗迪丘拥有的单宁口感能中和肉质的肥腻，同时西拉所带的香料胡椒香气也能衬托并提升腌制汁里的香料风味。

我常常和朋友们一起配着酒，分享这款面包："伙伴"的原意本是一起分食面包的人。（注：法语中，伙伴"copain"一词拆分成"co-pain"，便是分食面包的意思）

伙伴红酒长棍

用于制作5根长棍
提前2天准备

发酵面团
80克T55面粉
1.25克新鲜酵母
50克水
1.7克细海盐

红酒面团
50克格勒诺贝尔核桃
150克法式干香肠
425克T65面粉+用于发酵布的面粉
50克T130黑麦面粉
25克T150全麦面粉
25克新鲜酵母
100克发酵面团
350克汝拉丘产区（côtes-du-jura）红酒
9克细海盐

发酵面团

提前2天，在厨师机缸中，放入T55面粉、新鲜酵母和水，以1挡搅打3分钟，接着转2挡搅打10分钟。加入细海盐，继续搅打4分钟。

用保鲜膜松散地包裹住面团，让其在室温里进行第1次发酵，约1小时30分钟。

将面团放入冰箱冷藏放置48小时，并称出100克的发酵面团用于制作红酒面团。

红酒面团

先开始测量制作间和面粉的温度。接着将两者温度相加，再减去48这一数字，便可得到红酒最适宜的温度（比如：房间20摄氏度+面粉20摄氏度=40摄氏度-48摄氏度=8摄氏度）。

烤箱预热至180摄氏度。

将格勒诺贝尔核桃碾碎，入烤箱烘烤10分钟。待其冷却。再将干香肠切成边长为1厘米的块状。

厨师机装上搅钩，在缸中倒入各种面粉、新鲜酵母、发酵面团和红酒。先以1挡搅拌3分钟，加入细海盐，接着以2挡搅打7~9分钟。随后拌入干香肠块和核桃碎，继续以1挡搅打2分钟。最终面团的起缸温度应该是在23~25摄氏度之间。让其在室温里进行第1轮发酵，约30分钟。

将面团分割成5份均等的剂子，每份重约220克。将面团全部整形成长棍状，放在扑了面粉的发酵布上，让其醒发1小时30分钟~2小时，以26摄氏度最佳。

烤箱预热至250摄氏度（无须开风扇）。

将长棍轻微地扭转后，放置在铺有烘焙油纸的烤盘上，入烤箱。在烤箱的底部倒一杯水（用于制作蒸汽），即刻关闭烤箱门。烘烤20~25分钟。长棍应该烤至酥脆，出炉后敲击可听到内部中空的声音，最后将长棍放置在烤架上冷却。

源自库斯科（Cuzco）的一场旅行回忆。在秘鲁这座位于安第斯山脉中部的城市里，当地居民用古柯叶冲泡出的茶来接待游客，用于预防高山反应。我重返巴黎后，身处海拔110米的伊芙林省，却涌上也让你们为之激动的想法。以雷诺特版本制成的古柯叶蛋糕，请大快朵颐。

我的古柯叶蛋糕

用于制作2个蛋糕

器具

2个长、宽为22厘米×4厘米，高4厘米的模具

榛子酥粒

40克无盐黄油

40克粗黄糖

0.5克细海盐

40克烘焙后切碎的榛子碎

40克普通面粉

橙子果泥

80克水

100克粗砂糖

175克索库朗特（soculente）品种橙子片

瓦伦西亚古柯蛋糕

3片古柯叶

3克有机黄柠檬皮屑

150克糖粉

150克去皮杏仁粉

1刀尖的肉桂粉

150克鸡蛋（大约3个鸡蛋）

烘烤和完成

糖粉

糖渍香橼丁

榛子酥粒

在不锈钢盆中，搅拌软化的无盐黄油、粗黄糖和细海盐，接着加入烘焙后切碎的榛子碎，最后是预先过筛好的面粉。大致混合均匀后将混合物抓成小块，铺在烘焙油纸上，放入冰箱冷冻大约10分钟。

橙子果泥

在锅中，将水和粗砂糖加热30秒至沸腾，倒入橙子片，小火慢煮至橙子皮软化，大约耗时30分钟。待其冷却后将其细细均质。将果泥装入裱花袋内，放入冰箱冷藏储存。

瓦伦西亚古柯蛋糕

将古柯叶切碎，用擦皮器擦出黄柠檬皮屑。

在不锈钢盆中，混合所有的干性食材，再将鸡蛋一个个地加入，搅匀。将混合物填充进2个蛋糕模具里。随后用装有橙子果泥的裱花袋，在每个蛋糕上面挤出一条果泥，放入冰箱冷冻3小时。

烘烤和完成

烤箱预热至170摄氏度。

将酥粒均匀地铺在每个冷冻的蛋糕上，入烤箱烘烤35分钟。用刀尖插入糕体试探是否烤熟，抽出时刀面应该是干燥的。出炉冷却后，撒上糖粉，用糖渍香橼丁做装饰。

咖啡 —— 我新的激情！在进修职业咖啡师与烘焙师的学习期间，我与同班同学卡迈勒·布巴克利（Kamal Boubakri）在某个早晨的交谈，促生了这款独特的维也纳甜酥面包的想法，亦是一种欢享法式早餐的方式：可颂、咖啡、牛奶，合三为一。

我挑选出的咖啡豆，来自危地马拉的奇图勒缇霍勒庄园（Chitul Tirol du Guatemala），带有蜂蜜、巧克力和胡椒的芳香。微酸，并在嘴中余味悠长。我应该将此一见钟情般的发现归功于咖啡图书馆[注1]（La Caféothèque）的格洛里亚·蒙特内格罗女士（Gloria Montenegro）——名副其实的法国咖啡女教皇。是她，在我身上种植了对咖啡迷恋的病毒。

用于制作15个可颂

可颂面团

15克新鲜酵母

65克水

115克T45面粉

250克精细面粉

8克细海盐

25克细砂糖

115克全脂牛奶

35克+115克无盐黄油

60克鸡蛋（大约1个大号鸡蛋）

少量的咖啡精华

咖啡卡仕达酱

15克危地马拉咖啡豆（奇图勒缇霍勒庄园plantation Chitul Tirol）

300克全脂牛奶

70克淡奶油

70克粗砂糖

80克蛋黄（大约4个鸡蛋）

12克面粉

2克玉米淀粉

15克无盐黄油

咖啡牛奶可颂

可颂面团

开始前，先制作波兰种。首先测量制作间和面粉的摄氏温度。将两者温度相加，随后减去54这一数字，便可得到水最适宜的温度（比如：房间22摄氏度+面粉摄氏18度-54=水温摄氏14度）。

在装有打蛋头的厨师机缸里，用水化开酵母，T45面粉取50克，与酵母水混合在一起。再将剩余的T45面粉和精细面粉倒在混合物上。

将其室温醒发约30分钟，直至此酵头拱起，使得面粉表面出现裂缝。加入细海盐、细砂糖、全脂牛奶和35克软化成膏状的无盐黄油，以1挡搅打5分钟，接着以2挡搅打5分钟，面团无须搅打得过于紧致。将其在保鲜膜上擀开，再用保鲜膜裹上，放入冰箱冷藏至少2小时。

将面团擀至长方形，用115克无盐黄油涂满表面2/3处。先做1轮三折，随后翻转90度（接口处应位于右边）[注2]，擀开成长方形。再进行1轮三折，完毕后裹上保鲜膜，放入冰箱冷藏至少2小时。最后进行1轮三折，再次冷藏2小时。

将面团擀开至3毫米厚度，切割出底部长度为10厘米、高为17厘米的数个等腰三角形，每份重约60克。从底部向尖角卷起塑形成可颂。

将可颂摆放在铺有烘焙油纸的烤盘上，用细毛刷将打散的鸡蛋液以及咖啡精华的混合物涂在表面上色，建议在28摄氏度下，醒发1小时30分钟。可颂体积应翻倍。

烤箱预热至200摄氏度。

重新刷1轮鸡蛋液上色，入烤箱烘烤大约15分钟，在烤架上冷却。

咖啡卡仕达酱

将咖啡豆磨成粉。

取1个小锅，微微煮沸一半分量的全脂牛奶，加入咖啡粉，随后离火，加盖，静置20分钟，用漏斗尖筛或者制作港式丝袜奶茶的过滤袋过滤，得到带有咖啡香气的牛奶。再将其倒入1个大锅中，与剩余的全脂牛奶、淡奶油和一半的粗砂糖一起煮至微沸。

在不锈钢盆里，搅打蛋黄和剩余的粗砂糖，直至蛋黄颜色变浅。加入预先过筛好的面粉和玉米淀粉，用蛋抽搅拌均匀。将1/3的热咖啡牛奶倒入，继续搅拌。再将其全部倒回大锅内，不停地搅拌1分钟至沸腾。离火，将卡仕达酱立即倒入1个盘里，保鲜膜贴面覆盖。放入冰箱冷藏，4摄氏度最佳，让其尽可能快地使卡仕达酱冷却下来。

完成

用蛋抽打散咖啡卡仕达酱，使其恢复光滑状态。借助直径为8毫米的裱花嘴，将卡仕达酱填充进每一个可颂内。

小贴士：不要犹豫，请前往巴黎的咖啡图书馆，挑选并品尝写有你名字的咖啡。如果有幸认识格洛里亚·蒙特内格罗，颇具风土特色的咖啡世界大门即将在你面前打开。

[注1] 巴黎咖啡文化先驱，它既是咖啡馆，也有教室提供相关课程。

[注2] 像从左到右打开一本书。

"要做得简单，是多么困难的事情啊……" 保罗·博古斯 [注1]（Paul Bocuse）钟爱引用凡·高的这句话。每个厨师应当在生命中，至少有一次，应认真思考这句格言。此份即兴在家做出的甜点，我喜欢的便是它的简单，一方面由肌肉记忆所诠释，一方面又以创造性收尾。

火焰芭蕉

葡萄干朗姆酒香草冰激凌

提前2天，将葡萄干放入装满沸水的锅中，浸泡3分钟。沥干水后加入朗姆酒，静置整晚，吸收酒液至膨胀。

隔日，按照配方所示，制作香草冰激凌。在搅打的尾声，加入朗姆酒葡萄干。

椰子瓦片酥

烤箱预热至160摄氏度。

在不锈钢盆中，将鸡蛋、细砂糖、椰蓉和融化的无盐黄油混合均匀。将混合物装入裱花袋内，在铺有烘焙油纸的烤盘上，挤出多个重量为10克的球。随后将球稍微压平，入烤箱烘烤15~20分钟，直至均匀上成褐色。

将椰子瓦片酥装入密封盒子，放在干燥处储存备用。

赤道芭蕉

制作当日，烤箱预热至200摄氏度。

将芭蕉放在烤盘上，入烤箱烘烤15分钟左右，直到表皮变黑。

请将出炉的芭蕉趁热与椰蓉瓦片酥一起呈现给宾客。朗姆酒香草冰激凌则保留给大朋友们。

小贴士：这道配方简单又好吃的秘诀在于：热芭蕉拥有入口即融的口感，内部也会灼成漂亮的黄色。还可以回收制作朗姆酒葡萄干香草冰激凌的香草荚，用来穿过蕉体，以带来额外的芳香。

奥利维耶·普西耶对于餐酒搭配的建议

5年夏朗德皮诺（Pineau des Charentes），波隆酒庄（Château de Beaulon）

产自夏朗德的皮诺是一种强化葡萄酒，法语里称之为"mistelle"，意为向尚未发酵的葡萄汁中掺入酒精，用大桶陈年酿造而成。

波隆酒庄位于科涅塞，隶属于优质林产大区（Fin bois）。这款夏朗德皮诺散发着热带水果（例如：糖渍橘子、金橘、干香蕉）的浓重香气，以及带有在橡木酒桶里酿造时染上的一抹香草气息。酒体的微甘与点心的甜度在口中和谐地交织在一起。

用于制作6人份
提前2天准备

葡萄干朗姆酒香草冰激凌
详见第46页的"香草草莓摩托车"配方

朗姆酒葡萄干
30克产自士麦那（Smyrne）[注2]的葡萄干
20克产自大溪地的巴邦库特牌朗姆酒

椰子瓦片酥
80克鸡蛋（大约1.5个鸡蛋）
115克细砂糖
115克椰蓉
10克无盐黄油

赤道芭蕉（ananes fressinettes）[注3]
2串芭蕉

[注1] 被誉为法餐界的厨神和法餐泰斗。
[注2] 位于土耳其的城市，士麦那为古称，如今称为伊兹密尔。
[注3] 产自赤道地区的香蕉，个头如芭蕉，其较之普通香蕉，味道更甜更浓郁。

这是一款颇为壮观的甜点，用在格拉斯的一场晚宴里，由装饰部门的主管伊夫·梅洛（Yves Melot）所构思。客人希望能定制一个由2500个泡芙组成的蛋糕，但不希望其表面覆有熟糖蘸面，于是我们设想了用普罗旺斯杏仁膏制成的花朵来取代，并以此呼应地中海的缤纷香气。勇于接受任何挑战的梅洛，制作出了全世界最高的泡芙挞——足足有5米！（一个5000粒泡芙组成的塔）。为你喝彩，艺术家！

荷丽节（Holi）[注1]

焦糖杏仁糖

按照配方所示，制作1千克的焦糖杏仁糖。

将焦糖杏仁糖擀薄，整形成1个高度为70厘米、底部直径为30厘米的圆锥体。在其内部可以放置1个树脂材质的圆锥模型，并将其裹上轻微涂抹了油脂的锡箔纸，以便更好地支撑塑形。欢迎来雷诺特下订单，也许会更简单哦！

香草卡仕达酱

按照配方所示，制作3千克的香草卡仕达酱。

泡芙面糊

烤箱预热至200摄氏度。

将所有食材分量乘以4，去除珍珠糖和杏仁碎，制作泡芙面糊。

在铺有烘焙油纸的烤盘上，挤出大约250个泡芙，在泡芙上撒上薄薄一层糖粉。入烤箱时，将温度从预热的200摄氏度调低至180摄氏度。烘烤大约20分钟。冷却后再进行切割。

用小直径的裱花嘴，从泡芙的侧面填充进香草卡仕达酱。为了突出不同颜色代表不同的风味，可以在卡仕达酱里再挤入极少许果酱（覆盆子或者草莓果酱用于红色装饰，柠檬果酱用于黄色装饰等）。

染色杏仁膏

使用IBC牌色素[注2]，调出5种颜色的杏仁膏，来营造出微妙的颜色差异。

将每份杏仁膏擀薄至2毫米厚度，用切模切割成不同的形状。隔水加热融化白巧克力，将白巧克力装入烘焙油纸制成的小圆锥裱花袋内，在每个泡芙上挤出一个小点（大约1克），即刻粘上不同造型的杏仁膏花朵。放入冰箱冷藏定型大约10分钟。

组成

以隔水加热的方式融化白巧克力至45摄氏度。再将2/3的融化巧克力倒在洁净且干燥的大理石桌面上，进行调温：用长抹刀将巧克力摊开，并从巧克力的旁侧，以及由下至上地不断铲起，再摊开，且始终保持与大理石台面的接触。巧克力会迅速变浓稠结块，在质地变硬之前，将其全部铲起，倒回45摄氏度的巧克力里。混拌均匀后，温度应维持在28~30摄氏度。

在每个泡芙的底部蘸取调温后的白巧克力，将泡芙粘在焦糖杏仁圆锥体上。按照不同的颜色，将泡芙从下至上地叠放，形成潘通色谱的效果。

用于制作1份60人的泡芙塔

焦糖杏仁糖
详见第272页的"愉悦版黑森林"配方

香草卡仕达酱
详见第42页的"覆盆子香草糖果"配方

泡芙面糊
详见第94页的"草莓香气冰激凌泡芙"配方
覆盆子果酱，草莓果酱，柠檬果酱等（非必须）

染色杏仁膏
1.5千克普罗旺斯杏仁膏（50%）
IBC牌天然食用色素：粉色、橙色、黄色、象牙白、白色
250克白巧克力

组成
500克哲菲雅（Zéphur®）白巧克力（34%）

小贴士：如图片所示，可以将杏仁膏切割成花朵的形状，中间留下1个小洞，挤上少许熟糖；这能带来另一种微妙的色差变化。

[注1] 是印度的重要节日之一。
[注2] 具体为这个比利时品牌旗下，花之力量（Power Flowers）系列的油融巧克力色粉。

柠檬片

沙布雷面团

按照配方所示，制作沙布雷面团。

将面团擀开至5毫米厚度，随后切割成2块直径为24厘米的圆片。将圆片放在铺有烘焙油纸的烤盘上，入冰箱冷藏30分钟松弛，再进行烘烤。

烤箱预热至160摄氏度，烘烤15~20分钟，请考虑到不同的烤箱会有时间的差异，出炉后在室温里冷却。

柠檬比斯基

烤箱预热至170摄氏度。

按照配方所示，将所有的食材分量除以2，制作比斯基。

将面糊摊开在铺有烘焙油纸的烤盘上，厚度为1厘米。入烤箱烘烤15~20分钟。冷却后撤去烘焙油纸，切割成边长为1厘米的方块。

法式蛋白霜

按照配方所示，将所有食材分量除以2，制作法式蛋白霜。

烤箱预热至80摄氏度。

在铺有烘焙油纸的烤盘上，用带有直径为1厘米裱花嘴的裱花袋挤出蛋白霜小球。用喷枪极轻微地将蛋白霜烤至上色。

入烤箱烘烤1小时30分钟，待其冷却。

意式奶冻奶油

将吉利丁片泡入冷水里。

用蛋抽打发一半的冷的淡奶油，放入冰箱冷藏备用。

将1/2根香草荚对半剖开，刮取出香草籽。在锅中，倒入剩余一半的淡奶油、粗砂糖、黄柠檬皮屑、香草籽和荚体。将液体先微微煮沸，离火，静置15分钟，萃取出香草的香气。随后将其过筛，并加入拧干了水的吉利丁片，用蛋抽搅拌使其溶化。将锅浸入冰水盆里，降温至17摄氏度。最后分3次将打发的淡奶油轻柔地放入锅内混合。

将意式奶冻奶油填入2个直径为22厘米的圆环模具里，底下预先垫上烘焙油纸。

将模具放入冰箱冷冻至少3小时，然后切割成8个尺寸为8厘米×6厘米的三角形。

将其放入冰箱冷冻直至组装时取出。

黄柠檬奶油霜

按照配方所示，将所有食材分量除以2，制作黄柠檬奶油霜。

一旦奶油霜冷却，将其装入带有直径为1厘米裱花嘴的裱花袋内。

黄柠檬色杏仁膏

在杏仁膏里加入几滴黄色食用色素，混合均匀，擀成2块直径为24厘米的圆片。在沙布雷底上挤数点黄柠檬奶油霜，然后粘上黄柠檬色杏仁膏圆片。

组装和完成

在黄柠檬色杏仁膏上轻柔地摆放意式奶冻奶油三角，在每个三角上再挤3个黄柠檬奶油霜小球，并放上一些柠檬果肉块[注]、数个柠檬比斯基方块、法式蛋白霜小球、切成三角状的糖渍柠檬以及黄柠皮屑。最后以金箔点缀。

奥利维耶·普西耶对于餐酒搭配的建议

西班牙马拉加葡萄酒，维多利亚2号，乔治奥多尼酒庄（Jorge Ordonez）

[注] 将黄柠檬去皮，用小刀割出三角形的纯果肉，不带白色的筋络。

用于制作2个6人份的挞

沙布雷面团
详见第88页的"夏日之花"配方

柠檬比斯基
详见第88页的"夏日之花"配方

法式蛋白霜
详见第276页的"里约青柠檬挞"配方

意式奶冻奶油
5克吉利丁片
400克淡奶油
60克粗砂糖
1克有机黄柠檬皮屑
1/2根香草荚

黄柠檬奶油霜
详见第88页的"夏日之花"配方

黄柠檬色杏仁膏
100克杏仁膏
天然黄色食用色素

组装和完成
糖渍柠檬圆片
1个有机黄柠檬
金箔

我们的冰点世界亚军，让·路易·贝勒曼斯
（Jean Louis Bellemans），以此款展示其出色
的技艺，并向加斯东·雷诺特的条纹甜点系列
致敬。历史，依旧在传承。

另样条纹

用于制作8~10人分量
提前1天准备

草莓雪芭
详见第46页的"香草草莓摩托车"
配方

鲜杏雪芭
380克鲜杏
100克粗砂糖
45克水
30克葡萄糖粉

开心果冰激凌
详见第49页的"滚动小球"配方

维也纳比斯基
详见第40页的"栗子，栗子，栗子糖
果"配方
5克天然橙色色素（非必要）

橙色杏仁膏
300克白色杏仁膏
3克橙色色素

防粘巧克力涂层
50克黑巧克力
10克葡萄籽油

组装
罐装橙色巧克力喷砂液（在专业店铺
或者网络上购买）

草莓雪芭
提前1天，按照配方所示，制作草莓雪芭，放入冰箱冷冻12小时。
组装当日，将草莓雪芭摊开在1张烘焙油纸上，呈1个尺寸为23.5厘米×23.5厘米的
正方形，厚度为1厘米。放入冰箱冷冻1小时。

鲜杏雪芭
提前1天，给鲜杏去核，与40克的粗砂糖一起均质粉碎成光滑的果蓉。
将水煮至温热，倒入葡萄糖粉和剩余的粗砂糖，边搅拌边煮至83摄氏度。待其冷却后，
与鲜杏果蓉混合。将果蓉放入雪芭机中搅打，制作完毕后，放入冰箱冷冻12小时。
组装当日，将鲜杏雪芭摊开在1张烘焙油纸上，呈1个尺寸为23.5厘米×25厘米的长
方形，厚度为1厘米，放入冰箱冷冻1小时。

开心果冰激凌
提前1天，按照配方所示，制作开心果冰激凌，放入冰箱冷冻12小时。
组装当日，将开心果冰激凌摊开在1张烘焙油纸上，呈1个23.5厘米×27厘米的长方
形，厚度为1厘米，放入冰箱冷冻1小时。

维也纳比斯基
按照配方所示，将所有食材分量乘以5，制作维也纳比斯基。如有需要，可加入色素。
烤箱预热至170摄氏度。
在铺有烘焙油纸的烤盘上，将比斯基面糊摊开成2个长方形（尺寸分别为20厘米
×23.5 厘米和28厘米×23.5厘米），厚度均为1厘米。入烤箱烘烤15分钟，出炉后
在室温里冷却。

橙色杏仁膏
将白色杏仁膏和橙色色素混合均匀，擀成1个尺寸为23.5 厘米×28 厘米的长方形，厚
度为3毫米。

防粘巧克力涂层
以隔水将加热的方式，融化黑巧克力至40摄氏度，加入葡萄籽油，搅匀。

组装
将树脂切割成拱门状，高度为9厘米，宽度为5厘米，整体长度为23.5厘米。将其全
部包裹上一层食用保鲜膜。
借助小抹刀，在小尺寸的维也纳比斯基上涂抹薄薄一层防粘巧克力涂层。在树脂拱门
上，铺上一层同样尺寸大小的烘焙油纸，再叠上这份比斯基，带巧克力的那一面与烘
焙油纸接触。按压使两者紧密黏和，突出拱门形状。采取同样的方式，再依次铺上草
莓雪芭、鲜杏雪芭，最后是开心果冰激凌。每叠加一层，就需放入冰箱冷冻1小时，
便于更好地定型。
以第2片维也纳比斯基（大尺寸），以及橙色杏仁膏收尾，完成组装。放入冰箱冷冻
至少3小时。
以隔水加热的方式，融化罐装的橙色巧克力喷砂液，将拱门的外部全部喷满。重新放
入冰箱冷冻，直至食用。

夏洛特修女泡芙

香草冰激凌

提前1天，按照配方所示，将所有食材分量乘以2，制作香草冰激凌。

隔日，将其放入雪芭机里搅拌。制成后放入冰箱冷冻12小时。

夏洛特草莓啫喱

将夏洛特草莓果蓉加入锅中，倒入琼脂，用蛋抽搅拌化开，煮2分钟至微沸。将其灌入1个或者数个盘中，铺成薄薄的一层（2毫米的厚度），放进冰箱冷藏用于降温。

将草莓啫喱切割出12块直径为8厘米的大圆片，以及12块直径为4厘米的小圆片。然后在每块大圆片的中心进行镂空处理，切出1个直径为2厘米的洞。放入冰箱冷藏备用。

法式蛋白霜

按照配方所示，制作法式蛋白霜。

烤箱预热至80摄氏度。

在铺有烘焙油纸的烤盘上，挤出24个直径为4厘米的蛋白霜小球，以及24个直径为2厘米的小球。入烤箱烘烤1小时30分钟，出炉后在室温里储存备用。

夏洛特草莓库利

将粗砂糖溶解在草莓果蓉里，放入冰箱冷藏备用。

组装

将香草冰激凌填入24个直径为6厘米的硅胶半球模具内，以及24个直径为4厘米的硅胶半球模具内。再将蛋白霜小球塞进尺寸相对应的硅胶半球模具里，底部抹平整。放入冰箱冷冻定型至少3小时。

将半球脱模，两两黏合在一起。将小抹刀加热后轻轻地用刀切割或者涂抹球底，使球底融化少许，能稳定地竖立起来。将大的夏洛特草莓啫喱圆片放在大的球体上，小的啫喱圆片放在小的球体上，然后按照图片叠在一起。食用时配合夏洛特草莓库利和一些当季的夏洛特草莓碎粒。

用于制作12个单人份
提前1天准备

香草冰激凌
详见第46页的"香草草莓摩托车"
配方

夏洛特草莓啫喱
500克含糖量10%的夏洛特草莓果蓉
（如果果蓉是无糖的，请加入50克的
细砂糖）
3克琼脂

法式蛋白霜
详见第276页的"里约青柠檬挞"配方

夏洛特草莓库利
300克夏洛特草莓果蓉
60克粗砂糖

组装
夏洛特草莓碎

站立的马卡龙

马卡龙壳
按照配方所示，制作马卡龙壳。

香草卡仕达酱
按照配方所示，制作110克香草卡仕达酱。

帕里尼奶油
在不锈钢盆里，用蛋抽将无盐黄油搅打成膏状。
加入杏仁帕里尼，用力搅匀。再分3次拌入香草卡仕达酱，用蛋抽搅拌至光滑。
将奶油装入带有直径为1厘米裱花嘴的裱花袋内，给12片马卡龙壳挤馅。在合拢另一半饼壳时，轻轻地按压一下，使帕里尼奶油能够涌到壳边缘。放入冰箱冷藏备用，之后取出，蘸取牛奶巧克力。

栗子奶油
在不锈钢盆中，将无盐黄油搅打至膏状，并一点点地加入栗子膏。倒入朗姆酒和水，以及糖渍栗子块。
将栗子奶油装入带有直径为1厘米裱花嘴的裱花袋内，给12片马卡龙壳挤馅，在合拢另一半饼壳时，轻轻地按压一下，使栗子奶油能够涌到壳边缘。放入冰箱冷藏备用，之后取出，蘸取白巧克力。

巧克力咖啡甘那许
准备无水干熬焦糖，先将糖放入1个干燥无水的小锅中，等待糖逐渐溶化。当颜色变成浅褐色，离火静置3分钟，随后在室温里储存备用。
将黑巧克力放在不锈钢盆里。
另取一锅，倒入淡奶油、蜂蜜、焦糖，微微煮沸。加入咖啡豆，离火后，盖上锅盖，静置15分钟，萃取出咖啡的香气。然后用滤布过筛，再重新煮到60摄氏度，将其倒在不锈钢盆里的黑巧克力上。等2分钟后，用蛋抽搅匀，注意不要产生气泡。
将甘那许装入带有直径为1厘米裱花嘴的裱花袋内，给12片马卡龙壳挤馅，在合拢另一半饼壳时，轻轻地按压一下，使甘那许能够涌到壳边缘。放入冰箱冷藏备用，之后取出，蘸取黑巧克力。

巧克力调温和完成
以隔水加热的方式分别融化黑巧克力、牛奶巧克力和白巧克力至40摄氏度。接着将2/3的每种融化的巧克力倒在洁净且干燥的大理石桌面上，进行调温：用长抹刀将巧克力摊开，并从巧克力的旁侧，以及由下至上地不断铲起，再摊开，且始终保持与大理石台面的接触。巧克力会迅速变浓稠结块，在质地变硬之前，将其全部铲起，倒回40摄氏度的巧克力里。
无须再隔水加热，混拌均匀后，白巧克力和牛奶巧克力温度会达到28摄氏度，黑巧克力为30摄氏度，维持这个温度。
提前15分钟将马卡龙从冷藏里取出，室温回温，再蘸取巧克力。具体为：借助巧克力专用叉，将帕里尼马卡龙浸进调好温的牛奶巧克力里。取出后，在每个马卡龙上面摆放1粒带皮杏仁。
对栗子马卡龙进行同样的操作，将其浸进调好温的白巧克力里，随后点缀银箔。最后是巧克力咖啡马卡龙，将其浸进调好温的黑巧克力里，并点缀金箔。
将剩余的每种调温巧克力，倒在云朵状的PVC材质巧克力造型纸上，放入冰箱冷藏几分钟，冷却后脱模。
呈上桌时，将马卡龙按照颜色，摆放在对应的云朵上。

[注] 帕里尼为滋味浓郁的坚果酱，有多种口味。大致做法是：先熬出焦糖，与坚果（花生、碧根果或者杏仁等）混拌，待冷却后用功率强劲的机器搅打成浓稠的膏状，也可直接在市面上购买成品。

用于制作每款12个

器具
PVC材质的巧克力造型纸

马卡龙壳
详见第224页的"蛮荒印记"配方

香草卡仕达酱
详见第42页的"覆盆子香草糖果"配方

帕里尼（pralinée）奶油[注]
60克无盐黄油
35克杏仁帕里尼（praliné amande）

栗子奶油
50克无盐黄油
110克栗子膏
5克褐色朗姆酒
5克水
30克糖渍栗子块

巧克力咖啡甘那许
85克黑巧克力（50%）
85克淡奶油
10克蜂蜜
25克无水干熬焦糖（可流动的状态）
10克现磨咖啡，或者原产地的阿拉比卡咖啡豆（与咖啡烘焙师一起选择）
5克无盐黄油

巧克力调温和完成
600克牛奶巧克力
600克白巧克力
600克黑巧克力
12粒带皮杏仁
银箔
金箔

这些小小的，灌进由雕塑家所特别设计的模具内而制成的方块，是雷诺特之家经典的产品之一，甚至远超我们的期待。在我们的设想里，这是一个百分百水果构成的甜点，适合在夏季食用，而且每块仅仅只有7克，品尝起来毫无罪恶感，只有纯粹的愉悦！

用于制作每款口味12个
提前1天准备

器具
72个边长为2厘米的方块模具

巧克力方块
600克白巧克力
IBC®牌花之力量系列巧克力专用食用色素（红色、黄色）

覆盆子甘那许
65克黑巧克力（50%）
55克黑巧克力（70%）
110克覆盆子果蓉
15克粗砂糖
2克覆盆子白兰地

酸樱桃甘那许
65克黑巧克力（50%）
55克牛奶巧克力
110克酸樱桃果蓉
15克粗砂糖
2克樱桃白兰地

橙子甘那许
60克黑巧克力（70%）
40克粗砂糖
50克淡奶油
15克蜂蜜
50克橙子果糊

百香果甘那许
125克牛奶巧克力
60克百香果汁
10克蜂蜜
10克葡萄糖浆

柠檬甘那许
55克牛奶巧克力
50克淡奶油
15克蜂蜜
50克黄柠檬汁
5克有机黄柠檬皮屑

椰子甘那许
80克白巧克力
55克淡奶油
50克椰奶
10克蜂蜜
15克椰蓉
5克白朗姆酒

完成
300克用于给方块封口的巧克力

缤纷水果小方

巧克力方块

提前1天，用隔水加热的方法，将白巧克力融化至40摄氏度。将其分成6等份，按照喜好，染成不同的颜色。再将2/3的每种融化的巧克力倒在洁净且干燥的大理石桌面上，进行调温：用长抹刀将巧克力摊开，并从巧克力的旁侧，以及由下至上地不断铲起，再摊开，且始终保持与大理石台面的接触。巧克力会迅速变浓稠结块，在质地变硬之前，将其全部铲起，倒回40摄氏度的巧克力里。混拌均匀后，温度应维持在28~30摄氏度。将巧克力灌入边长为2厘米的方块模具内，翻转，并敲击模具，使多余的巧克力液体流淌下来。用铲刀将多余的巧克力刮干净，放在烤架上。

放入冰箱冷藏几分钟，然后重复操作此步骤1次。冷却后，再填入不同口味的甘那许。

覆盆子甘那许

将2种巧克力放在1个不锈钢盆里。

在锅中依次放入覆盆子果蓉和粗砂糖，煮至101摄氏度，再冷却至60摄氏度，随后倒在巧克力上。等待2分钟后，用蛋抽搅匀，小心不要产生气泡。加入覆盆子白兰地，边搅拌边降温至25摄氏度，最后将其挤进12个巧克力方块内，边缘预留2毫米高度。

酸樱桃甘那许

将2种巧克力放在1个不锈钢盆里。

在锅中依次放入酸樱桃果蓉和粗砂糖，煮至101摄氏度，再冷却至60摄氏度，随后倒在巧克力上。等待2分钟后，用蛋抽搅匀，小心不要产生气泡。加入樱桃白兰地，边搅拌边降温至25摄氏，最后将其挤进12个巧克力方块内，边缘预留2毫米高度。

橙子甘那许

将黑巧克力放在1个不锈钢盆里。

在锅中，放入粗砂糖，无水干熬出浅色的焦糖。

另取1个锅，微微煮沸淡奶油和蜂蜜，接着倒入焦糖锅内。将混合物重新煮至102摄氏度，再冷却到60摄氏度，倒在巧克力上。等待2分钟后，用蛋抽搅匀，加入橙子果糊，边搅拌边降温至25摄氏度，最后将其挤进12个巧克力方块内，边缘预留2毫米高度。

百香果甘那许

将牛奶巧克力放在1个不锈钢盆里。

在锅中微微煮沸百香果果汁、蜂蜜和葡萄糖浆。冷却至60摄氏度，倒在巧克力上。等待2分钟后，用蛋抽搅匀，降温至25摄氏度，将其挤进12个巧克力方块内，边缘预留2毫米高度。

柠檬甘那许

将巧克力放在1个不锈钢盆里。

在锅中，加入用粗砂糖制作的无水干熬出的浅色的焦糖。

另取1个锅，微微煮沸淡奶油和蜂蜜，接着倒入焦糖锅内，重新煮至106摄氏度。接着边过筛边倒入预先已经和柠檬皮屑浸泡了15分钟，并加热到50摄氏度的柠檬汁。当混合物全部冷却到60摄氏度，将其倒在巧克力上。等待2分钟后，用蛋抽搅匀降温至25摄氏度，将其最后挤进12个巧克力方块内，边缘预留2毫米高度。

椰子甘那许

将白巧克力放在1个不锈钢盆里。

在锅中倒入淡奶油、椰奶和蜂蜜，煮至微沸后加入椰蓉，离火，静置萃取香气15分钟。随后加热到60摄氏度，将其倒在巧克力上。2分钟后用蛋抽搅匀，加入白朗姆酒，边搅拌边降温至25摄氏度，最后将其挤进12个巧克力方块内，边缘预留2毫米高度。

完成

将填完馅的巧克力方块在室温下放置过夜以定型。

完成当日，用调温好的巧克力封住方块的底部。冷却后再轻柔地脱模。

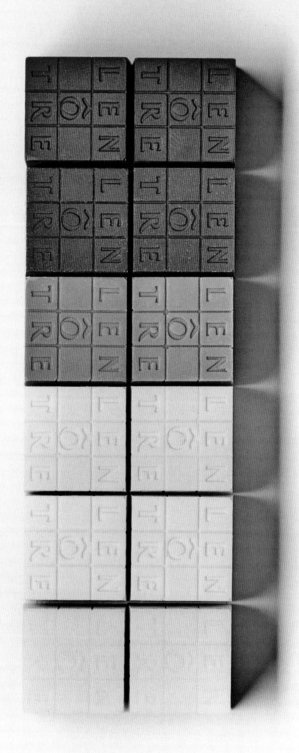

松露巧克力

巧克力甘那许

在锅中，将淡奶油、蜂蜜和葡萄糖浆煮至微沸。加入无盐黄油，降温至70摄氏度。
在不锈钢盆里，放入2种巧克力，倒入前一个步骤制得的蜂蜜奶油。等待2分钟后，
用蛋抽进行搅拌。如有需要，可进行均质。在烘焙油纸上放置2把高度为2厘米的直
尺，将甘那许浇在其范围内。放入冰箱冷藏3小时定型。

完成

将巧克力甘那许切割成边长为2厘米的方块。
以隔水加热的方式融化黑巧克力至40摄氏度。再将2/3的融化巧克力倒在洁净且干燥
的大理石桌面上，进行调温：用长抹刀将巧克力摊开，并从巧克力的旁侧，以及由
下至上地不断铲起，再摊开，且始终保持与大理石台面的接触。巧克力会迅速变浓
稠结块，在质地变硬之前，将其全部铲起，倒回40摄氏度的巧克力里。混拌均匀后，
温度应维持在28~30摄氏度。
借助巧克力叉，将甘那许方块浸入调好温的黑巧克力里，蘸取后提起，沥去多余的巧
克力，并撒上苦味可可粉。
在室温下冷却。

小贴士： 可以尝试用阿多索巧克力（Alto el Sol®），苏奥巧克力（Chuao®），罗伯
特庄园品牌的巧克力（Plantations Robert®）或帕西黑巧克力等来制作，以体会不同
的风味。

用于制作12个

巧克力甘那许
190克淡奶油
15克蜂蜜
20克葡萄糖浆
30克无盐黄油
80克黑巧克力（50%）
150克黑巧克力（70%）

完成
200克黑巧克力（70%）
苦味可可粉

美味幻觉

艾莉西亚·帕兹
（ALICIA PAZ）
2013

　　在墨西哥长大，求学于加利福尼亚、巴黎和伦敦。艾莉西亚·帕兹高产的作品就如她的人生：文化多元化。在其油画、肖像画以及各种彩色与技巧混合的风景画中，她将古典与流行的绘图手法相融合，于错视觉的游戏中，颠覆了幻觉与真实之间的界限，堪称一出刺激感官的盛宴。欧洲画派和拉丁美洲画派的精髓也由此被这位法国和墨西哥女艺术家一并完美地演绎出来。

居伊·克伦策主厨作为艾莉西亚·帕兹作品的收藏家以及狂热爱好者，自她在巴黎的艺术生涯开始起步，他就已经投入了极大的关注。此次与这位女艺术家长达6个月的沟通与交流，便是从他产生这个艺术程度极高，并将视觉和美味两个主题环环相扣的疯狂想法开始。

艾莉西亚·帕兹边阅览她带着怪诞且极具巴洛克风格，并充满繁复细节以及装饰物件的作品，边回忆起与雷诺特品牌的合作。自一开始，她便产生了以眼睛为主题创造的念头。"在第一时间，我就向居伊·克伦策主厨建议以我油画里的一些眼睛作品作为参考，我给他寄去了一些图片，并且进行了最初的交流。在我2012年和2014年创作的穿戴面具和剧服的女人系列里，以及特别是在《深沉》这幅画里，眼睛都是极为重要的元素。"

对感官的协和（美味和视觉）的追求串联起了由居伊·克伦策主厨所带领的雷诺特团队极富创造力的工作。绘画艺术就像高级的厨艺创作，重要的就是品位。而此次要求的是味蕾与眼睛皆具备的双重好品位。"在雷诺特，所有作品都充满了视觉效果"，艾莉西亚·帕兹强调道，"他们将重点放在了美学以及展示上。那些味道极佳的作品，从视觉角度来看，宛如珠宝，是真正的艺术品。对我而言，雷诺特之家就像是一座活生生的装饰艺术博物馆。人们驻足在他们的橱窗前，就像在珠宝店停留。如果能有幸品尝到其中的作品，简直就像吃到蛋糕上的樱桃[注1]。我之前在墨西哥、美国、法国都生活过，如今在英国居住。我因此有幸了解了数种不同的饮食文化，即使在我的祖国，亦有不少令人惊叹的食物搭配，甚至这些年来这些食物搭配给予了不少欧洲大厨灵感。但我对法式厨艺，额外地倾心。此外我也很是欣赏，雷诺特将全球饮食文化的复杂性与多样性考虑进去的这一点。"

最终的成品让这两位完美主义者在美味和用大量眼睛所带来的极具视觉效果冲击的画面中达成了彼此的成就感。"沙布雷饼干，是主厨的选择。对此我毫无异议，因为我极其期待尝到最终的成果。即使是和居伊主厨一起合作，我已预料到会有完美的成品，但我依旧获得了惊喜！他精细搭配的味觉层次立刻吸引了我，我之前从未吃到过类似的甜点，风味与质地融合的复杂性让人惊叹。"在这道再现了眼睛造型，如蝴蝶般的沙布雷饼干里，可以寻觅到巧克力、橙子与杏仁的味道，而它又轻盈得像一片花瓣。即使其外表简洁，但就像艾莉西亚·帕兹的作品一样，极具内涵，并且留给了大众极广的诠释空间。

入口即化，这片沙布雷呼应了转瞬即逝的美好与美味的双重意味。"这让我想起波德莱尔[注2]的一首诗，《献给路人她》，并感受到了当我们在路上遇到漂亮女人时，那惊鸿一瞥的惊艳。在这个我们尝到的'眼睛'里，有一份短暂的、会散去的美妙，但同时又烙刻在了记忆里。"

"艾莉西亚·帕兹能成为小说里的女主人公！想象一下画展开幕的那天，我因来宾中一个带面具的女人，坠入了爱河。"

"面对我的画，观赏者们常能被藏在宝石、植物后的人物所打动。将'观察'着我们的食物吃下肚，我很喜欢这个念头。在装饰外表之外，我喜欢超现实的一面，有点儿向马格利特[注3]的错觉手法看齐。吞下或者咬下一只眼睛——一方面是一个极度具有象征意义和越轨的行为，另一方面奇异又充满自然。这有点儿像科幻小说。"艺术家继续说道，"眼睛里有晶体，就像我们去尝一个牡蛎的时候，它也在看你。这还像是蛋糕的一场复仇，它用仇恨的眼睛看着这场罪恶的行为在发生！"

在画展开幕时，同时品尝和展出的画作如出一辙的沙布雷饼干使这种艺术情景环环相扣，有如混淆现实。同时也使两位艺术家碰撞出了绚丽的火花。鉴于此般合作有效地冲淡了独自作画创作时带来的孤独感，艾莉西亚·帕兹已经开始为这些"眼睛"进行下一步的设想："我们可以继续创作脸的其他部位，一只耳朵，一只鼻子，用来组成一张可以品尝的、立体的、超现实主义的画。"而合作的意向书也已经拟好了！

[注1] 法语谚语：意为额外的好处，优待，或者作品完工时的点睛之笔。
[注2] 波德莱尔（Bandelaire），法国著名的现代派诗人（1821—1867年），代表作有《恶之花》等。
[注3] 马格利特（Magritte），比利时超现实主义画家。

艾莉西亚的眼睛

用于制作12个鸡尾酒会小食

器具
1张带有眼睛图案的丝网印刷巧克力专用转印纸（PCB®牌）

沙布雷面团
详见第88页的"夏日之花"配方

卡利松（calisson）[注]奶油
50克杏仁膏（50%）
5克有机柠檬皮屑
1克有机橙子皮屑
3克君度橙酒（Cointreau）

黄油奶油霜
125克黄油奶油霜（详见第42页的"覆盆子香草糖果"配方）

香草卡仕达酱
60克香草卡仕达酱（详见第42页的"覆盆子香草糖果"配方）

百香果啫喱
80克百香果蓉
25克粗砂糖
1克凝胶强度为200的吉利丁片

巧克力装饰
200克白巧克力

沙布雷面团
烤箱预热至160摄氏度。
按照配方所示，将所有的食材分量除以2，制作沙布雷面团。
将面团擀开至3毫米厚度，用叉子在面团表面叉洞。将面团切割成12个长7厘米、宽3厘米的椭圆形，将其放在铺有烘焙油纸的烤盘上，放入冰箱冷藏30分钟。随后入烤箱烘烤15~20分钟，注意根据不同烤箱进行时间调整。出炉后将沙布雷放在室温下冷却。

卡利松奶油
在不锈钢盆里，将杏仁膏、柠檬皮屑、橙子皮屑和君度橙酒混合均匀。用蛋抽将黄油奶油霜打散，使其恢复光滑的质地，并加入杏仁膏内。搅拌均匀后，再拌入香草卡仕达酱。用保鲜膜贴面覆盖，放入冰箱冷藏备用。

百香果啫喱
取1个小锅，加热百香果果蓉和粗砂糖。
将吉利丁片泡入冷水中，软化后拧干，用微波炉加热至融化。将吉利丁液倒入百香果锅中，用蛋抽搅拌溶化，放入冰箱冷藏备用。

巧克力装饰
以隔水加热的方式融化白巧克力至40摄氏度。再将2/3的融化巧克力倒在洁净且干燥的大理石桌面上，进行调温：用长抹刀将巧克力摊开，并从巧克力的旁侧，以及由下至上地不断铲起，再摊开，且始终保持与大理石台面的接触。巧克力会迅速变浓稠结块，在质地变硬之前，将其全部铲起，倒回40摄氏度的巧克力里。
无须再隔水加热，混拌均匀后，巧克力温度应达到28摄氏度。
将调好温的巧克力薄薄地抹在丝网印刷转印纸上，待冷却几分钟，然后切割成12个和沙布雷同样尺寸大小的椭圆形。放入冰箱冷藏，让其彻底冷却。

组装
将卡利松奶油装入带有直径为1厘米裱花嘴的裱花袋内，沿沙布雷的边缘挤上奶油，中间部分用百香果啫喱填充。最后摆上巧克力转印眼睛，并轻微地按压黏合。

[注] 法国普罗旺斯的古老点心，由糖渍甜瓜和杏仁制成，覆盖有糖霜，形状似尖尖的菱形，又像眼睛。

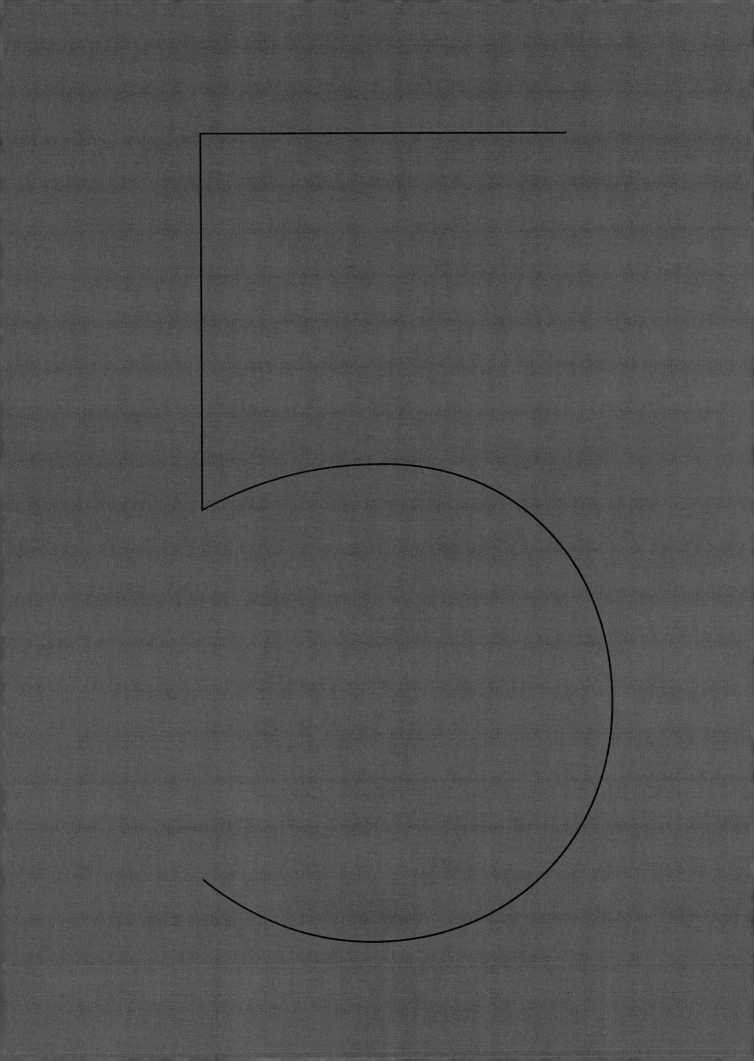

原料

香料面包和肥肝如果制作的量少会很难操作，您可以多做些，一个星期内都可以食用，或者将它运用在其他料理里。

肥肝开胃小食和
香料面包

提前1天准备

器具

1片3色的"铜饰"花纹转印纸

香料面包

350克蜂蜜

40克红糖

125克面粉

125克黑麦面粉

10克泡打粉

120克鸡蛋（大约2个鸡蛋）

100克半脂牛奶

1克肉桂粉

1克肉豆蔻

1克八角粉

1粒丁香

1滴甘草精华液

肥肝

1千克的肥肝叶

6克细海盐

8克亚硝酸盐

2克现磨黑胡椒

2克细砂糖

1克甜红椒粉

50克朱朗松（jurançon）葡萄酒

组装和完成

100克鸡高汤淋面

碾碎的白胡椒

盖朗德海盐

香料面包

提前1天，烤箱预热至180摄氏度。在平底锅中，溶化蜂蜜和红糖至70摄氏度。

取1个不锈钢盆，将2种面粉和泡打粉混合均匀，将其中间挖空，做成井状，敲入鸡蛋，再加入冷的半脂牛奶和所有的香料。将蜂蜜和红糖的混合物倒入，记得取出丁香粒。先用蛋抽搅拌，再改用刮刀收尾，最终得到光滑的膏状物。

将面糊灌入模具里，或者是预先涂抹了黄油的深烤盘里，或者是铺有烘焙油纸的烤盘里。

入烤箱烘烤1小时左右，出炉后脱模，包上保鲜膜，储存备用。

肥肝

提前1天，将肥肝叶对半切开。用刀尖小心地去除血管，先从中间的血管开始，至最外面的血管结束。

将肝叶平放，在每一面上都撒上细海盐、亚硝酸盐、黑胡椒、细砂糖、甜红椒粉和朱朗松葡萄酒调味，再将肥肝叶合拢，裹上保鲜膜，入冰箱冷藏24小时。

组装当日，烤箱预热至85摄氏度。将肥肝装入陶瓷盅里，压紧实，挤压掉内部的空气。入烤箱，用水浴法烘烤50分钟，当肥肝中心温度达到56摄氏度时，出炉。将其裹上保鲜膜，待其冷却后，放入冰箱冷藏12小时（建议提前1天制作肥肝）。

组装和完成

将香料面包切片，每片长15厘米，宽5.5厘米，厚度为8毫米。将肥肝也切成同样尺寸的片状。取1片肥肝摆在香料面包上，并轻柔地按压。

在肥肝表面粘上1片转印纸（带3色的"铜饰"花纹），再取1块甜点用的刮板，在表面轻划以去除气泡，使之粘连得严丝合缝。放入冰箱冷冻1小时30分钟。

当肥肝香料面包从冷冻室里取出时，撤去转印纸表面的塑料膜。

将鸡高汤淋面煮至温热，质地变浓稠。用刷子蘸取高汤，将其轻柔地涂抹在转印纸上，小心不要破坏花纹，以形成平滑又发亮的外表。

将刀刃在热水里烫一下，对每片肥肝香料面包进行修整，将它们切割成边长为2.5厘米的方块。最后撒上白胡椒和少许盖朗德海盐。

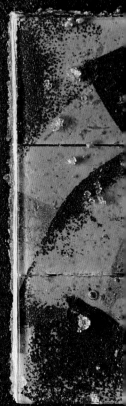

一道又有火又有烟的甜点，它在制作时常常会触发我们快乐镇厨房的烟雾报警器！想象一下450人的疏散，极富戏剧效果。在家制作时，无论是以开胃菜还是正餐呈现，分享的意义更为重要。

原料

木炭烟熏酿茄子

烟熏茄子

烤箱预热至240摄氏度。

在铸铁锅里，放入整个茄子，再盖上铸铁锅的盖子。

入烤箱烘烤40分钟，取出。

用喷枪将茄子烧至外皮开始变硬，呈现木炭黑色，并散发出烟熏的气味。

西班牙甜红椒茄子泥

烤箱预热至200摄氏度，将茄子放在烤架上。

烘烤1小时。

将茄子去皮，对半切开，然后取出茄肉，并注意小心地去籽。

在小号的深底煎锅里，用小火将大蒜在橄榄里油渍。

随后加入茄子肉，一起慢渍至植物的水分都挥发掉，撒细海盐调味。

将大蒜油渍茄肉、鳀鱼柳与去籽的西班牙甜红椒一起用料理机打碎，直至成光滑且质地浓稠的泥状。

完成

在烟熏茄子上微微划开一刀，挑出一些籽，然后填入西班牙甜红椒茄子泥。最后呈现的效果应该是：茄子鼓胀起来，外表甚是美观。

最后垫些好看的木炭，将这些冒烟的茄子呈上桌！

用于制作6人份

器具

喷枪

烟熏茄子

3条紫色的巴尔本塔勒品种茄子
（长条状）

西班牙甜红椒茄子泥

2个博尼卡品种茄子（圆的）

2克切碎的大蒜

9克橄榄油

1克细海盐

10克植物油浸鳀鱼柳

30克西班牙甜红椒
（pimiento del piquillo）

鱿鱼酿海螯虾

我曾有幸与雅克·马克西曼（Jacques Maximin）在内格雷斯科酒店（Negresco）共事。他教会了我用鱿鱼代替动物膀胱，包裹其他食材进行烹饪的技巧与理念。而现在，与雷诺特研发部的主厨法布里斯·布努内（Fabrice Brunet）一起，我们重新演绎了这个配方，并打上了我们自己的需求与独家匠艺的烙印。

原料

鱿鱼

把鱿鱼翻过来，洗净。将鱿鱼放入盘里，覆盖上粗海盐，静置30分钟使肉质变软。

用清水冲洗鱿鱼，随后用锋利的刀或者圆头的裱花嘴在鱿鱼上划出条纹，呈现鳞片状的外皮。

蔬菜削皮，将胡萝卜、洋葱和西芹茎切成边长约为1厘米的小块。

在1个双耳深锅里，准备制作白葡萄酒汤汁：混合水、干白葡萄酒、白葡萄酒醋、百里香、月桂叶、细海盐以及蔬菜块。煮沸后，转为小火继续烹饪15分钟。过筛后待其冷却。

重新加热葡萄酒汤汁到70摄氏度，然后将汤汁淋在鱿鱼上，盖上保鲜膜，待其冷却。

海螯虾

烤箱预热至170摄氏度。

小心地给海螯虾去壳，留着虾头用于随后的高汤。撒上盐调味，并用刷子快速地在海螯虾上抹上柠檬汁。

将海螯虾肉放入烤盘里，入烤箱烘烤，湿度调节到25%（如果是传统烤箱，无法调节的情况下，放进1碗水），烹制时间为1分50秒。出炉后将海螯虾即刻放入冰箱冷藏降温1小时。

海螯虾高汤

去除掉海螯虾头部的沙袋与脑浆，然后用剪刀将其剪成2~3块。

将所有的调味蔬菜（胡萝卜、洋葱、西芹茎）切好。

用韭葱绿、龙蒿、欧芹梗、百里香和月桂叶制作香草束。

在1个双耳深锅里，倒入橄榄油，翻炒海螯虾头，无须上色。加入调味蔬菜，炒出水，再倒入浓缩番茄膏和切成小丁的番茄，一起熬煮，以去除番茄的酸度。

随后加入白色鸡高汤和香草束，小火慢煮30分钟，全程维持微沸状态。用漏斗筛网过滤高汤，最终获得约1升的海螯虾高汤。

海螯虾澄清精华高汤

将所有的蔬菜（胡萝卜、洋葱、西芹茎、韭葱葱白）削皮，将蔬菜和香料一起放入料理机中打碎。加入蛋清，全部搅拌均匀，储存备用。

在1个大号炖锅里，将海螯虾高汤煮至沸腾，加入前个步骤的混合物，借助蛋抽，稍微搅拌几秒钟，防止其粘到锅壁[注3]上。再次煮沸，小火继续熬制20~30分钟。

用漏斗筛网轻柔地过滤出澄清精华高汤。

将吉利丁片泡在冷水里，软化后拧干。将吉利丁片加入澄清精华高汤里溶化，然后放入冰箱冷藏，凝结成高汤冻。

酿鱿鱼

用蒸汽烹饪鱿鱼，耗时30秒，放入冰箱冷藏储存备用。

同样用蒸汽烹熟去掉梗的菠菜苗，数秒即可。

在操作台上，铺上双层的保鲜膜，呈长方形。叠上菠菜苗，且彼此微微重叠，能够完全包裹住随后放上的海螯虾。

在菠菜苗的表面，用刷子涂上海螯虾澄清精华高汤冻。随后在顶部和中间，并排摆放2只海螯虾，再依次往下是3只，3只，再3只。

给海螯虾也刷上高汤冻，接着重复之前的操作，再叠一层海螯虾，并以高汤冻的涂抹收尾。

将其全部卷起来，做成鱿鱼形的法式香肠，放入冰箱冷藏3小时定型，随后作为馅料填入预留的鱿鱼内。

用酒椰棕榈叶和家禽针将鱿鱼捆绑起来，用回针法打结，将其整体放入冰箱冷藏过夜。

作为冷食享用时，佐以橄榄油、柠檬汁和尼泊尔黑胡椒。

用于制作6人份
提前1天准备

鱿鱼
1个重800~1000克的大号鱿鱼
500克灰色粗海盐
500克水
50克胡萝卜
50克洋葱
20克西芹茎
500克干白葡萄酒
100克白葡萄酒醋
1根百里香
1片月桂叶
15克细海盐

海螯虾
22只海螯虾
（法国计量尺寸：15/20[注1]）
80克柠檬汁
细海盐

海螯虾高汤
海螯虾头（重约500克）
40克胡萝卜
20克洋葱
20克西芹茎
1根韭葱的绿色部分
1小根龙蒿
1根欧芹梗
1根百里香
1小片月桂叶
60克橄榄油
180克番茄
25克浓缩番茄膏
1.5升白色鸡高汤

海螯虾澄清精华高汤
110克胡萝卜
120克洋葱
50克西芹茎
50克韭葱的葱白
15克新鲜的去皮生姜
6片柠檬香蜂草（mélisse）[注2]
1根柠檬草
80克蛋清（大约3个小号鸡蛋）
海螯虾高汤
24克吉利丁片

酿鱿鱼
1个鱿鱼
250克菠菜苗
100克海螯虾澄清精华高汤冻
22只熟海螯虾

[注1] 意为1千克的重量含15~20枚海螯虾，平均长度约为12厘米。
[注2] 又名蜜蜂花，柠檬香脂草。学名中的"Melissa"在希腊文中为"蜜蜂"之意，是薄荷的一种，有浓烈的桂子油气味。
[注3] 因为锅边温度较高，如果粘上会煳掉，若落入高汤中，会产生苦味。

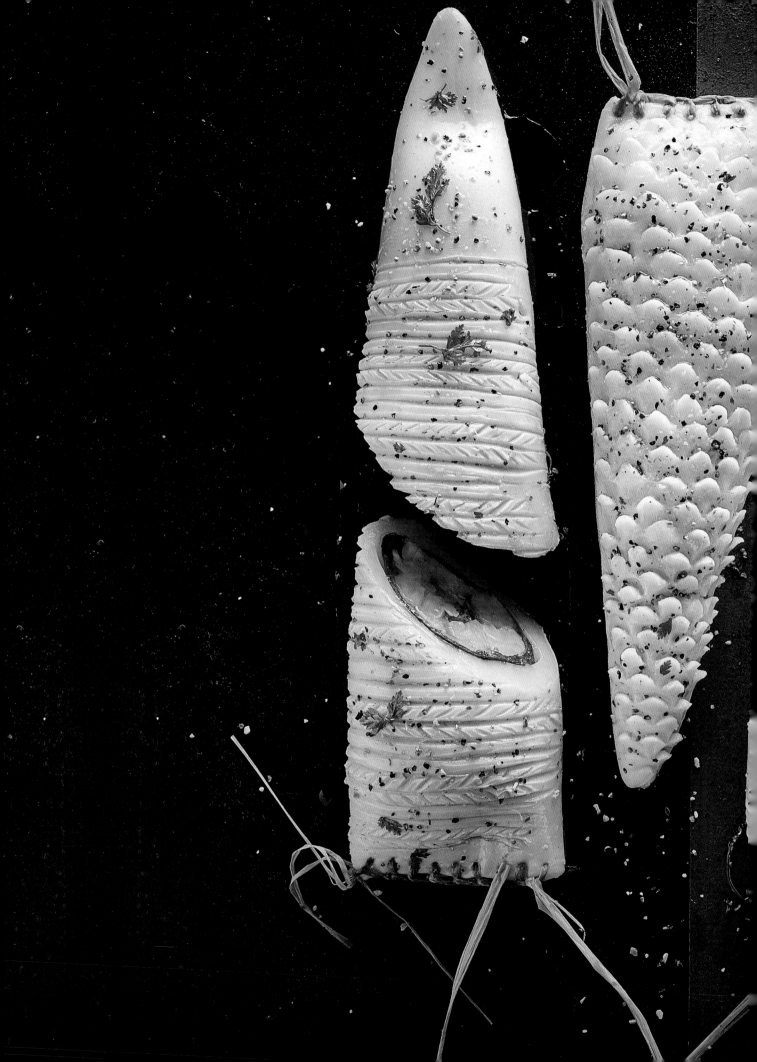

拟树皮小食 [注1]

用于组作12个手指小食

器具

带木头纹理的转印纸

尺寸为15厘米×30厘米的不锈钢长方形模具

手指小食

16克吉利丁粉

75克冰矿泉水

325克马斯卡彭奶酪

20克嫩洋葱

300克新鲜牛肝菌

2克新鲜的细叶芹

2克新鲜香菜

20克初榨橄榄油

20克雪利醋

5克刺山柑花蕾

250克熟的农场鸡里脊肉

细海盐，现磨胡椒

完成

1个生的奥基贾品种甜菜根

1块25克的漂亮的黑松露（*Melanosporum*）[注2]

150克日本棕色姬菇

酱油风味费罗法式薄酥皮（详见第206页的"鸡蛋佐松露千层酥"配方）

白胡椒颗粒（如来自彭雾[注3]的品种）

盖朗德盐之花

手指小食

取1个碗，将吉利丁粉放入冰矿泉水里吸水膨胀。

加热马斯卡彭奶酪至液体状，以细海盐，现磨胡椒调味，再倒入已溶解的吉利丁粉，搅拌均匀。将所得的混合物两等分，放入冰箱冷藏储存。

在工作台上放置1块平整的烤盘，铺上转印纸（带有木头纹理的那一面朝上），再将1个尺寸为15厘米×30厘米的不锈钢长方形模具摆在上面。在模具内，倒入上个步骤所制成的马斯卡彭冻中的一份，质地依旧呈液体状，但不能是热的，放入冰箱冷藏3小时。

将嫩洋葱剥皮，切碎。将牛肝菌切成边长为5毫米的骰子块，再将新鲜的细叶芹和香菜切碎。

锅中放橄榄油，翻炒嫩洋葱和牛肝菌块，无须上色，撒细海盐和胡椒调味。

离火后，用雪利醋萃取锅底精华：倒入醋，用木刮刀刮起锅底的沉淀物，再加入预先已切碎的香草和刺山柑花蕾。出锅后，全部放入冰箱冷藏，使温度降至常温。

将鸡里脊肉切成约3毫米厚的薄片。

搅打剩余的第二份马斯卡彭冻，使其质地恢复顺滑，然后拌入之前放在冷藏室里降温的牛肝菌混合物。用刮刀混合均匀后，将其倒入不锈钢方形模具内。此混合物应该是温的，不能是热的。如有需要，抹平表面，最后铺上熟的鸡里脊肉薄片。

放入冰箱冷藏2小时，并在模具上方压1个烤盘，用以得到平整的表面，随后放入冰箱冷冻1小时30分钟。

从冰箱冷冻室里将其取出后，将烤盘翻转，脱模，并扯掉转印纸表面的塑料层，只留下木头的纹理。将刀刃在热水里烫一下，将其切成12份长条状的手指小食。放入冰箱冷藏备用。

完成

在每个盘子里，放上1份手指小食。

将甜菜根剥皮，与松露一起，用蔬菜切片器刨成薄片。将姬菇去菌柄，保留不同大小的菌伞。再将酱油费罗法式薄酥皮掰成块状。

在每个盘子里，精巧地放上所有这些食材，最后以盐之花和少许新鲜碾碎的胡椒颗粒调味。

[注1] 利用带木头纹理的转印纸，做出的一份开胃小食。

[注2] 原产于欧洲南部的黑松露的拉丁学名。

[注3] 彭雾是喀麦隆的一个城镇，以生产佩尼亚白胡椒而闻名。

青柠风味明虾薄片
所制生熟意式前菜

用于制作8人份

油渍茴香
500克茴香（根茎）
1茶匙橄榄油
700克鲜榨的橙汁
细海盐（视个人喜好添加）

本索托土豆
700克夏洛特品种土豆
10克无盐黄油
70克干白葡萄酒
200克鸡高汤
细海盐

鸡尾酒沙司
20克蛋黄（大约1个鸡蛋）
1撮细海盐
15克第戎芥末
150克葵花籽油
20克番茄酱
5克白兰地

明虾本索托土豆内馅
25个生的去壳明虾

组装和完成
15个生的明虾
8个空的鱼子酱盒（125克）
30克鸡高汤淋面
1个有机柠青檬（皮屑）

油渍茴香
烤箱预热至170摄氏度。
去掉茴香根茎里坚硬的部分，以及外面最粗糙的叶子。将根茎切成边长为5毫米的骰子块。
在平底深锅里，用橄榄油焖熟茴香，并用橙汁萃取锅底精华：倒入橙汁，用木刮刀刮出锅底的沉淀物。随后将茴香放入烤箱里油渍，直至汁水完全收汁完毕，包裹着茴香块的部分几近焦糖化。
从烤箱中将茴香取出，放入冰箱冷藏备用。

本索托土豆
将土豆削皮，切割成边长为2毫米的小细丁。
像做意大利烩饭（risotto）一样，烹饪这些土豆小细丁：在深底煎锅里，用无盐黄油将土豆炒至出水，再倒入白葡萄酒，用木刮刀刮起锅底的沉淀物，萃取精华。待其煮沸后，倒入一半的鸡高汤。随后在收汁的过程里，逐步加入剩余的鸡高汤。注意这些土豆不要煮得太烂（应为意大利语里中的"al dente"状态：弹牙，有嚼劲）。
撒细海盐品尝，以及确认调味是否合理。
出锅后，储存备用。

鸡尾酒沙司
在沙拉盆里，混合蛋黄、细海盐和第戎芥末，边搅打边逐步地倒入葵花籽油，类似成一条线状。一旦蛋黄酱乳化打发完毕，加入番茄酱和白兰地，并持续不停地搅打。最后用保鲜膜贴面覆盖鸡尾酒沙司，放入冰箱冷藏储存备用。

明虾本索托土豆内馅
用1勺橄榄油快速地翻炒明虾，并将其切成边长为5毫米的骰子块。
在不锈钢盆里，混合明虾、本索托土豆和鸡尾酒沙司。

组装和完成
将生明虾去壳，切成纤细的薄片。在铺有烘焙油纸的烤盘上，以鱼子酱盒的直径为参照，摆成8个玫瑰花形。放入冰箱冷冻，让其稍微变硬定型。
在鱼子酱盒的底部，均匀地放上油渍茴香，并用1把茶匙的勺背，将表面压平整。加入明虾本索托内馅，重新用茶匙抹平。
将冷冻的明虾玫瑰花翻转，置于鱼子酱盒上方，再轻柔地撒去烘焙油纸。将鸡高汤淋面煮至温热，质地变浓稠，用刷子蘸取涂抹在明虾上，使其富有光泽，最后撒上青柠的皮屑。

鸡蛋佐松露千层酥

用于制作6人份

流心蛋

常温的6个鸡蛋（每个重60~65克）

粗海盐

酱油风味费罗法式薄酥皮

2片费罗薄酥皮

酱油

完成

3个洁白且肉质紧实的大号口菇

20克剥皮的栗子

1块重约20克的阿尔巴白松露

初榨橄榄油

盐之花

黑胡椒颗粒

流心蛋

煮沸一锅含盐量极高的盐水（1升水配25~30克粗海盐）。

放入鸡蛋，依据尺寸，大约煮6分钟。

用漏勺取出鸡蛋，沥掉水，再将鸡蛋放进盛有水与冰块的碗里。

小心地给鸡蛋去壳。

酱油风味费罗法式薄酥皮

烤箱预热至180摄氏度。

在2个烤盘中间，夹上费罗法式薄酥皮，入烤箱烘烤10分钟。

出炉后，去掉最上面的烤盘。用刷子蘸取酱油，涂抹在酥皮上面，重新入烤箱烘烤3分钟。

取出后，放在烤架上冷却，备用。

完成

用厨房纸巾擦拭口菇。借助蔬菜切皮器，将口菇、栗子和白松露刨成纤细的薄片，分别放入三个小碗里，用几滴初榨橄榄油和少许盐之花调味。

在每个盘子的中间位置，放上1个回温好的流心蛋，然后将掰碎的酱油风味费罗法式薄酥皮、松露片、口菇片和栗子片交错着摆放在上面。

最后撒上少许盐之花，碾碎的黑胡椒，以及淋少许橄榄油。

一份有着奢华外表，实际可以配以酥脆烤面包轻松享用的作品。它如此美味，没有任何理由不与他人分享！

原石

用于制作12人份
提前2天准备

熟半盐胸肉
1个洋葱

1瓣大蒜

1根胡萝卜

500克生的半盐胸肉

2升水

1块鸡高汤块

1根西芹茎

1根百里香

1片月桂叶

熟鸭肝
详见第194页的"肥肝开胃小食和香料面包"配方，将原配方的食材分量除以2

昂度耶特香肠风味乡村肝酱冻
250克猪喉

100克猪肝

500克特鲁瓦昂度耶特香肠
（andouillette [注] de Troyes）

8克盐之花（或者4克亚硝酸盐和4克细海盐）

1克肉豆蔻碎

2克现磨香菜籽粉

2克现磨胡椒

8克皱叶欧芹碎

5克干葱头碎

16克土豆淀粉

1个鸡蛋

15克干白葡萄酒

70克全脂牛奶

熟半盐胸肉
将洋葱、大蒜和胡萝卜去皮。

在1个双耳深锅里，倒入2升水和1块鸡高汤块。加入切碎的洋葱、压碎的大蒜、胡萝卜和粗粗切碎的西芹茎，再是生的半盐胸肉，最后放入调味香草（百里香和月桂叶）。从冷水起煮至沸腾，时不时撇去浮沫，维持轻微的沸腾状态2小时。

让半盐胸肉在高汤里冷却，然后全部放入冰箱冷藏储存，隔日取出使用。

从高汤里取出胸肉，沥干。

熟鸭肝
请按照第194页的配方，制作鸭肝。

昂度耶特香肠风味乡村肝酱冻
在1个盘里，放上猪喉、猪肝，覆盖上盐之花、现磨胡椒、肉豆蔻碎以及现磨的香菜籽粉，静置24小时。

烤箱预热至200摄氏度。

用绞肉机的大孔刀网，绞碎猪喉、猪肝和昂度耶特香肠。

在1个不锈钢盆里，放进前1个步骤制得的内脏碎，加入皱叶欧芹碎、干葱头碎，全部搅拌均匀。再倒入土豆淀粉，随后依次是鸡蛋、干白葡萄酒，最后是全脂牛奶，搅匀至得到质地匀称的内馅。

填入制作乡村肝酱冻的陶瓷盅内，压紧实。入烤箱烘烤大约20分钟，表面烤至金黄。当肝酱已经上色，将烤箱温度降至100摄氏度，改换为水浴法，继续烘烤1小时~1小时30分钟。当肝酱的内部温度达到72摄氏度时，出炉。

让肝酱在室温里冷却，然后放入冰箱冷藏储存备用。

组装和完成
将上述步骤中的成品切割成数个15厘米×3厘米尺寸长方形：5个由熟鸭肝制成，2个由半盐胸肉制成，还有2个由乡村肝酱冻制成。

在1个相配尺寸的长方形模具里，先铺上第一层：由熟鸭肝、乡村肝酱冻、熟鸭肝交错组成。第二层由半盐胸肉、熟鸭肝、半盐胸肉交错组成，第三层则重复第一层的结构。

用力地按压整体，再紧实地裹上保鲜膜，入冰箱冷藏24小时。

与烤土司，土豆片或者酥脆小食一起享用。

奥利维耶·普西耶对于餐酒搭配的建议
萨维涅尔僧上岩（Savennières Roche aux moines），特砂岩石和莫尼克，2014，僧人产区

这款种植于片岩区的特级酒，2014年份的出品，被视作既成熟又兼备了令人愉悦的酸度。此份搭配的基本要素在于：一方面酒体的强健和其丰富口感，能柔和这道菜的质地；另一方面，它随之而来的迷人的酸度与得体的苦味，能中和肉食制品的肥腻与纤维感，以及衬托出肥肝饱满与复杂的风味。

所以，这款酒与菜品的组合，相似又具有反差。

[注] 昂度耶特香肠是法国里昂的特产，传统的做法是以内脏为馅料，猪结肠为肠衣。又译作内脏香肠，肠包肠。

山鹬被誉为野味之王，泽地之后。它象征着在蘑菇季节里，狩猎活动的开启。关于它的烹饪，通常的做法略过于乡土，我们会以带珠光的优雅羽饰进行美化。

山鹬肉酱冻

用于制作3千克的肉酱冻

肉酱冻

500克山鹬肉

100克吐司

90克淡奶油

90克全脂牛奶

800克禽类肝脏（肝和心）

20克无盐黄油

20克切碎的干葱头

35克马德拉葡萄酒

30克意大利香芹碎

700克猪喉

200克科隆纳塔地区（Colonnate）的猪肥膘

100克鸡蛋（大约2个小号鸡蛋）

400克肉质紧实的牛肝菌（或者其他的蘑菇）

200克熟肥肝

100克山鹬肉原汁

100克白色的新鲜[注]猪网膜

调味料

40克细海盐（或者20克细海盐和20克亚硝酸盐）

4克细砂糖

3克现磨胡椒

1克肉豆蔻粉

2克杜松子

面包沙司

500克半脂牛奶

8克细海盐

80克吐司

30克无盐黄油

1/2个插有1根丁香的洋葱

100克淡奶油

7克琼脂

15克冰的矿泉水

完成

50克鸡高汤淋面

25克颜色洁白的口菇

1盒白色姬菇

肉酱冻

烤箱预热至180摄氏度。

将山鹬肉切成薄片。将吐司浸泡在淡奶油和全脂牛奶里。

在1个深底煎锅里，放入无盐黄油，用来翻炒禽类肝脏和切碎的干葱头，然后用马德拉酒萃取锅底精华，最后加入意大利香芹碎。

翻炒切成块的牛肝菌，放入冰箱冷藏储存备用。

将猪喉和一半的禽类肝脏放入绞肉机里（带8号刀网）。

在1个不锈钢盆里，混合猪喉和肝脏碎、调味料、山鹬肉、切成边长为5毫米的肥膘丁、鸡蛋、吸收了牛奶与淡奶油的吐司和炒制好的牛肝菌，搅拌至质地匀称。再加入切成小方块的熟肥肝、另一半禽类肝脏和山鹬肉原汁，混合均匀，但无须搅打至全部融为一体。

将制得的肉酱铺进陶瓷盅里，并用猪网膜裹住，放入烤箱180摄氏度烘烤30分钟，然后改为水浴法，烤箱降温至120摄氏度继续烘烤，直至肉酱内部温度达到72摄氏度。出炉后轻柔地按压，去除空气，再浇上山鹬肉原汁。

面包沙司

在平底锅里，将半脂牛奶和细海盐煮沸，加入吐司、无盐黄油和插有丁香的洋葱。小火慢煮15~20分钟。

拔走丁香。

将其用料理机全部打碎，接着细细过筛。重新回火，并倒入淡奶油，以及预先在冰冷的矿泉水里吸取了水分的琼脂。重新煮沸后，再煮大约4分钟。

将面包沙司灌入羽毛形状的热成型浮雕模具内，放入冰箱冷藏2小时。

完成

将盛放肉酱冻的陶瓷盅擦拭干净，因为在烹饪的过程里有可能会产生溅射以及不洁痕迹。

将鸡高汤淋面煮至温热，质地变黏稠。用刷子蘸取淋面，涂抹在肉酱冻表面，使其能粘住面包沙司制成的羽毛。

用蔬菜切片器将口菇刨成漂亮的片状；姬菇去梗，保留菌伞，精巧地摆放在羽毛装饰上。

[注] 颜色越白，就代表越新鲜。

醋栗芳香酥皮鸽肉

用于制作6人份

提前1天准备

半盐猪蹄

3个半盐猪蹄

3根胡萝卜

2根韭葱

2个洋葱

80克西芹茎

1捆香草束

3粒丁香

8粒黑胡椒

750克白葡萄酒

2.5升水

炒牛肝菌

300克新鲜牛肝菌

50克无盐黄油

35克干葱头

2克细海盐

炒鸡油菌

500克新鲜鸡油菌

60克无盐黄油

50克干葱头

3克细海盐

炒灰喇叭菌（又名死亡号角）

200克新鲜灰喇叭菌

60克无盐黄油

20克干葱头

1克细海盐

鸭肝丁

8份熟的鸭肝片（每片50克）

2克细海盐

酿馅（用于填充鸽子）

360克熟的半盐猪蹄

90克炒灰喇叭菌

300克炒鸡油菌

180克炒牛肝菌

300克熟鸭肝丁

6克欧芹碎

18克醋栗

鸽子（填好酿馅）

6只整鸽（每只重500克）

1.2千克酿馅

3.5升鸡高汤

60克澄清黄油

18片醋栗叶

细海盐适量

意大利面条面团

970克面粉

116克鸡蛋（大约2个小号鸡蛋）

+388克蛋黄（大约19个鸡蛋）

27克橄榄油

细海盐

组装和完成

300克鸡蛋（大约5个鸡蛋）+100克蛋黄（大约5个鸡蛋）

细海盐

半盐猪蹄

提前1天，刮净猪蹄，将猪蹄置于冰水里24小时，去除杂质。

制作当日，将猪蹄放入2.5升水和白葡萄酒里，与削皮并洗净的蔬菜、调味用的香草束、丁香与黑胡椒一起慢煮14小时。

煮完后，趁热完全去骨，压平后放入冰箱冷藏备用。

炒牛肝菌

清洗牛肝菌，将菌柄和菌伞分开，后者切成薄片，前者粗粗切碎即可。在平底锅里，用无盐黄油炒制菌伞和干葱头，再加入菌柄碎，全程约3分钟。确定是否炒熟，撒细海盐调味。

炒鸡油菌

将鸡油菌按照不同的尺寸大小，切去无法食用的柄端，但依旧维持整株，然后清洗。在平底锅里，用无盐黄油炒制鸡油菌和干葱头，全程约3分钟，确定是否炒熟，撒细海盐调味。

炒灰喇叭菌

将灰喇叭菌去掉无法食用的柄端。按照个头大小，将灰喇叭菌对半切开，或者切成3块，并清理干净沙尘和不洁物。在平底锅里，用无盐黄油炒制灰喇叭菌和干葱头，全程约3分钟，确定是否炒熟，撒细海盐调味。

鸭肝丁

将鸭肝片切成边长为1.5厘米的丁状，撒盐调味。

酿馅（用于填充鸽子）

将猪蹄切成边长为1.5厘米的小块。

混合所有的食材，制成酿馅。

鸽子（填好酿馅）

从内部将鸽子去骨，用细海盐调味，放入冰箱冷藏储存。

每只鸽子内各填入200克酿馅，用禽类针和线将两端缝合起来。

烤箱预热至220摄氏度。

将鸽子用保鲜膜裹住，投入维持在微沸状态的鸡高汤里。当检测到鸽肉内部温度达到46摄氏度时（使用探针式温度计），取出，让其彻底冷却。将酿好馅的鸽子放入平底锅中，用澄清黄油煎至金黄上色，再入烤箱烘烤7分钟。最后撤去每只鸽子的缝线，将其包进预先已经清洗干净的醋栗叶里。

意大利面条面团

在不锈钢盆里，混合面粉、1撮细海盐，然后加入鸡蛋、蛋黄和橄榄油。搅匀后放入冰箱冷藏2小时。

组装和完成

烤箱预热至200摄氏度。

在不锈钢盆里，将鸡蛋、蛋黄和1撮细海盐全部打散，用于上色。

用面条机将意大利面条面团尽可能地压薄，晾干5分钟，然后切成长长的意大利面。

将每只烤鸽外面贴上醋栗叶，再用意大利面条将其全部包裹住，放入200摄氏度的烤箱进行烘烤。10分钟之后，降温至180摄氏度，继续烘烤10分钟。

原料

在这份无麸质的版本里，我重新领悟了我父亲以前制作的咕咕霍夫的分享精神。此配方由雷诺特厨艺学院的研发部主管阿兰·布朗夏尔（Alain Blanchard）所构思。出于对他的技能的尊重与友爱，我们为其取名"老伙计"。

无麸质茴香籽栗子咕咕霍夫

用于制作6人份

模具
咕咕霍夫模具
15克软化黄油
8粒生栗子
15克蛋清
3片栗树叶

面包面团
525克水
3.5克茴香籽
15克新鲜酵母
112.5克栗子面粉
112.5克糙米面粉
4克瓜尔豆胶
4克Mix Gom®牌用于制作
无麸质面包的预拌蓬松粉
15克细砂糖
7.5克细海盐
45克鸡蛋
75克糖渍栗子

模具
将咕咕霍夫的模具内部涂抹上黄油。
栗子对半切开，与少许蛋清混合均匀，填充在模具内部的每道凹槽里。用刷子在栗树叶上涂抹无盐黄油，然后在每个模具的内壁铺上3片栗树叶。

面包面团
烤箱预热至30摄氏度（如果是家庭制作，烤箱预热至大约100摄氏度）。
将茴香籽粗粗打碎。
在锅中，加热260克水至15摄氏度，倒入新鲜酵母，搅拌化开。
将剩余的265克水与酵母液倒入厨师机缸中，接着加入2种面粉、瓜尔豆胶、Mix Gom®牌预拌粉、细砂糖、细海盐、打碎的茴香籽和鸡蛋。以中挡搅打10分钟。在搅打临近结束时，拌入切成丁的糖渍栗子。
将面包面团装进裱花袋，挤入模具内。在28摄氏度下，醒发1小时~1小时15分钟（如果是家庭制作，置于100摄氏度的烤箱内，并将炉门半开）。面团应该膨胀至几乎与模具等高。
烤箱预热至180摄氏度，烘烤45~50分钟。
出炉后脱模。

小贴士：在贩售有机食物的商店里，可以找到栗子面粉、糙米面粉、瓜尔豆胶以及Mix Gom®牌预拌粉。

这个组合，自发地融合了加斯东·雷诺特先生的三款传奇之作：巧克力秋叶蛋糕、焦糖酥皮薄脆饼以及千层酥。此配方亦是传统与创新的结合，将三者集为一体。我要感谢甜点主厨克里斯托夫·高默（Christophe Gaumer），身为雷诺特文化遗产以及精神庙宇的守护者，他给予了我进入圣殿的钥匙。

原料

秋叶薄脆千层酥

焦糖酥皮薄脆饼

制作油酥：将软化至14摄氏度的无盐黄油与精细面粉混合，直至得到质地结实的面团。将面团放置在保鲜膜上，擀开成长方形，再裹上保鲜膜，放入冰箱冷藏（4摄氏度）1小时。

制作面皮层：用蛋抽将细海盐溶化在25克水中。在装有桨叶的厨师机缸里，倒入精细面粉、剩余的水、白葡萄酒醋和融化后的冷的无盐黄油，搅打1分30秒，直至面团变得光滑。用擀面杖擀成和油酥同样尺寸大小的长方形。保鲜膜贴面裹住，放入冰箱冷藏（4摄氏度）松弛1小时。

制作酥皮面团：借助擀面杖，将油酥擀薄，但依旧保持长方形状。然后把面皮层也擀薄，亦保持长方形，将面皮层叠在油酥层上。

进行开酥：用擀面杖逐步擀开酥皮面团，先进行1轮三折，随后盖上保鲜膜，放入冰箱冷藏（4摄氏度）1小时。

将面团翻转90度（接口处应位于右边），再用擀面杖逐步擀开面团，进行1轮四折。盖上保鲜膜，放入冰箱冷藏（4摄氏度）1小时。

重新进行1轮三折，接着1轮四折，每轮之间都放入冰箱冷藏1小时。

烤箱预热至180摄氏度。

用擀面杖将酥皮面团擀薄，撒上糖粉。将酥皮切割成3块直径为15厘米的圆片。用叉子在酥皮上叉洞，将酥皮放置在烘焙油纸上。入烤箱烘烤20分钟。

出炉后，用细目筛在酥皮上撒上糖粉。重新放入烤箱，开上火。或者烤箱调至220摄氏度，用上述时间，使酥皮表面焦糖化。出炉后在烤盘上冷却。

卡仕达酱

请按照第42页的"覆盆子香草糖果"配方，制作卡仕达酱。

巧克力卡仕达酱

在锅中，将全脂牛奶煮沸。切碎加勒比黑巧克力和可可膏，将它们放入1个不锈钢盆里。分2次将热的牛奶倒入巧克力盆里，用蛋抽不停搅拌，使之乳化，制成甘那许。将甘那许用漏斗尖筛过滤，落在依旧是热的卡仕达酱上，全部煮1分钟至沸腾。准备1个烤盘，铺上保鲜膜，将煮好的巧克力卡仕达酱倒入其中，即刻贴面盖上另一层保鲜膜，放入温度较低的冰箱冷藏1小时（2摄氏度）。

巧克力刨花

融化黑巧克力至45摄氏度，用光滑的擀面杖或者刮刀，将巧克力涂抹在1个热的不锈钢烤盘上。放入冰箱冷藏1小时定型。取出后，在室温里回温到能使指甲插入的程度。

制作扇形刨花：先确定1个三角形的尖端，然后以此为发力点，用食指推动铲刀。巧克力会在这侧逐渐地卷起来，使这条带状巧克力自然地形成扇形。做出3份大的直径为16厘米的圆扇形刨花；以及1个螺旋刨花，能用于最顶端的装饰。

组装

先放置1份巧克力圆扇形刨花，在刨花上挤上巧克力卡仕达酱，接着叠上一块焦糖酥皮薄脆饼。重复这样的操作2次，最后以玫瑰花形的螺旋刨花收尾，并撒上薄薄的一层可可粉。

用于制作6人份

焦糖酥皮薄脆饼

用于油酥：
65克无盐黄油
25克精细面粉
用于面皮层：
60克精细面粉
50克水
2.5克细海盐
17.5克融化的无盐黄油
少许白葡萄酒醋
糖粉

卡仕达酱
125克全脂牛奶
30克细砂糖
30克蛋黄
10克弗朗粉

巧克力卡仕达酱
50克全脂牛奶
30克加勒比黑巧克力（65%）
6克可可膏
150克卡仕达酱

巧克力刨花
300克帕西黑巧克力（70%）（配合2份尺寸为40厘米×30厘米的烤盘）

组装
可可粉

为2010年法国网球公开赛（Roland-Garros）总决赛所创，我们是如此的兴奋，全情投入，最后用巧克力重塑出了比赛的黏土球场。在您家，何不试着做出1个裹着极纤细巧克力外壳的网球，在盘中弹跳的第一下，就能炸裂开来。

原料

赛点

用于制作6人份
提前1天准备

柠檬果酱（500克成品）
10个有机黄柠檬（汁和皮屑）
250克果酱专用糖（带有NH果胶）

黄色巧克力外壳
500克哲菲雅白巧克力
（34%）
巧克力专用黄色色素

打发淡奶油
150克冷的淡奶油
15克香草糖
1个有机青柠檬（皮屑）

组装和完成
18块黄柠檬果肉块（或者2个柠檬）
糖粉
可可粉
金箔

柠檬果酱

提前1天，清洗并刷净柠檬。用刮皮刀削下黄色果皮。随后将柠檬在热水下冲刷几秒钟，再榨出汁水。

在装有沸水的锅中，投入柠檬果皮，焯10~15分钟。沥干水分后，将一半的柠檬皮放入蔬菜磨泥器里研磨，剩下的处理成细长条。

将柠檬泥与细长条混合均匀，浇上柠檬汁，称出总重量并加入同等分量的果酱专用糖。将它们放入锅中，小火慢煮20分钟，并用木刮刀不断地搅拌。准备1个冷的盘子，在盘子上滴数滴柠檬果酱，然后倾斜盘子，果酱若是缓缓流下，即证明已经熬好。将果酱装入罐中，盖上盖子，并将罐子倒置。

黄色巧克力外壳

组装当日，以隔水加热的方式融化白巧克力至45摄氏度。

再取一部分的巧克力进行调温，以大理石操作最佳：用长抹刀摊开巧克力，并从旁侧，以及由下至上地不断铲起，再摊开，且始终保持与大理石台面的接触。巧克力会迅速变浓稠结块，在质地变硬之前，将其全部铲起，倒回45摄氏度的巧克力里。混拌均匀后，温度应维持在28~30摄氏度。

在12个直径为6厘米的半球模具内，或者是网球状模具内，灌入少许调好温的巧克力。翻转，并敲打每一个模具，倒出多余的巧克力液体。将巧克力液铲干净后放在烤架上，再放入冰箱冷藏几分钟，接着利用剩余的巧克力，重复1次同样的步骤。将模具放入冰箱冷藏定型，再脱模，在室温里储存备用。

打发淡奶油

将淡奶油、香草糖与青柠檬皮混合，用蛋抽打发成香醍奶油状，放入冰箱冷藏储存。

组装和完成

将所有的半球巧克力外壳翻转过来，填充淡奶油至一半容量，放入数块黄柠檬果肉，接着放上柠檬果酱。准备1个热的烤盘，取1个巧克力外壳在烤盘上面摩擦，进而融化边缘，再与另外1个巧克力外壳黏合在一起，塑形成网球状。

在每个盘里，撒少许糖粉和可可粉的混合粉类，模拟出黏土球场的效果。再摆上1个巧克力网球，并用刷子蘸上少许金箔做装饰。

剩余的柠檬果酱，您可以在早餐时刻涂抹面包享用。

冰冻火星

用于制作12份冰激凌甜点
提前1天准备

榛子帕里尼
25克水
85克细砂糖
120克去皮榛子
1/4根香草荚

百利甜焦糖
200克淡奶油
1汤匙葡萄糖浆
10克蜂蜜
1/4根香草荚
75克细砂糖
15克百利甜酒（Baileys®牌）

榛子冰激凌奶油
100克榛子帕里尼（配方如上）
285克全脂牛奶
60克淡奶油
45克细砂糖
40克蛋黄

牛奶巧克力冰激凌奶油
550克全脂牛奶
150克淡奶油
70克细砂糖
60克蜂蜜
80克蛋黄（大约2个鸡蛋）
150克牛奶巧克力

原味酥粒
150克无盐黄油
150克粗砂糖
2克细海盐
75克糖粉
75克杏仁粉
150克过筛的面粉

烘焙榛子
100克去壳榛子（产自法国最佳）

打发淡奶油
150克冷的淡奶油
15克香草糖

牛奶巧克力裹层
400克牛奶巧克力
100克可可脂

完成
60克糖渍橙子
糖粉

榛子帕里尼
提前1天，将水和细砂糖依次放入锅中，煮至117摄氏度。加入榛子，随后离火，持续搅拌至榛子全部被白色的砂砾物裹住（即翻砂）。将其重新放回火上，小火配合慢慢地搅拌，直至榛子表面的这层翻砂糖壳完全焦糖化，内芯也熟透。最后放入刮取出的香草籽，搅匀。

将榛子倒入盘里，放在干燥处24小时。随后全部放入料理机里，例如Thermomix® 美善品，打成膏状物。

百利甜焦糖
组装当日，在锅中将淡奶油、葡萄糖浆、蜂蜜和刮取出的香草籽煮沸。另取一锅，无水干熬细砂糖至呈现焦糖色。

将热的淡奶油混合液体缓慢倒入焦糖锅内，以终止继续焦糖化的进程。重新煮1分钟，随后加入百利甜酒，放置在室温里冷却。

榛子冰激凌奶油
提前1天，在锅中，将全脂牛奶、淡奶油煮至温热，加入细砂糖。达到40摄氏度时，倒入蛋黄，煮至83摄氏度。取1/4热的液体化开榛子帕里尼，再全部倒回锅中混合均匀。入冰箱冷藏24小时。

组装当日，将榛子冰激凌奶油放入雪芭机器内搅打。制作完毕后，将其即刻填进1个由24个直径为4厘米的半球组成的模具内。在模具中间挤入百利甜焦糖，模具底部抹平，放入冰箱冷冻定型。脱模后再放入冷冻室储存备用。

牛奶巧克力冰激凌奶油
提前1天，在锅中，将全脂牛奶、淡奶油、细砂糖和蜂蜜煮至40摄氏度。加入蛋黄，继续煮至83摄氏度。将混合物倒在巧克力上，蛋抽搅打至光滑，放入冰箱冷藏24小时。
组装当日，将混合物放入雪芭机器内搅打。制作完毕后，将牛奶巧克力冰激凌奶油即刻填入1个由24个直径为6厘米的半球组成的模具内，先填充一半的容量，再塞进榛子冰激凌奶油半球，将模具底部抹平，放入冰箱冷冻定型。

将半球两两黏合，在每个完整的球体上插上1根木签，放入冰箱冷冻储存。

原味酥粒
组装当日，在不锈钢盆里，搅拌软化的无盐黄油、粗砂糖和细海盐。加入糖粉、杏仁粉，最后是预先筛好的面粉。大致混合均匀即可。
将酥团捏成小块，均匀地散布在已经铺有烘焙油纸的烤盘上，放入冰箱冷藏1小时。
烤箱预热至160摄氏度，烘烤大约20分钟。

烘焙榛子
预热烤到160摄氏度。
将榛子放在深烤盘里，烘烤15~20分钟。出炉后趁余温摩擦，最大限度把榛子皮去掉。冷却后将榛子碾碎。

打发淡奶油
组装当日，将冷的淡奶油和香草糖用蛋抽打发成香醍奶油。

牛奶巧克力裹层
用隔水加热的方法，将牛奶巧克力和可可脂融化至40摄氏度，混合均匀。

完成
将已经冷冻定型的冰激凌奶油球体浸进牛奶巧克力裹层里，蘸取后提出，放在烘焙油纸上。用香草味的香醍奶油涂抹整个球体，最后全部粘上原味酥粒、切碎的榛子以及糖渍橙丁。食用时，撒上糖粉。

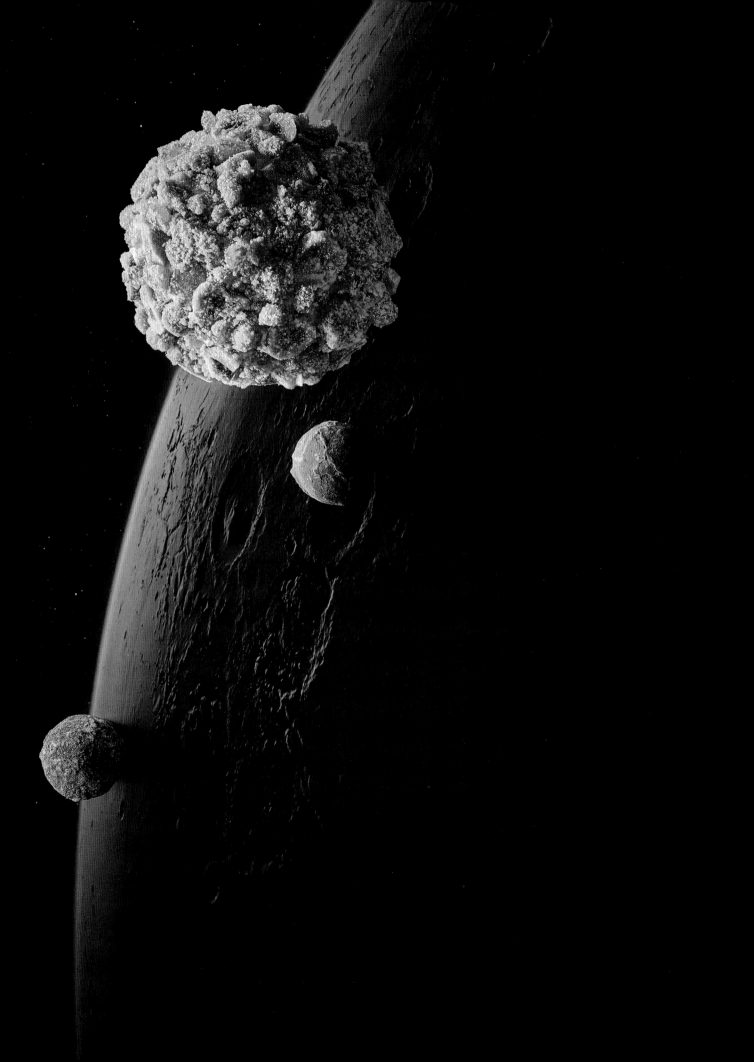

就像对待我们雷诺特出品的美食系列，被剪成毫米的罗布图雪茄（Robusto）也值得心怀尊重地被享用。后者需在特定的条件下品尝和储存，并常能激发出令人惊叹的组合。这款作品是我们为一场雪茄爱好者俱乐部的年度晚宴所设计，现场亦供应有极好的与威士忌相衬的食物。这真是一个抽第一口雪茄的美好时机。

原料

威士忌咖啡/巧克力雪茄

用于制作12根雪茄
提前1天准备

器具
2份40厘米×30厘米的烤盘

巧克力刨花
300克黑巧克力（70%）

重巧克力雪芭
70克帕西黑巧克力（70%）
55克苦味可可粉+用于摆盘的额外分量
50克细砂糖
20克蜂蜜
50克可可利口酒
320克水
烘焙过的可可豆碎粒

威士忌咖啡冰激凌
280克全脂牛奶
100克淡奶油
15克咖啡豆
100克细砂糖
40克蛋黄（约2个鸡蛋）
25克单一麦芽威士忌
烘焙过后的可可豆碎粒
可可粉适量

巧克力刨花

巧克力融化至45摄氏度，用光滑的擀面杖或者抹刀，将巧克力平整地抹在热的不锈钢烤盘上。

将巧克力放入冰箱冷藏1小时结晶定型，取出后，在室温里回温到能使指甲插进的程度。用1块三角板，铲出大小为40厘米×4厘米的数条巧克力长条。随后将巧克力长条紧紧绕在1根长13厘米，直径为2.5厘米的木制管状物上，并在一侧封口。

将其放入冰箱冷藏5分钟，再撤去管子。使用同样的方法，制作出12根巧克力雪茄。将巧克力雪茄储存在冰箱冷藏备用。

重巧克力雪芭

提前1天，用隔水加热的方式，融化巧克力至40摄氏度。

在锅中，将275克水煮至温热，倒入预先过筛好的可可粉，用蛋抽搅拌融化。再加入1/3的细砂糖，让其持续沸腾5分钟，并不停搅拌。

另取一锅，加热45克水至40摄氏度，一点点地倒入融化的巧克力，用蛋抽搅拌均匀。随后加入前一个步骤制得的可可糖水，以及剩余的细砂糖和蜂蜜，持续搅拌，全部煮至83摄氏度。如有需要，可均质并过筛。待其冷却后，加入可可利口酒，放入冰箱冷藏备用。

组装当日，将其放入雪芭机里搅拌。制作完毕后，将其填满6个巧克力雪茄，并以烘焙后的可可豆碎粒封口。放入冰箱冷冻储存备用。

食用时，将其在可可粉里滚一下。

威士忌咖啡冰激凌

提前1天，在锅中，将全脂牛奶和淡奶油煮至温热。加入碾碎的咖啡豆，离火后静置20分钟，萃取出香气。过筛后，依次倒入细砂糖、蛋黄，边搅拌边煮至83摄氏度（呈可以挂在勺子背面的浓稠质地，就像煮英式蛋奶酱）。倒入单一麦芽威士忌，如有需要，可均质并过筛。

入冰箱冷藏备用。

组装当日，将其放入雪芭机里搅拌。制作完毕后，将其填满6个巧克力雪茄，并以烘焙后的可可豆碎粒封口。放入冰箱冷冻储存备用。

食用时，将其在可可粉里滚一下。

源自南非的皮拉内山国家公园的回忆，在那里，我们建议我的朋友斯特凡纳·奇切里（Stéphane Chicheri）创新出裹着非洲巧克力，并调皮地标有非洲五霸[注]印记的别样马卡龙。

原料

蛮荒印记

马卡龙壳

烤箱预热至180摄氏度。

在装有刀片的研磨机里，将去皮杏仁粉和糖粉细细磨碎，加入1个未打发蛋清（大约30克），做成马卡龙面糊。

将剩余的蛋清打发成硬挺的状态，其间逐步地加入细砂糖，帮助稳定。将1/4的打发蛋白与马卡龙面糊混合，稀释成黏稠的质地，再加入余下的蛋白，混拌至光滑状态。

在铺有烘焙油纸的烤盘上，用带7号裱花嘴的裱花袋，以每排交错排列的方式，挤出马卡龙圆饼。

入烤箱烘烤12~15分钟。出炉后，在烘焙油纸和烤盘之间注入少许水，便于剥离马卡龙壳。将剥下的壳放到1张干净的烘焙油纸上，在烤架上晾干。

黑巧克力甘那许

取一半的马卡龙壳，将黑巧克力甘那许挤成球状，作为夹馅（详见第230页），再盖上另一半的壳。

巧克力裹层

在锅中，以隔水加热的方式融化黑巧克力至40摄氏度，整个过程伴随有规律的搅拌。

再将2/3的融化巧克力倒在洁净且干燥的大理石桌面上，进行调温：用长抹刀将巧克力摊开，并从巧克力的旁侧，以及由下至上地不断铲起，再摊开，且始终保持与大理石台面的接触。巧克力会迅速变浓稠结块，在质地变硬之前，将其全部铲起，倒回40摄氏度的巧克力里。无须再隔水加热，混拌均匀后，温度会达到30摄氏度，维持这个温度。

用巧克力叉将马卡龙小心地浸进调好温的巧克力里，蘸取后提起，并抹去多余部分。

在1张巧克力玻璃纸上，摆上马卡龙，即刻在表面盖上带有特制花纹的巧克力专用转印纸。待巧克力冷却结晶后，便可撤去转印纸上的塑料膜。

[注] 非洲五霸（Big Five）指的是最具有代表性的五种非洲野兽：狮子、非洲象、非洲水牛、豹子和黑犀牛。

用于制作40个马卡龙

器具

巧克力玻璃纸

带特制花纹的巧克力专用转印纸

马卡龙壳

140克去皮杏仁粉

240克糖粉

130克蛋清（大约4个鸡蛋）

40克细砂糖

黑巧克力甘那许

详见第230页的"蜥蜴可可曲奇"配方，所有食材分量乘以2 [巧克力可选择：坦桑尼亚，阿多索（65%）]

巧克力裹层

500克帕西黑巧克力（70%）

金手指

只是一场简单的"谋杀"！

干果

将糖渍橙子和枸橼切成纤细的薄片或者小三角，糖渍姜切成小丁。

焦糖坚果

准备1个足够大的锅，依次倒入水和粗砂糖，煮至115摄氏度。将榛子或者杏仁加入，用木刮刀不停地搅拌至翻砂。因为糖会裹住坚果表面，并逐步产生像白色砂砾状的外观，因此而得名。将火力调小，继续慢慢地搅拌直至这层糖壳焦糖化。随即离火，加入无盐黄油，依旧用木刮刀混合均匀。最后将其倒在铺有烘焙油纸的烤盘上，注意将坚果一粒粒地分开，不要粘连。待其冷却后，放在干燥处备用。

枪身

在锅中，以隔水加热的方式融化牛奶巧克力至45摄氏度。

再将2/3的融化巧克力倒在洁净且干燥的大理石桌面上，进行调温：用长抹刀将巧克力摊开，并从巧克力的旁侧，以及由下至上地不断铲起，再摊开，且始终保持与大理石台面的接触。巧克力会迅速变浓稠结块，在质地变硬之前，将其全部铲起，倒回45摄氏度的巧克力里混拌均匀。

温度应维持在28摄氏度。

将调好温的巧克力灌入造型为手枪的硅胶模具内。

在桌上敲击模具，使得巧克力液体摊匀。等待2分钟，接着均匀地撒上切好的糖渍干果、开心果以及焦糖榛子和杏仁。让巧克力结晶定型。

一旦巧克力已经完全冷却，将枪身脱模。用刷子在纯巧克力枪身那一面，涂上薄薄一层金粉。

用于制作2把手枪

干果

5个小的糖渍橙子
5个小的糖渍枸橼
5块小的糖渍姜
10~12粒去壳绿色开心果
10~12粒焦糖榛子*
10~12粒焦糖杏仁*

*焦糖坚果（用于制作1千克）

60克水
180克粗砂糖
960克去皮的温热榛子或者杏仁
20克无盐黄油

枪身

300克吉瓦那牛奶巧克力（40%）
金粉

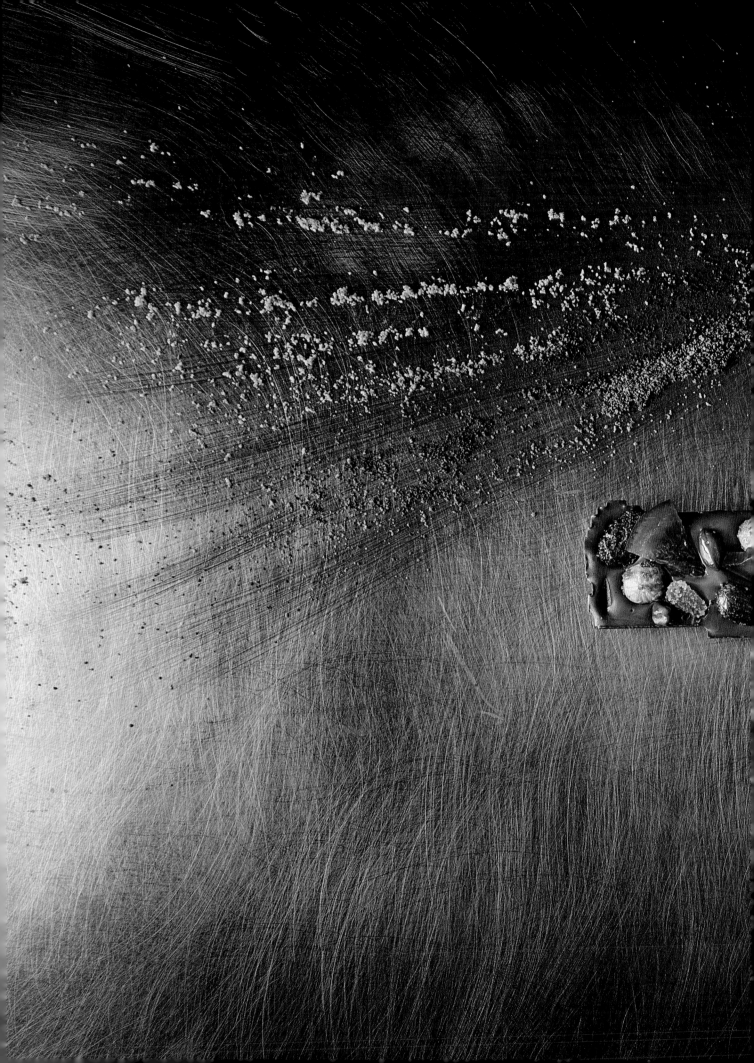

蜥蜴可可曲奇

用于制作12个三角曲奇

器具
硬质玻璃纸或者巧克力玻璃纸

曲奇三角
55克无盐黄油
10克粗砂糖
20克粗黄糖
1茶匙蜂蜜
1撮细海盐
65克面粉
1克泡打粉
20克蛋黄（大约1个鸡蛋）
25克水滴状耐高温巧克力(50%)

巧克力甘那许
850克淡奶油
15克蜂蜜
10克葡萄糖浆
100克阿多索黑巧克力（65%）
15克无盐黄油

巧克力二角
100克阿多索黑巧克力

曲奇三角

在不锈钢盆里，先软化无盐黄油，与粗砂糖、粗黄糖、蜂蜜和细海盐搅匀，再倒入预先过筛好的面粉和泡打粉，混合均匀后加入蛋黄和水滴巧克力，搅拌成质地均匀的面团。

用擀面杖在烤盘上将面团擀开至4毫米厚度。入冰箱冷藏松弛1小时。

烤箱预热至150摄氏度。

将面团切割出12个高7厘米、底部为4厘米的三角形，入烤箱烘烤20分钟左右，冷却后，于干燥处储存备用。

巧克力甘那许

在锅中，将淡奶油与蜂蜜、葡萄糖浆煮至微微沸腾。

粗粗地切碎巧克力，将巧克力碎倒入1个不锈钢盆里，接着将前一个步骤制得的热奶油混合物浇在上面，等待1分钟，然后用蛋抽搅匀。

将无盐黄油切成小块，放入不锈钢盆里。依旧用蛋抽，将其全部搅匀。覆盖保鲜膜，在室温里储存备用。

将制成的甘那许装入带有小号裱花嘴（例如圣安娜）的裱花袋内。

巧克力三角

在锅中，用隔水加热的方式将黑巧克力融化至45摄氏度。

再将2/3的融化巧克力倒在洁净且干燥的大理石桌面上，进行调温：用长抹刀将巧克力摊开，并从巧克力的旁侧，以及由下至上地不断铲起，再摊开，且始终保持与大理石台面的接触。巧克力会迅速变浓稠结块，在质地变硬之前，将其全部铲起，倒回至45摄氏度的巧克力里，混拌均匀。

温度应维持在30摄氏度。

在1张硬质玻璃纸或者巧克力玻璃纸上，将巧克力抹成薄薄一层。待其结晶定型后，将巧克力切割出12个高7厘米，底部为4厘米的三角形。

组装

在曲奇三角上，以Z字形挤上巧克力甘那许，随后放上调好温的巧克力三角片。室温储存。

在2011年，人们又掀起了一股重机车的旋风！从哈雷——这个著名的美国摩托车品牌中得到灵感，此份带有竞赛意味的国王饼吹起一阵创造和自由的风。和帕特里克·迪皮伊（*Patrick Dupuy*），让–克里斯托弗·让松两位主厨一起，我们突发奇想地将芭芭塞入其中，魔法发生了……虽然它是限定款，但美味无限制！

用于制作6人份

器具

2个直径为18厘米、高度为3厘米的圆环模具

蚕豆（小瓷物）

千层酥面团

295克无盐黄油

300克过筛面粉

130克冷水

9克细海盐

5克白葡萄酒醋

芭芭面团

4.5克新鲜酵母

60克鸡蛋（1个大号鸡蛋）+20克蛋黄（大约1个鸡蛋）

95克过筛面粉

8克细砂糖

1.5克细海盐

30克无盐黄油+用于涂抹模具的黄油

香草卡仕达酱

详见第42页的"覆盆子香草糖果"配方

朗姆酒糖液

275克水

135克细砂糖

90克褐色朗姆酒

组装和完成

150克香草卡仕达酱

30克鸡蛋（大约1/2个鸡蛋）

细海盐

30克陈年朗姆酒（非必要）

1粒蚕豆（小瓷物）

1块直径为8厘米的杏仁膏圆片

香草打发奶油

160克淡奶油

20克糖粉

1/4根香草荚（对半剖开，取籽）

哈雷芭芭国王饼

千层酥面团

在锅中，融化45克无盐黄油。

在厨师机缸里，放入过筛好的面粉、130克冷水、细海盐、白葡萄酒醋和冷的融化的无盐黄油，搅拌至得到质地匀称的面团。

将面团擀成长方形，包上保鲜膜，入冰箱冷藏1小时。

从冷藏室取出面团后，在中心位置放置剩余的250克无盐黄油，将面团四周折叠，用面团将黄油裹住，进行开酥：先将面团用擀面杖擀长，依旧维持长方形状，进行1轮三折，并翻转90度(接口处应位于右边)，紧接着进行第2轮三折。完成后，给面团裹上保鲜膜，入冰箱冷藏1小时。重复这样的步骤2次（等于再进行4轮开酥，全程共有6轮开酥）。每2轮开酥后，需放入冰箱冷藏松弛1小时。

芭芭面团

烤箱预热至165摄氏度。

在厨师机缸里，放入捏碎的新鲜酵母、一半的鸡蛋和一半的蛋黄。撒进预先过筛好的面粉，加入细砂糖和细海盐。较快速地搅打5分钟，面团会逐渐成形，变光滑，且不粘缸壁。此刻加入切成小块的无盐黄油，当面团吸取完毕黄油，重新变得质地均匀且光滑后，倒入剩余的鸡蛋和蛋黄，继续不停地搅打。

面团制好后准备入模。

取1个直径为18厘米、高度为3厘米的圆环模具，预先在内壁涂抹黄油用于防粘，接着将芭芭面团填入，将其表面摊平整，放在28摄氏度且湿润的环境里醒发1小时（湿度在85%最佳；如果用传统烤箱，可以在烤箱内置一碗水）。

入烤箱烘烤30分钟，出炉后，拿掉圆模，让芭芭在室温里冷却。

香草卡仕达酱

请按照第42页的配方，制作香草卡仕达酱。

朗姆酒糖液

在锅中，微微煮沸水和细砂糖。离火后，加入褐色朗姆酒，温度维持在55摄氏度。将芭芭浸泡在内5分钟，直至完全吸收糖液。将其轻柔地取出，放置在烤架上，室温里冷却。

组装和完成

烤箱预热至190摄氏度。

将千层酥面团擀开成3毫米厚度的1块大的正方形，随后将其切割出2块直径为30厘米的圆片。将酥皮圆片放置在微微洒了水的烘焙油纸上，且在酥皮的中心位置，铺上一层薄薄的香草卡仕达酱（直径为18厘米的同心圆范围）。在其中1块酥皮圆片上，放上吸取了朗姆酒糖液的芭芭，再塞进1粒蚕豆。

将鸡蛋和1撮盐一并打散，用刷子将蛋液涂抹在芭芭四周。接着叠上第2块酥皮圆片，将芭芭合拢在中间。随后用指尖，将两片酥皮边缘的连接处压至黏合。最后切割出1个26厘米直径的国王饼。

用刷子将打散的鸡蛋液涂满酥皮的表面，中间切开1个5厘米的洞。随后用小刀划出匀称的装饰线条，放入冰箱冷藏至少1小时。

将国王饼放置在烤盘上，入烤箱时将温度调低至175摄氏度，烘烤约40分钟。出炉后，放在烤架上晾凉。

按喜好，可以从表皮的小洞处倒入陈年朗姆酒。冷却后，在酥皮表面放置1块杏仁膏圆片，并配合香草打发奶油食用（制作方法为搅打所有的食材，直至成香醍奶油的质地）。

鳄鱼国王饼

这是两个[注1]卓越，并极富标志性的法国品牌的
协作。在2012年的主显节，我们将丝网印刷绘出
的陶瓷小物件[注2]，藏入了限量款的国王饼里。
这个纪念套装内包括7个陶瓷方块，对应7个不同
颜色的"蚕豆"，其中还隐藏着一条著名的绿色
鳄鱼。这份惊喜，收藏家们请知会！

用于制作6人份

千层酥面团

250克千层酥面团（详见第232页的"哈雷芭芭国王饼"配方，只需使用1/3量的食材）

糖粉

顿加豆巧克力甘那许

35克牛奶巧克力

150克黑巧克力（55%）

125克淡奶油

17.5克百花蜜

17.5克葡萄糖浆

3克顿加豆粉

35克无盐黄油

杏仁酱

50克无盐黄油

75克糖粉

75克杏仁粉

7.5克玉米淀粉

60克鸡蛋（大约1个鸡蛋）

7.5克褐色朗姆酒

100克卡仕达酱（详见第42页的"覆盆子香草糖果"配方，按需求调整分量）

黑巧克力裹层

150克褐色淋面膏

75克帕西黑巧克力（70%）

25克葵花籽油

组装和完成

1粒蚕豆（小瓷物）

千层酥面团

烤箱预热至180摄氏度。

将面团用特制切模割出2个鳄鱼的形状，放在铺有烘焙油纸的烤盘上，在面团上再盖上另1张油纸，以及压1个烤网。入烤箱烘烤20~25分钟。

拿掉烤网和最上面的油纸，撒上糖粉，重新入烤箱，以上火烘烤几分钟，至酥皮表面焦糖化。出炉后室温下冷却。

顿加豆巧克力甘那许

在不锈钢盆里，将2种巧克力切成块状。

另取一锅，倒入淡奶油、百花蜜、葡萄糖浆和顿加豆粉。煮沸后加入无盐黄油，然后将其倒入巧克力盆里。等待2分钟，再用蛋抽搅匀，注意不要产生气泡。待其冷却，在室温下储存备用。

杏仁酱

烤箱预热至180摄氏度。

在不锈钢盆里，混合软化的无盐黄油、糖粉、杏仁粉和玉米淀粉，随后依次加入鸡蛋、朗姆酒，最后是预先用刮刀搅拌并恢复了光滑质地的卡仕达酱，放入冰箱冷藏30分钟。在1张烘焙油纸上，将杏仁酱摊开成鳄鱼形状，尺寸比酥皮略小。入烤箱烘烤20~25分钟，出炉后室温里冷却。

黑巧克力裹层

将淋面膏和黑巧克力隔水加热，融化至40摄氏度，倒入葵花籽油，等待温度下降到30摄氏度，便可用于鳄鱼的淋面。

组装和完成

在与鳄鱼尺寸一致的底托上，放置1块千层酥皮，挤上薄薄一层顿加豆巧克力甘那许。接着叠加鳄鱼状的烤熟杏仁酱，再挤一层薄薄的顿加豆巧克力甘那许。最后藏进1粒蚕豆，放上第2块酥皮。

用剩余的甘那许涂抹鳄鱼表面和旁侧，放入冰箱冷藏2小时，随后放在烤架上，用30摄氏度的黑巧克力裹层液淋满鳄鱼全身。如果您有特制的巧克力浮雕花纹纸，立刻放置1片在表面，并轻微地按压。放入冰箱冷藏30分钟，取出后，轻柔地撤去浮雕花纹纸。在烤架和鳄鱼底部之间，再插入1把加热的刀，将鳄鱼小心地转移到盘里。

[注1] 另一个指鳄鱼Lacoste。

[注2] 按照法国的传统，国王饼里会藏有一粒蚕豆，吃到的人会是当天的国王。但如今多以陶瓷做的小物件取代。

工作坊的秘密

帕斯卡莱·米萨尔

（PASCALE MUSSARD） 小H

2015

小H诞生于2010年，最初由帕斯卡莱·米萨尔设想出并担任其负责人。这个烙印着梦想、诗意与创造活力的项目，通过艺术家与手工匠人们之手，宛如有魔力般，赋予了爱马仕工坊的物料们第二次生命。

2015年，一份全然的信任，托付给了爱马仕旗下小H部门的艺术总监帕斯卡莱·米萨尔，邀请她分享其充满创造力与灵感的世界，并随后由雷诺特之家才华横溢的甜点师们将它诠释成实质的存在。当帕斯卡莱·米萨尔与居伊·克伦策，这两位"工坊头儿"碰面时，他们会窃窃私语些什么呢？原料的故事，质感的追求，颜色的梦想，重新觅得的童年时味道……或许简单来说，就是彼此钦仰并相互给予惊喜的分享过程吧。

"当我接到电话，被邀参与圣诞劈柴蛋糕设计时，我心里有一万个理由认定此项目不可能实现！我对自己说，我肯定不是正确的人选，还有就是小H真的……很小。"这位小H的灵魂人物带着幽默与谦逊的态度，回忆起这令人惊叹的劈柴蛋糕的创作内幕，仍然心有余悸。

"在我们工坊里，没有任何一个节日不与食物相关，去品尝，嚼动，我们甚至用自己花园里的苹果做果酱，在我们的屋顶上还有蜂巢。我们一直都在分享巨大的，对于美食的热情，以及对冒险的钟爱。"

"与加斯东·雷诺特的第一次邂逅，长留在我记忆里，"帕斯卡莱·米萨尔微笑道，"那是在戴安娜大奖赛（Prix de Diane）[注]上，我当时担任媒体专员……不过当了几天而已。"这位热情又矜持的小H部门负责人追忆着富有戏剧性的偶遇，"我当时很年轻，什么都不懂，但一直以来都对他怀有极大的尊崇。他就像片场的主角一样，让人无法转移视线。这也是为什么当雷诺特邀请我合作设计劈柴蛋糕，我应允的原因。有一部分必然是为了他。"

但就像命运开了个玩笑，即便帕斯卡莱·米萨尔祖露了对甜点的钟爱，她却对劈柴蛋糕，至少在过去，藏着厌恶。"当我们开心享用着丰盛又喜庆的圣诞晚宴时，劈柴蛋糕来了，而且经常还是奶油霜状的，所有人一下子就都没有食欲了。我们从未在平安夜或者第二日去碰它，我们只吃祖母做好的，然后放在暖气片上的布丁或者咕咕霍夫。"

一旦将阻挡这个大项目的最后一丝疑虑和惧怕彻底排除后，接下来就是帕斯卡莱·米萨尔和居伊主厨大展身手，并且相互给予惊喜的时刻了。这两位炼金术士很快就发现了彼此在职业领域的诸多相同点：精准的专业词汇，多重匠艺的集结，工具的选择，细节的挑剔，对于挑战的好胜，关于完美的探索，以及永无止息的苛求……每一天，在他们各自的工坊里，男人们、女人们都全身心致力于编织梦想与诗意，激发原料的芳香与美好，颂出食物与品位的赞歌。"在我们之间，内心的渴求决定了一

切，"帕斯卡莱·米萨尔总结道，"我的愿望很简单。我不喜欢软的蛋糕。在劈柴蛋糕里，让我厌恶的就是奶油。我偏好有嚼劲的口感，我超爱焦糖杏仁糖，而且对巧克力棒毫无抵抗力！"

"我甚至对居伊倾诉了我对巧克力小熊的热爱……结果他回答他也是的。遇到知己的感觉真是太棒了！"亏了默契性与创造性，在这个以假乱真的劈柴蛋糕的创造过程里，催生出一场趣味的挑战，并在交流、信任与倾听中飞速推进。

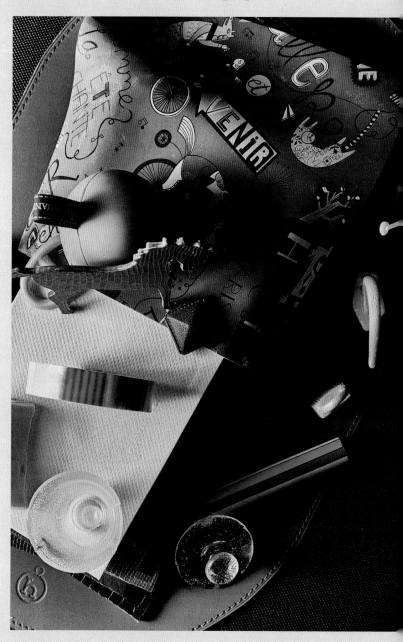

[注] 法国最高水准的赛马大赛，只开放给3岁以下的纯种雌马。

　　"每一次我们见面时，我都有新的念头。例如，可否加上一点儿缝纫元素呢？如果我们重现一块爱马仕的丝绸方巾呢？其实如果行不通，背后也是有替代方案的。我并不想强加所有的这些要求，那会显得过于任性！但是最终它们全部都实现了，甚至细节都被照顾到。就像我们的小H工坊，成品总是超过我们的预期！"一针一线里，劈柴蛋糕的雏形慢慢丰满。每一个细节重塑得如此逼真，以至于到了最终品尝日，人们很难区分开到底是真实的爱马仕的原料与工具，还是做成了这个样子的甜点！"直到最后一刻，主厨们还在添加各种小件。我发现在雷诺特，也有许多不同的工种：有焦糖杏仁糖的行家，还有制作

冰激凌的，制作装饰物的等。在这个合作项目的创作与实现过程里，我第一次深切体会到了这些为着一种渴求和目标而聚集在此处，每日陪伴着我的工匠们的重要性。这个小H圣诞劈柴使得我们所有人都体会到了与味觉嬉戏的乐趣，这也恰恰是在我们工坊里，唯一的，不会有所涉及的感官体验。"

　　这场绝妙创作的最后亮点是：帕斯卡莱·米萨尔设计出了一个惊喜，一份可以将蛋糕保存、回收，甚至是转换的包装：小H的精神即在此。"这场奇妙的创造冒险还会要继续，我已经准备好建议居伊主厨做国王饼、陶瓷小人等。"

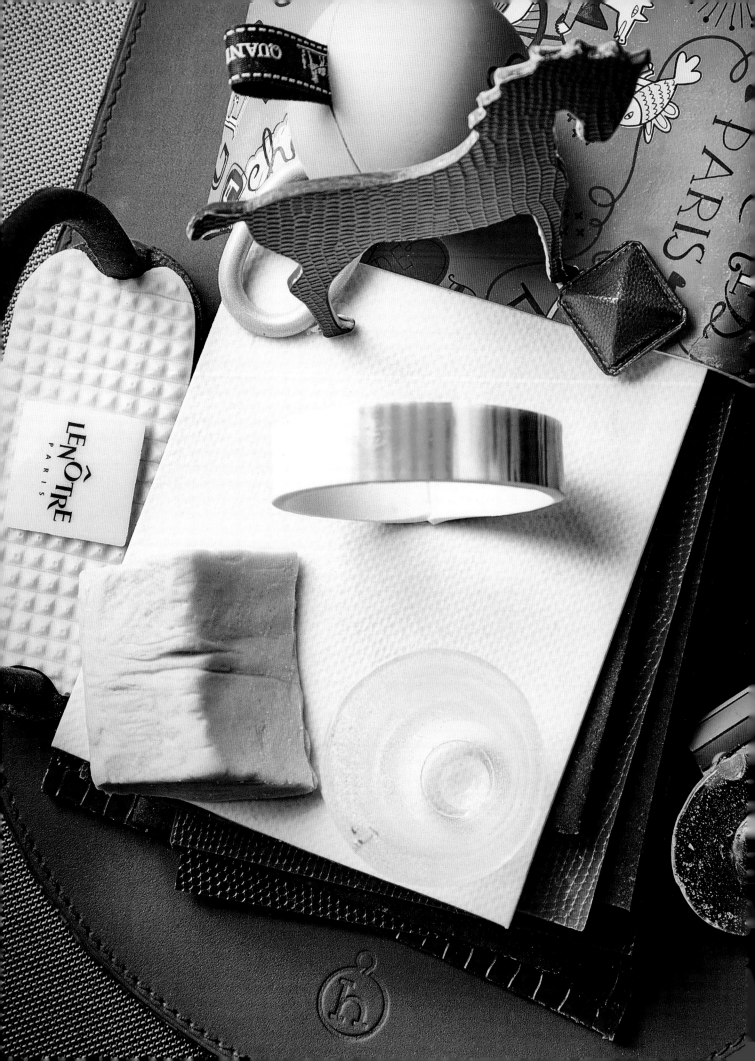

自然之力

真假芦笋

绿芦笋

给芦笋去芽鳞（即长茎上硬的突起的小三角部分），留着备用。再把芦笋切至10厘米长，并在底部用削皮刀削掉1厘米的皮。

在1个大号炖锅里，加热大量的、极咸的盐水。在盐水中投入芦笋，煮至熟软。出锅后，将芦笋立刻浸入盛有冷水和冰块的不锈钢盆里，最多不超过10秒，保持其色泽。取出备用。

脆面包棍面团

厨师机装上搅钩，缸内放入面粉、无盐黄油、细海盐、细砂糖，进行第1轮搅打。

取1个碗，混合水和橄榄油，将新鲜酵母化开。逐步倒入厨师机缸里，持续搅打至形成质地匀称的面团。

将面团分成三等份。第一份里，加入8克罗勒泥；第二份里，加入4克罗勒泥，最后即第三份里，加入1克罗勒泥。每份单独与罗勒泥揉匀，用于制成带有3种色差的面团。

完成

烤箱预热至90摄氏度。

在每份脆面包棍面团里揪出3个重3克的小球，按照颜色从最深到最浅的顺序，将小球相互粘连在一起。在工作台上铺极薄的一层手粉，将面团擀开至颜色融合，最后形成1根极细的，长约15厘米的棍状长条。

用少许蛋清将之前预留的芽鳞粘到面包小棍上，模拟出芦笋的样子。随后将"芦笋"缠在直径为1厘米的不锈钢管子上，入烤箱烘烤15分钟。出炉后取掉不锈钢管，将小棍重新放入烤箱，以100摄氏度继续烘烤25分钟。

食用时，将脆面包棍和芦笋垂直插在米粒或者面包糠里呈上桌。成品让人真假难辨。

用于制作6人份

绿芦笋

6根粗壮的绿芦笋

（法国计量尺寸＋26）[注]

粗海盐

脆面包棍面团

118克面粉

24克无盐黄油

4克细海盐

2克细砂糖

30克水

2克橄榄油

2克新鲜酵母

13克罗勒泥（颜色亮绿，且质地光滑）

完成

用作手粉的面粉（撒在工作台上）

1个蛋清

————

[注] 法国测量芦笋大小的数字，＋32：很粗；22/32：粗；16/22：中等；12/16：极细。

西班牙甜红椒叶片

用于制作大约20份

器具

1个长度为3.5厘米的热成型树叶状模具
长度为3.5厘米的卡利松（Calisson）[注]
点心模具

西班牙甜红椒叶片

100克西班牙甜红椒醋库利（详见第
70页的"珠贝壳盛阴阳圣雅克扇贝和
龙虾"配方）

2克琼脂

鳗鱼奶油霜卡利松

5条高品质的油浸鳗鱼柳

15克迷你刺山柑花蕾

50克原味金枪鱼

5克高品质的干白葡萄酒

125克蛋黄酱

1片吉利丁片

埃斯普莱特辣椒粉

埃斯普莱特沙布雷

66克冷的黄油

70克面粉

16克杏仁粉

16克糖粉

0.5克埃斯普莱特辣椒粉

4克卡马尔格海盐

15克鸡蛋（大约1/4个鸡蛋）

泡芙枝条

泡芙面糊（详见第94页的"草莓香气
冰激凌泡芙"配方）

有机青麦粉

擦碎的帕玛森干酪

埃斯普莱特辣椒粉

西班牙甜红椒叶片

在锅中，将库利和琼脂煮至微沸，维持3分钟。

随后把库利灌入热成型的树叶状模具内，入冰箱冷藏定型30分钟。

鳗鱼奶油霜卡利松

将吉利丁片放入干白葡萄酒中泡软，隔水加热至40摄氏度。

确保吉利丁片完全溶化，备用。

均质粉碎所有的原料，得到光滑的奶油霜。将奶油霜加入含吉利丁的白葡萄酒中，再装入裱花袋。将其挤在卡利松点心形状的模具内，入冰箱冷藏3小时，用于定型。

埃斯普莱特沙布雷

在不锈钢盆里，将黄油和面粉搓成砂砾状，加入杏仁粉、糖粉、埃斯普莱特辣椒粉和海盐，拌匀，再倒入鸡蛋。成团后裹上保鲜膜，入冰箱冷藏直至完全冷却。

烤箱预热至170摄氏度。

用擀面杖擀开面团，再用直径为3.5厘米的齿状花纹切模，刻出做饼底的沙布雷。将沙布雷放在铺有烘焙油纸的烤盘上，入烤箱烘烤15~18分钟，出炉后，在室温里储存备用。

泡芙枝条

按照配方所示，去掉珍珠糖和杏仁碎，制作泡芙面糊。

烤箱预热至160摄氏度。

将泡芙面糊挤成枝条状，并撒上有机青麦粉、擦碎的帕玛森干酪和埃斯普利特辣椒粉。将泡芙枝条放在铺有烘焙油纸的烤盘上，入烤箱烘烤20分钟。

完成

将西班牙甜红椒叶片和卡利松点心状鳗鱼奶油霜脱模。将后者摆在埃斯普莱特辣椒沙布雷饼底上，然后叠上西班牙甜红椒叶片。呈上桌时配合作为装饰的泡芙枝条，趁低温新鲜尽快享用。

[注] 呈菱形，具体可见第P189页的"艾莉西亚的眼睛"（Alicia Eyes）配方中对此的解释。

无麸质，无乳糖，但是有酒！

透亮的火龙果

用于制作12个迷你分量

朗姆酒果冻

3克吉利丁片

90克水

45克粗砂糖

5克白朗姆酒

1张银箔

组装

3个新鲜火龙果

朗姆酒果冻

将吉利丁片放入冷水里泡软。

在锅中，将 50克水与粗砂糖煮至微沸，加入拧干的吉利丁片，用蛋抽搅拌至溶化，随后倒入剩余的水和朗姆酒。最后加入银箔，搅打，并降温至18摄氏度。

将其灌入直径为3厘米的半球硅胶模具内，入冰箱冷藏储存定型至少2小时。

组装

将火龙果切成12个厚1.5厘米，直径为3厘米的圆柱体，然后将半球状朗姆酒果冻脱模，摆放在火龙果圆柱体顶端。

趁低温新鲜尽快享用。

一个不同寻常的素食三明治：红肉被来自中国的，亦被称为西瓜萝卜的特殊红萝卜品种所代替；微熏的三文鱼鱼柳则扮演了面包的角色。

红肉，烟熏三文鱼柳

用于制作12份

柠檬调味料

125克柠檬或者随您喜好的混合有机柑橘类水果（橙子、日本柚子、西柚等）

50克糖（细砂糖或粗砂糖皆可）

75克水

红肉萝卜

250克红肉萝卜，即1个直径为8厘米的中国西瓜萝卜

组装

250克烟熏三文鱼片

25克柠檬调味料

盖朗德盐之花

现磨胡椒

柠檬调味料

将柠檬切成小丁，倒入糖，腌渍半天。

将柠檬丁加水煮沸，维持在微微沸腾的状态2小时。

因为此配方分量较少，所以请注意不要让水分蒸发得太厉害。如有需要，请自行调整分量，或者加上盖子。做好后放入冰箱冷藏1小时降温。若质地过于浓稠，不要犹豫，可以往里面添加数滴柠檬汁。

红肉萝卜

红肉萝卜洗干净，用蔬菜切片器刨成6块圆形薄片，厚度约为1毫米。每片直径尽量保持一致，8厘米左右。

组装

用切模割出3块烟熏三文鱼圆片，尺寸与红肉萝卜圆片保持一致。

在操作台上，摆好6块红肉萝卜圆片，其中3块涂上柠檬味调料，铺上三文鱼。随后将其与纯红肉萝卜圆片交叉着叠加起来，并以最后1块纯红肉萝卜圆片收尾组装。

趁低温新鲜尽快享用。

在最后呈上桌的时刻，撒上现磨胡椒和盐之花。

将这份红肉三明治切成4小块，您将会同时品尝到蔬菜的脆爽与三文鱼入口即化的肥美。

我要感谢艾瑞克·莫德雷（Éric Mordret），将我纳入他的团队，一并参加了在圣马洛（Saint-Malo）举办的法国帆船锦标赛（Championnat de France de voile）。这位经营高品质产品的水产商给予了我一段独一无二，且终身难忘的回忆。他贩售的慕蟹，肉质又嫩又甜，我亦是对它一见钟情。它不愧是海蜘蛛蟹里的劳斯莱斯！

自然之力

艾瑞克·莫德雷的 春日慕蟹（Moussette）[注]

用于制作6人份

海蜘蛛蟹（慕蟹）
12只慕蟹
2根野生茴香
1根百里香
2片月桂叶
2个柠檬
粗海盐

绿咖喱番茄
370克罗马品种番茄
5克新鲜生姜
5克粗海盐
1/4束柠檬香蜂草
20克橄榄油
25克干葱头
2克绿咖喱膏
1克卡宴辣椒粉
3克白葡萄酒醋

切尔慕拉调味料
1克葛缕子
0.5克香菜籽
6克香菜叶
4克意大利香芹叶
0.5克甜红辣椒粉
15克橄榄油
7克希腊酸奶
2克柠檬汁

番茄啫喱
番茄水（详见上方的"绿咖喱番茄"步骤）
琼脂

完成
带果香味橄榄油
砂拉越黑胡椒
2个有机青柠檬（汁和皮屑）
120克蛋黄（大约6个鸡蛋）
盐之花
1克辣椒仔牌辣椒汁
20克纤细的芥末苗
3根细青葱

海蜘蛛蟹（慕蟹）

将慕蟹的蟹钳与腹甲壳剥离。取所有的调味香料，还有切成圆片的柠檬一起制成简易蔬菜汤汁。将慕蟹放入汤里（court-bouillon）煮制。将蟹钳煮4~5分钟，腹甲部分煮12~14分钟。轻柔地剥出腹甲壳内的蟹肉，储存备用。

蟹钳去壳，小心不要损伤蟹肉。从步足里抽出完整漂亮的蟹肉段，每人预留3份，储存备用。

清洗擦拭蟹壳，放在旁边备用，用于最后的装盘。将剩余的钳肉和腹甲壳里的蟹肉切成小细丁，入冰箱冷藏备用。

绿咖喱番茄

番茄去蒂，去籽，切成4瓣。准备1个滤盆，架在不锈钢盆上，将番茄与2克切碎的生姜、粗海盐，还有择下的柠檬香蜂草叶放进滤盆里。盖上保鲜膜，入冰箱冷藏24小时，直到番茄析出所有的水分，用纱布过筛出番茄汁，备用。

在深底煎锅里，放入少许橄榄油，小火翻炒并油渍剩余的生姜碎，出锅。再以同样的方式烹饪干葱头碎和番茄，以去除多余的蔬菜的水分。

接下来用少许橄榄油翻炒绿咖喱膏和卡宴辣椒粉。再用白葡萄酒醋萃取锅底精华：倒入醋，用木刮刀刮起锅底的沉淀物，然后加入上个步骤里制成的油渍番茄、生姜和干葱头。小火慢煮直至成果糊质地，全程约2小时，随后放入冰箱冷藏储存。

切尔慕拉调味料

在平底锅里，无油烘炒香菜籽和葛缕子，让其上色，但不要炒焦。

在1个小号的料理机里，放入上个步骤烘烤好的籽类、香菜叶、意大利香芹叶和甜红椒粉，全部打碎成偏细小的颗粒。随后逐步倒入橄榄油、希腊酸奶和柠檬汁，并确认调味是否得当，储存备用。

番茄啫喱

取出绿咖喱番茄步骤里过筛完的番茄汁，确认调味是否得当。接着加入占其分量1%的琼脂，煮至沸腾，约1分钟。在烤盘上淋成薄薄一层，厚度为1毫米，入冰箱冷藏储存。

完成

取少许橄榄油，砂拉越黑胡椒和1个青柠的皮屑来调味慕蟹步足里取出的蟹肉截段。

在不锈钢盆里，搅匀蛋黄、盐之花、辣椒仔汁，少许青柠汁和第2个青柠檬的皮屑。此为柠檬蛋黄酱。

从冷藏室里取出预先切成小细丁的蟹肉，用切尔慕拉调味料进行调味。比例大约是每5克切尔慕拉对应75克蟹肉。

在每个慕蟹壳的底部，放入绿咖喱番茄，然后是切尔慕拉风味的蟹肉丁。铺上柠檬蛋黄酱，以及预先用切模割好的番茄啫喱片。最后精巧地摆上蟹肉截段，芥末苗，斜切的细青葱，以及淋上少许橄榄油。

[注] 大西洋蜘蛛蟹的幼蟹，肉质细嫩，捕捉季节极短。法语里"Mousse"这个单词有慕斯、气泡和青苔之意，幼蟹背上长有绒毛和苔藓，故译作慕蟹。

海胆，牡蛎和欧防风

用于制作12份

海水凝冻或者牡蛎水冻
12个吉拉多牡蛎（Gillardeau[注1]，法国等级为3号[注2]）
126克牡蛎内的海水（如果不够，可以用掺有少许盖朗德盐之花的矿泉水补充）
1.25克琼脂

海胆
12个海胆

柑橘酱油风味欧防风泥
450克欧防风
160克全脂牛奶
5克盖朗德盐之花
30克无盐黄油
25克日本柑橘酱油

组装
按照季节而定的可食用花朵
舒味滋牌辛香料

海水凝冻或者牡蛎水冻
打开牡蛎。在锅中，将所有的原料，除了牡蛎肉，一起煮1分钟至沸腾。然后将其淋在烤盘上，或者平的托盘里，形成薄薄的一层，厚度最多不超过1毫米。入冰箱冷藏1小时。
将凝冻轻柔地切割成比海胆壳（大约6厘米）略大些的圆片。
放入冰箱冷藏1小时。

海胆
用剪刀打开海胆，回收海胆里面的水，用厨房巾过筛。小心地取出海胆肉，用厨房纸巾擦拭干净。入冰箱冷藏10分钟。
用洗碗海绵（粗糙的那面）摩擦海胆壳，去除掉上面所有的刺。放入冰箱冷藏10分钟。

柑橘酱油风味欧防风泥
欧防风去皮，称出390~400克。每根粗粗切成4大块，放到炖锅中与牛奶、盐之花一起，带着锅盖，烹煮30分钟。
用料理棒全部打碎，并加入无盐黄油和日本柑橘酱油。常温储存备用。

组装
在呈上桌之前的最后时刻，在海胆壳的底部，放置一块牡蛎肉，浇上海胆水，轻柔地挤上柑橘酱油风味欧防风泥。
再依次摆上一个海胆，海水凝冻，最后点缀数朵当季的可食用花朵，以及少许舒味滋牌辛香料。
这份小小的海胆可以当作开胃菜或者前菜。

[注1]吉拉多并非牡蛎的一个品种，是法国的吉拉多家族所经营的牡蛎品牌。
[注2]吉拉多牡蛎按照重量，在法国分为0号、1号、2号、3号、4号、5号，总共六个级别。数字与重量成反比。

盐壳松露芹根

盐壳

在沙拉盆里，混合均匀蛋清和粗海盐，使其完全合为一体，储存备用。

芹根

烤箱预热至180摄氏度。

芹根用力擦洗干净，单独一个个地包在锡箔纸里，入烤箱进行第1次烘烤，约1小时30分钟。

取出芹根，用锋利的小刀将每个的头部在同样的高度割掉，中间划出2.5厘米的口子，塞2块松露，轻轻按压进去。

在可以进烤箱的不锈钢沙拉盆内部，铺上微微打湿了的烘焙油纸，撒上第1层蛋清海盐，将芹根摆在上面，然后盖上剩余的蛋清海盐，将芹根全部裹起来，最终形成一个圆形的漂亮盐壳。

重新入烤箱，烘烤2小时，最终得到芹根芳香又软糯的口感质地。

完成

在宾客们面前打碎盐壳，食用时，佐以一份红酒为底的极佳沙司，或者佩里格酱[注]（périgueux），亦或简单的配上一份肉原汁和一份烘烤过的地道的乡村面包。

[注] 由小牛高汤、松露、干白葡萄酒等做成的酱汁。

用于制作6人份

盐壳

150克蛋清（大约5个鸡蛋）

3千克粗海盐

芹根

2个小号芹根

2块漂亮的黑松露

紫土豆鹅卵石

用于制作大约10个土豆

盐渍蛋

80克细砂糖

100克细海盐

100克蛋黄（大约5个鸡蛋）

紫土豆鹅卵石

300克紫色土豆

百里香、月桂叶

1瓣大蒜

50克咸味黄油

面包细糠

25克鳟鱼子

海盐

盐渍蛋

在不锈钢盆里，混合细砂糖和细海盐，轻柔地将蛋黄放置其中，注意不要捅破。再将糖盐混合物翻拌起来，盖在蛋黄上，全部裹住。

静置2小时，然后轻柔地在干净的水流下冲洗蛋黄，备用。

紫土豆鹅卵石

烤箱预热至180摄氏度。

土豆削皮，在放有百里香、月桂叶和去皮大蒜瓣的盐水里煮20分钟，随后用土豆压泥器压成泥，并加入咸味黄油。如有需要，可以再放海盐调味。

同一时间，在铺有烘焙油纸的烤盘上，摊开面包细糠，入烤箱烘烤大约10分钟。

将土豆泥搓成10个大小不一的球，每个球里再挖出1个洞。其中一半的球内塞进1个盐渍蛋，剩下的球填充鳟鱼子。最后将它们整形成鹅卵石状，并撒上薄薄一层烘焙后的面包细糠，呈上桌享用。

一道法国经典菜系的完美示范，又带有香草千层的创新元素。无论是猪头肉酱冻，纯猪头肉冻，还是著名的阿尔萨斯水晶肉冻，都是我们最受欢迎的系列！这次多亏了年轻的肉食制品师，卢瓦克·安托万（Loïc Antoine）与我们一道接下了这个挑战。

猪头肉冻

用于制作10~12人份
提前2天准备

猪头和猪舌
1个劈成两半的猪头
1条猪舌

盐水（盐卤）
3升水
600克亚硝酸盐
60克细砂糖

脑髓
2份猪脑髓
白葡萄酒醋
1汤匙面粉
1/2个柠檬的汁
1升水
6克细海盐

烹饪
5升猪高汤
调味蔬菜香草（胡萝卜、洋葱、韭葱、月桂叶、百里香）
300克白葡萄酒

组装和完成
1束细叶芹
1束龙蒿
20克芝麻菜
200克皱叶苦苣
200克菠菜苗
1/2颗红菊苣
500克鸡高汤淋面

猪头和猪舌
提前2天，处理猪头：用小刀刮去残留的猪毛；切去耳朵的黑洞[注]，但保留耳朵在猪头上。将猪头和猪舌放进冷水里浸泡2小时，以排出残余的血水。
取1个大盆，混合水、亚硝酸盐和细砂糖，制作出盐卤，将猪头和猪舌浸入盐卤中，放置至少48小时。

脑髓
将猪脑髓用冷水冲洗，并浇上少许白葡萄酒醋。剥去覆盖在脑髓上的膜状物，确保上面不再带有血水。
在1个炖锅里，制作白汁：将水、少许面粉、细海盐和柠檬汁煮沸。关火，放进脑髓。继续烹煮15分钟，随后以最快的速度将锅底浸入盛满了水和冰块的大盆里降温。

烹饪
从盐卤里取出猪头和猪舌，在冷水下冲洗。
在1个双耳深锅里，倒入放有调味蔬菜和香草的猪高汤，投进猪头和猪舌。一起煮沸，并规律地撇去表面的浮沫。烹煮4小时左右，直到猪嘴能轻易地从骨头上脱落。
一旦煮熟，给猪头去骨，以及剥去脂肪过于肥厚的部位和软骨。切分猪耳、猪嘴、猪颊肉以及猪头肉的其余部分；眼睛对半切开，去除不可食用的黑色眼球；扯掉猪舌表面的舌膜。
称出1升的煮过猪头和猪舌的高汤，过筛，倒入白葡萄酒，收汁至得到300克的浓缩高汤。

组装和完成
在保鲜膜上，先铺上猪耳朵，整形成长方形。用刷子涂抹上浓缩高汤，然后在中间放上脑髓块。脑髓旁边再摆上猪头肉的其他部分，并全部抹上浓缩高汤。让整体入冰箱冷藏，稍微定型一下，再借助保鲜膜，尽可能地将其滚成一个圆形，入冰箱冷藏储存备用。
香草和沙拉清洗干净，将烘焙油纸裁出符合猪头肉圆球的尺寸。融化鸡高汤淋面，将每片香草和沙拉叶浸入其中，蘸取后再随意无序地摆放，并粘连在油纸上。最后会得到约1.5厘米厚度的绿蔬层（含香草、沙拉菜、菠菜苗），放入冰箱冷藏3小时定型。
猪头肉撤去保鲜膜，整形成圆球状，并涂抹鸡高汤淋面。将香草沙拉绿蔬千层酥连纸裹上，入冰箱冷藏2小时，一旦定型了即可撤去最外面的油纸。

[注] 其目的一是为了美观，二是因为它不可食用。

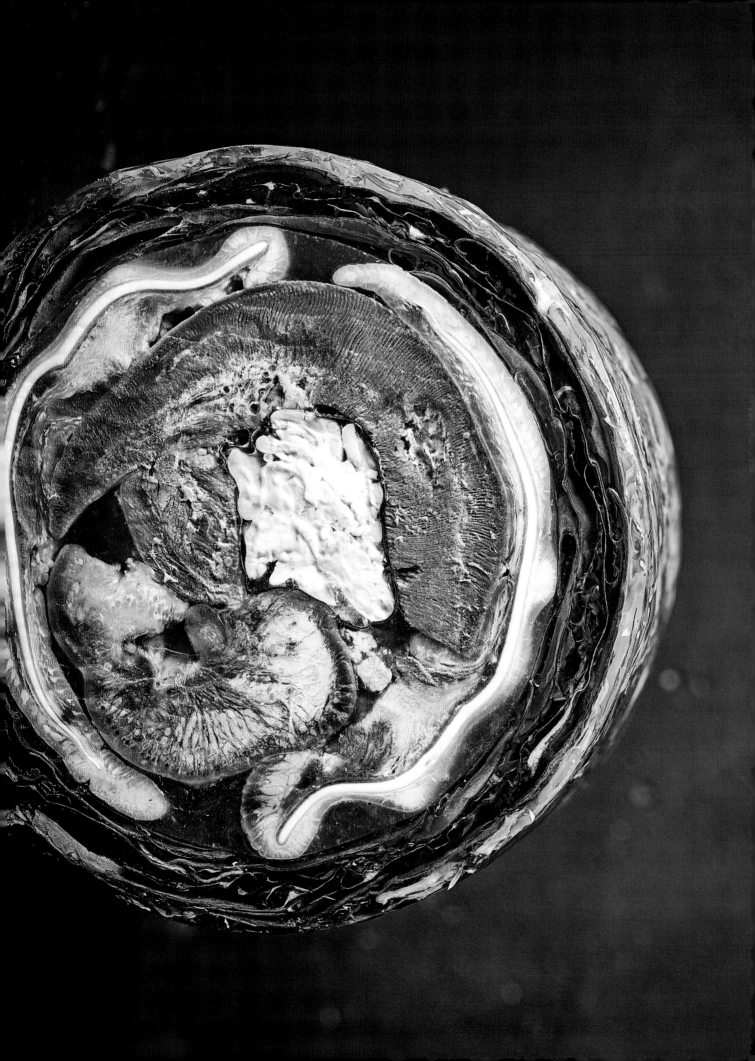

这可是来自伙伴们的配方！我的朋友，也是著名餐馆的老板和面包师蒂埃里·布瑞通（Thierry Breton），他所组织的花园派对里，每个人都要带去一道拿手菜，和大家一起分享。这便是向鲁道夫·帕基（Rodolphe Paquin）烹制的一道无比美味的南瓜料理的小小致敬，我们尊他为真正的美食家。巴桑（Brassens）[注1] 的歌曲中描述的友谊万岁！

地狱南瓜

用于制作25人份
提前1天准备

肉酱冻
1.5千克猪喉
1千克猪胸肉
60克亚硝酸盐
7克黑胡椒
4克肉豆蔻粉
4克法国四合香料粉
（quatre-épices en poudre [注2]）
500克鸡里脊肉
200克马德拉葡萄酒
250克禽类肝脏
10克细海盐
500克鸭高汤
2个洋葱
180克鸡蛋（大约3个鸡蛋）
300克全脂牛奶
50克意大利香芹
100克白兰地
油
黄油

烹饪和完成
1个南瓜（建议选小尺寸）
舒味滋牌辛香料
海盐片

肉酱冻

提前1天，将猪喉和猪胸肉切成大块，进行盐渍：将它们放入盘里，撒上56克亚硝酸盐、黑胡椒、肉豆蔻粉和四合香料粉。入冰箱冷藏24小时。

将鸡里脊肉切成边长为1厘米的小块，撒细海盐调味，再放进马德拉葡萄酒里，入冰箱冷藏24小时进行腌渍。剔除禽类肝脏的血管，撒上剩余的亚硝酸盐（4克）。

制作当日，将猪喉和猪胸肉用绞肉机搅碎（使用C8大孔刀网）。

在1个大号炖锅里，将鸭高汤煮沸，投入鸡里脊块。沥干后，将高汤、鸡里脊块都放入冰箱冷藏备用。

切碎洋葱，用油和黄油在平底锅里翻炒，再慢煮使其焦糖化，耗时约15分钟。冷却后，放入冰箱冷藏储存备用。

取1个大的容器，放进绞碎的猪喉和猪胸肉、鸡里脊块和禽类肝脏，搅匀，然后加入鸡蛋、牛奶、糖渍洋葱，切碎的意大利香芹，鸭高汤和白兰地。储存备用。

烹饪和完成

烤箱预热至250摄氏度，调成上火模式。

将整个南瓜送入烤箱烘烤约20分钟，直至上成漂亮的色泽。

从顶部向下挖，将南瓜瓤挖出，并填进肉酱冻。

烤箱降至80摄氏度，放入填好了馅料的南瓜，烘烤至内部肉酱温度达到68摄氏度。出炉后冷却。

撒舒味滋牌辛香料和海盐片做装饰。

[注1] 乔治·查尔斯·巴桑（Georges Charles Brassens），1921-1981年，诗人，创作者，法国伟大的歌手之一。
[注2] 具体为肉桂、丁香、肉豆蔻、姜。

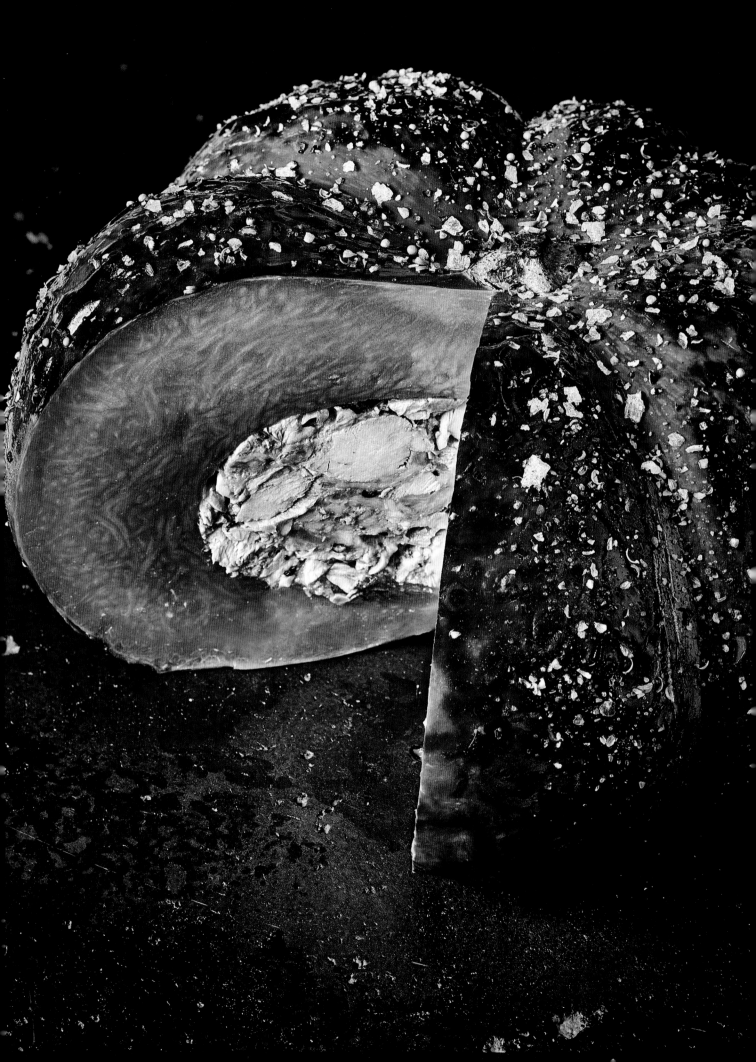

此灵感来自在北京旅行时，看到煮熟的糯米被裹在荷叶里呈上桌享用。与创意部门的主厨法布里斯·布吕内（Fabrice Brunet）一起，我们设想出别样的盛放容器以及不同的风味。

龙虾糯米裹高岭土

于制作6人份

糯米

205克寿司米

307克水

2克细海盐

番茄龙虾

6只去头布列塔尼龙虾（每只80克）

10克橄榄油

10克Noilly Prat®牌苦艾酒

45克白洋葱

200克熟透的番茄

1个鸟嘴红椒

17克番茄酱

25克小牛肉原汁

2克雪利醋

细海盐、埃斯普莱特辣椒粉

装盘和完成

1片香蕉叶或者荷叶

1千克可食用高岭土

糯米

用清水漂净3次寿司米。将水和细海盐煮沸，加入寿司米，煮10分钟。然后离火，盖上锅盖，继续焖熟。

番茄龙虾

用细海盐和埃斯普利特辣椒粉为龙虾调味。在不太热的平底锅中，用少许橄榄油将龙虾略微煎制，保持龙虾肉的珠光色泽，再用苦艾酒点起火焰烧炙，无须烹饪得过熟。冷却后，将3只虾身切成小骰子状（很小的块），另3只对半横切，备用，用于最后的组装。在1个深底煎锅里，用橄榄油将细细切碎的洋葱炒制软糯，呈透明色。番茄去蒂，去籽，切成小丁；鸟嘴红椒对半剖开，去籽，与番茄一并加入煎锅内。

将蔬菜收汁至水分全部挥发，接着倒入番茄酱和小牛肉原汁，一起小火慢煮1小时，冷却后加入切成小骰子状的龙虾肉与雪利醋。

装盘和完成

将香蕉叶或者荷叶在沸水里焯一下，使质地变柔软，然后浸入盛有冷水及冰块的不锈钢盆里。将其取出后铺在一个直径为18厘米，高度为4~5厘米的圆环钢模具内部。

轻柔地将糯米和番茄龙虾混合均匀，盛出一半的量，填入贴着香蕉叶或者荷叶的圆环模具内。接着摆上对半切开的龙虾肉，再用剩余的糯米龙虾混合物填满模具。最后以香蕉叶或者荷叶封住，储存在室温下备用。

烤箱预热至180摄氏度，取甜点用的擀面杖，将食用高岭土擀开至5毫米厚度。用高岭土密封包裹住去除了模具的龙虾糯米，入烤箱烘烤25分钟。

呈上桌时，可以搭配一份漂亮的，以龙虾头为基底做出的美国酱汁[注]。

[注] 详见第80页的"龙虾蕾丝花边酥盒"配方中对此的详细解释。

分享的圣诞树

圣诞树面团

在厨师机缸中，倒入23摄氏度的水，然后加入面粉，以慢速搅打5分钟，接着静置20分钟进行水解。加入捏碎的新鲜酵母，以2挡搅打5分钟。再加入细海盐，继续以2挡搅打5分钟。

进行面团第1轮醒发，耗时45分钟（如有可能，在26~28摄氏度下醒发）。

烘烤

整形出6个不同尺寸大小的面包面团，以及2个球状面团。将面团放置在铺有烘焙油纸的烤盘上，每个之间留有少许空隙。

18摄氏度下醒发3小时。

烤箱预热至200摄氏度，并在烤箱内放入1盆水。

一旦醒发完毕，在每个面包表面用割口刀片划上一刀。接着在侧面，以及尖头处撒上过筛的面粉，入烤箱烘烤20~25分钟。

出炉后在室温下冷却。

用于制作2棵重700克的圣诞树

圣诞树面团

870克面粉

600克水

7克新鲜酵母

17克细海盐

烘烤

面粉

雷诺特厨艺学院与马塞尔·圣缇尼（Marcel Santini）之家，长久以来维持着充满爱意的联系。后者坐落在科西嘉岛柯尔特（Corte）附近的山区小村索韦利亚（Soveria）。创始者马塞尔是当之无愧的糖渍水果之王。他破译出这绝妙渍物中最为核心、复杂的秘密：重塑的水果之味，没有过多的糖分，带着柔软的质地和唇舌间无法抵挡的长久余味。

千层酥布里欧修
佐马塞尔·圣缇尼之家糖渍柑橘

用于制作2个6人份的布里欧修
提前1天准备

器具
1个40厘米×8厘米的蛋糕模具或者2个20厘米×8厘米的蛋糕模具

千层酥布里欧修面团
20克新鲜酵母
150克全脂牛奶
200克T55面粉
215克T45面粉
5克细海盐
25克细砂糖
20克蛋黄（大约1个鸡蛋）
165克无盐黄油

香草糖浆
50克水
65克细砂糖
1/2根香草荚

烘烤和完成
1个鸡蛋
马塞尔圣缇尼之家的糖渍柑橘

千层酥布里欧修面团
提前1天，在不锈钢盆中或者装有搅钩的厨师机缸里，用温的全脂牛奶化开新鲜酵母，撒进预先过筛好的面粉，加入细砂糖和细海盐，再是3/4的蛋黄，搅打面团至质地紧实，光滑且均匀。随后加入剩余的蛋黄，继续搅打15分钟。面团应该呈现光滑又柔软的状态，最后拌入一半的无盐黄油，同时不停歇地搅打，使黄油完全融进面团。

将面团在室温下醒发1小时30分钟，当面团体积翻倍，用手翻面2次。将面团放入冰箱冷藏继续醒发2~3小时，取出后再重新用手翻面2次。裹上保鲜膜，放入冰箱冷藏过夜。制作当日，将布里欧修面团擀开至6毫米厚度。剩余的一半黄油软化后，整形成长方形或者正方形，放在面团的中心位置。先进行1轮四折，并将面团旋转90度（接口处应位于右边），用擀面杖逐渐擀开。再进行1轮四折，裹上保鲜膜，放入4摄氏度的冰箱冷藏1小时。

随后重复1次之前的操作步骤。再将面团放入冰箱冷藏1小时。

香草糖浆
在锅中加热水和细砂糖至微沸，离火，放入刮取出的香草籽，用蛋抽搅匀。

烘烤和完成
将布里欧修面团擀开至1厘米的厚度，切割成30个正方形的剂子，按照交错的方式装入模具。鸡蛋打散，用刷子在面团上涂抹少许蛋液，随后建议在28摄氏度下，醒发2小时30分钟。

烤箱预热至200摄氏度，将面团入烤箱烘烤35分钟。

出炉后，给布里欧修刷上香草糖浆，重新入烤箱烘烤1分钟，使之拥有发亮的色泽。最后用马塞尔·圣缇尼之家的糖渍柑橘作为装饰。

这份甜点森林是我对传统黑森林[注]蛋糕，充满诗意的诠释。它代表了我母亲的出生地，亦属于我所继承的文化的一部分。重新演绎它，是一种乐趣。

自然之力

愉悦版黑森林

焦糖杏仁糖

在锅中，倒入黄柠檬汁、葡萄糖浆和水，煮至沸腾。加入粗砂糖，继续煮至155摄氏度。离火，倒入杏仁片，轻柔地拌匀。最后倒入烤盘里。用刮刀摊开成薄薄一层。

趁热切出数个直径为8~10厘米的圆片，并将圆片填入小挞圈内。待其冷却后，抹上调好温的巧克力（详见第227页的"金手指"配方）。

火焰樱桃

樱桃清洗后，小心地把果核去掉。

在锅中，倒入百花蜜，加热至泡沫状。倒入樱桃，不停地翻炒1分钟。最后倒入热的樱桃酒，点起火焰。等待冷却。

乳脂巴菲

将吉利丁片泡在冷水里。软化后，以40摄氏度使其溶化。

用蛋抽将100克淡奶油打发至香缇状。另取一锅，倒入剩余的淡奶油，加热至70摄氏度。在不锈钢盆里，放入牛奶巧克力，随即将热的淡奶油倾倒在上面，等待2分钟，用蛋抽搅匀。同一时间，另取1个不锈钢盆，用力地搅打蛋黄和细砂糖，直至蛋黄颜色变浅，再加入溶化的吉利丁，拌匀后，倒在前一个步骤做好的甘那许上（牛奶巧克力+淡奶油），改成刮刀混拌均匀。最后分3次轻柔地拌入打发好的香醍奶油。

先在每个圆锥模具的底部和内壁涂抹一层乳脂巴菲，再放入15克的火焰樱桃，接着填入乳脂巴菲，放入冰箱冷冻至少2小时定型。

巧克力裹层

用隔水加热的方法，融化黑巧克力至40摄氏度。倒入葡萄籽油，混合均匀，维持在30摄氏度。

打发淡奶油

用蛋抽打发淡奶油和细砂糖，质地无须太硬挺。随后将奶油装入带有小号裱花嘴（例如圣多诺黑）的裱花袋内。

完成

将最开始制好的焦糖杏仁糖翻转过来，作为挞底。再将灌成圆锥状的乳脂巴菲脱模，浸入巧克力裹层液里，蘸取后提起，放置在挞底上。

准备1个自动裱花台（速度不要太快），放上前一个步骤组装好的部分（焦糖杏仁糖挞底，以及粘连在一起的圆锥乳脂巴菲）。启动机器，由下至上，用打发淡奶油在圆锥上挤出螺旋状花纹，且小心裱花嘴不要直接碰触到巧克力裹层，避免其损坏。入冰箱冷藏储存。

用于制作6份盘式甜点

器具

高为8厘米，直径为6厘米的圆锥形模具

焦糖杏仁糖

5克黄柠檬汁

90克葡萄糖浆

10克水

90克粗砂糖

60克杏仁片

100克帕西黑巧克力（70%）

火焰樱桃

200克新鲜樱桃

40克百花蜜

20克樱桃酒

乳脂芭菲

2克吉利丁片

135克乳脂含量35%的淡奶油

110克牛奶巧克力

40克蛋黄（大约2个鸡蛋）

45克细砂糖

巧克力裹层

200克帕西黑巧克力（70%）

30克葡萄籽油

打发淡奶油

500克乳脂含量35%的淡奶油

100克细砂糖

[注] 也是德国南部的一个被称作黑森林的地区。蛋糕的名字便由此而来。

这个系列的设计与成型，多亏了雷诺特出版部门主管玛丽昂·勒鲁（Marion Le Roux）的协作，同时此系列是以她在杜珀雷应用艺术学院（l'école Duperré [注2]）毕业时的论文为灵感基石。

自然之力

雷诺特先生的神秘配方，错视觉的草莓蛋糕（La Bagatelle）[注1]

杏仁比斯基

烤箱预热至170摄氏度。

用蛋抽打发鸡蛋、预先过筛好的糖粉和杏仁粉，全程约10分钟。依旧是用蛋抽，打发蛋清和细砂糖。

轻柔地将这两者混合均匀，最后逐步一点点地加入过预先筛好的面粉。

在铺有烘焙油纸的烤盘，将面糊摊成2个尺寸为18厘米×12厘米，厚度为1厘米的长方形。入烤箱大约烘烤20分钟，待其冷却后，撤去烘焙油纸。

覆盆子樱桃酒糖浆

在锅中，将60克水与粗砂糖煮沸后，加入剩余的水、樱桃酒以及覆盆子白兰地。冷却后，放入冰箱冷藏备用。

香草慕斯琳奶油

在不锈钢盆里，用蛋抽将卡仕达酱打散，恢复光滑质地。加入覆盆子白兰地，随后是黄油奶油霜和无盐黄油，全部搅拌至柔滑。

组装

融化白巧克力，将白巧克力涂抹在两片杏仁比斯基的其中一片（粗糙的烤面那一面），放入冰箱冷冻10分钟。

草莓去蒂。取1个长宽高为18厘米×12厘米×4厘米的方形模具，底部垫上烘焙油纸，将涂有白巧克力的杏仁比斯基放入，巧克力面朝下，接触油纸。称出100克覆盆子樱桃酒糖浆，刷在比斯基上，以润湿饼身。再挤上150克香草慕斯琳奶油，最后铺上600克的草莓，预先去头尾，使个头大小均匀一致。将它们紧密地摆放在一起，间隙处填充野草莓。

将剩下的100克草莓与细砂糖均质粉碎，浇在草莓之间。继续挤上300克香草慕斯琳奶油，并叠上第2片比斯基，依旧刷上剩余的覆盆子樱桃酒液糖浆，以润湿饼身。最后挤上用蛋抽打散恢复光滑质地的剩余香草慕斯琳奶油，封底。

将绿色杏仁膏擀开至2毫米厚度，用刷子抹上一层极薄的融化的可可脂，再粘上丝网印刷转印纸。随后用刮板在表面轻划去除气泡，使之粘连得严丝合缝。放入冰箱冷藏1~2小时。取出后放置在草莓蛋糕上，撤去表面的塑料膜。

用于制作6人份

器具
1张仿真叶片的丝网印刷转印纸

杏仁比斯基
150克鸡蛋（大约3个鸡蛋）
80克糖粉
80克杏仁粉
120克蛋清（大约4个鸡蛋）
50克细砂糖
60克面粉

覆盆子樱桃酒糖浆
100克水
80克粗砂糖
35克樱桃酒
25克覆盆子白兰地

香草慕斯琳奶油
125克香草卡仕达酱（详见第42页的"覆盆子香草糖果"配方）
15克覆盆子白兰地
350克黄油奶油霜（详见第42页的"覆盆子香草糖果"配方）
10克无盐黄油

组装
100克白巧克力
700克草莓
100克野草莓
20克细砂糖
200克绿色杏仁膏
10克融化的可可脂

[注1] 法语的原文标题为巴伽德勒（Bagatelle），但在法国本土，大家默认称之为草莓蛋糕（Fraisier）。这道极经典的法式甜点，其实相对很年轻。按照我查找到的资料，在20世纪60年代，大家如今所熟知的草莓蛋糕，正是由雷诺特先生以巴伽德勒的名字首创并推广，获得极大成功。这个生僻的命名源自巴黎布洛涅森林（Bois de Boulogne）的一个同名花园。原配方于1975年首次刊登在《像雷诺特一样制作您的甜点》（*Faites votre pâtisserie comme Lenôtre*）书里，由Flammarion出版社发行。

[注2] 杜珀雷应用艺术学院是巴黎第三区的一所公立艺术与设计学院，专注在时装，设计等领域。

如何重塑在巴西里约热内卢唤作"*Rio Scenarium*"的时髦酒吧中尝到的那份柠檬奶油的味道呢？犹记得随着桑巴舞的节奏，和我儿子加布里耶尔（*Gabriel*）一起舞动，顺喉间流下的第一口青柠酒，如此多汁芳香……科帕卡瓦纳[注]万岁！

里约青柠檬挞

用于制作2个4人份的挞
提前1天准备

青柠檬奶油霜
30克有机青柠檬皮屑
180克细砂糖
4克吉利丁片
250克鸡蛋（大约5个鸡蛋）
90克黄柠檬汁
20克青柠檬汁
170克无盐黄油

法式蛋白霜
60克蛋清（大约2个鸡蛋）
60克细砂糖
60克糖粉

柠檬沙布雷面团
170克无盐黄油
75克糖粉
2克细海盐
210克面粉
6克青柠檬皮屑
10克新鲜青柠檬汁
40克蛋黄（大约2个鸡蛋）

组装和完成
糖粉
开心果粉
有机青柠檬皮屑

青柠檬奶油霜
提前1天，用擦皮器将青柠檬表皮擦出最细的屑，将柠檬屑与细砂糖混合均匀，锁住香气。将吉利丁片泡入冷水里。取1个锅，搅拌鸡蛋和2种柠檬汁，随后加入拧干并加热溶化了的吉利丁液，用蛋抽搅匀。接着将带有柠檬皮屑的细砂糖倒入，全部煮至89摄氏度，整个过程都需用蛋抽不停地搅拌。
离火后，使用均质机或者料理棒在锅中将混合物搅打至柔滑的质地。将整个锅浸入冰水盆里，降温至40摄氏度。再一点点地逐步加入切成小块的无盐黄油，同时用均质机或者料理棒不停地搅打。最后如有可能，放入冰箱冷藏过夜。

法式蛋白霜
制作当日，烤箱预热至80摄氏度。
用蛋抽打发蛋清，其间逐步一点点加入细砂糖。最后倒入预先过筛好的糖粉，改用刮刀轻柔地混拌均匀。
备好2个直径为18厘米，高度为3厘米的圆形挞模，沿着底部和内壁，贴上烘焙油纸。接着在这两处，铺上一层薄薄的蛋白霜。
入烤箱烘烤1小时15分钟~1小时30分钟。待其冷却后，极度小心地脱模并取出蛋白霜壳，在室温里储存备用。

柠檬沙布雷面团
在不锈钢盆里，混合切成块状的无盐黄油、糖粉和细海盐。再加入面粉，青柠檬皮屑和青柠檬汁，随后是蛋黄。全部混合均匀，但无须过多揉搓。待其冷却，入冰箱冷藏1小时松弛。
将面团擀开至5毫米厚度，切割出2块直径为16厘米的圆片，放在铺有烘焙油纸的烤盘上，入冰箱冷藏1小时。
烤箱预热至160摄氏度，烘烤15~20分钟。请考虑到不同的烤箱会有时间的差异。出炉后冷却。

组装和完成
将青柠檬奶油霜装入带有直径为1厘米裱花嘴的裱花袋内，再挤在2块作为挞底的柠檬沙布雷上。
将法式蛋白霜壳翻转过来，撒上糖粉、开心果粉和青柠檬皮屑。呈上桌时，将其放置在柠檬挞上。

[注]里约热内卢南部的一个街区，即酒吧所在地。

被六只手、三个荨麻酒狂热爱好者所创造的甜点！有雷诺特的冰激凌甜点主厨兼冰点世界亚军、让－路易·贝勒曼斯（Jean-Louis Bellemans）、全球最佳侍酒师奥利维耶·普西耶，还有我。让这传奇的绿色利口酒与我曾有幸参观过的秘鲁里奥阿比塞奥国家公园（Río Abiseo）所产的带有水果微酸味的有机巧克力，完美融合在一起。一份被查尔特勒 [注1]（Chartreuse）的修道士们所品尝，并赞许的配方！

自然之力

荨麻酒冰激凌和
阿多索巧克力

用于制作12枚重30克的橄榄形冰激凌
提前1天准备

荨麻酒冰激凌
280克全脂牛奶
85克淡奶油
40克蛋黄（大约2个鸡蛋）
80克粗砂糖
25克绿荨麻酒

阿多索巧克力（Alto el Sol [注2]）汁
1/4根香草荚
155克水
145克阿多索黑巧克力（65%）

荨麻酒冰激凌
提前1天，将蛋黄与粗砂糖搅打至蛋黄颜色变浅。在锅中，牛奶与奶油煮至温热，先将1/4的热的液体倒进蛋黄糊里，不停搅拌，然后全部倒回锅内，煮至83摄氏度。
如有需要，均质并过筛。待其冷却后，加入绿荨麻酒，放入冰箱冷藏过夜。

阿多索巧克力汁
香草荚对半剖开，刮取出籽，并连着荚体一起放入水中。加热后，离火，盖上保鲜膜，静置10分钟，用以萃取出香草的香气。
隔水融化黑巧克力，将重新加热并过筛的香草萃取液倒入，用蛋抽搅拌均匀。

完成
组装当日，将荨麻酒冰激凌放入雪芭机内搅打。制作完毕后，将其装入1个或者数个盒装容器内，然后塑形成橄榄形。放入冰箱冷冻储存。食用时，浇上热的阿多索巧克力汁。

[注1] 荨麻酒的名字，音译为查尔特勒，源自18世纪时，研制并酿造出荨麻酒的修道士们所在的查尔特勒修道院。
[注2] 可可百利品牌，产自秘鲁的单一种植园巧克力。

想法？以蛋白霜冰激凌甜点为主体，激发出西瓜带有柠檬酸调的一面。

仿真蛋白霜冰激凌西瓜

用于制作2个6人份的蛋白霜冰激凌
提前1天准备

器具
2个直径为13厘米，高6厘米的不锈钢圆环模具

西瓜雪芭
380克新鲜西瓜汁
4克冰激凌稳定剂
120克细砂糖

柠檬冰激凌
320克全脂牛奶
160克水
6克冰激凌稳定剂
200克粗砂糖
160克黄柠檬汁
2克有机柠檬皮屑

法式蛋白霜
30克蛋清（大约1个鸡蛋）
30克细砂糖
30克糖粉

组装和完成
黄色和绿色杏仁膏
食用黄色，绿色色素
红浆果果冻果酱

西瓜雪芭

提前1天，在锅中，将一半的西瓜汁煮至温热，倒入细砂糖与冰激凌稳定剂的混合物。再加入剩余的西瓜汁，放入冰箱冷藏过夜。

柠檬冰激凌

在锅中，倒入一半的牛奶、水，以及粗砂糖与冰激凌稳定剂的混合物，全部煮至温热，再加入剩余的牛奶。冷却后，加入黄柠檬汁和皮屑，放入冰箱冷藏过夜。

法式蛋白霜

烤箱预热至90摄氏度。

提前1天，或者组装当日，用蛋抽打发蛋清，同时将细砂糖逐步一点点加入。最后倒入预先过筛好的糖粉，改用刮刀，混拌均匀。

在铺有烘焙油纸的烤盘上，借助1个切模，挤出2块直径为10厘米，厚度为1厘米的蛋白霜圆片。入烤箱烘烤1小时30分钟，待其冷却后，在室温里储存备用。

组装和完成

组装当日，在不锈钢圆环模具里，将底部和内壁都贴上硬质玻璃纸。整个模具放置在烘焙油纸上，放入冰箱冷冻10分钟。

将西瓜雪芭和柠檬冰激凌分别放入雪芭机中进行搅打。

在每一个不锈钢圆环模具底部，放1块蛋白霜圆片。内壁抹上柠檬冰激凌，重新放入冰箱冷冻。随后交替着填入西瓜雪芭层与柠檬冰激凌层，放入冰箱冷冻2~3小时。

脱模，取走圆环模具，并围上1条黄绿色交织的大理石纹路杏仁膏长条（用以模仿西瓜瓜皮）。最后用刷子蘸取红色浆果果冻果酱，将其抹在表皮和切面上（即红条纹处）。

创造甜点或者咸点，设计出一个系列，同样也是得紧随潮流，以及从最新的趋势中得到灵感。这一年，与巧克力主厨，马克·西博尔德（Marc Sibold）一起，我们奏出一首合唱：整个世界都是一株仙人掌！

巧克力仙人掌

用于制作12株仙人掌

器具

12个直径为7厘米，高4厘米的花钵状模具

24个高为8~9厘米的半边蛋壳状模具

焦糖杏仁

180克粗砂糖

45克水

180克切碎的杏仁

造型巧克力

500克牛奶巧克力或者黑巧克力

组装和完成

罐装巧克力喷砂液（粉色、绿色等）

360克雷诺特抹酱（详见第34页的"榛子酱熊仔糕"配方）

焦糖杏仁

在锅中，将水与粗砂糖煮至117摄氏度。离火后，加入切碎的杏仁，搅拌至翻砂（即杏仁被糖包裹，并呈现出白色的砂砾状）。随后以小火，慢慢地搅拌至糖壳层焦糖化。待其冷却。

造型巧克力

以隔水加热的方式融化巧克力至45摄氏度。再将2/3的融化巧克力倒在洁净且干燥的大理石桌面上，进行调温：用长抹刀将巧克力摊开，并从巧克力的旁侧，以及由下至上地不断铲起，再摊开，且始终保持与大理石台面的接触。巧克力会迅速变浓稠结块，在质地变硬之前，将其全部铲起，倒回至45摄氏度的巧克力里。混拌均匀后，温度应该维持在28摄氏度（牛奶巧克力）或者30摄氏度（黑巧克力）。

将巧克力倒入模具内，在室温里冷却结晶，再脱模。

组装和完成

将半边巧克力蛋壳两两粘连，形成整枚鸡蛋。然后轻微融化底部，使之能竖立在平面上，放入冰箱冷冻15分钟。

同步隔水加热1罐或者多罐巧克力喷砂液，取出巧克力鸡蛋，全部喷上巧克力喷砂液，模拟出仙人掌。

用雷诺特的抹酱填充巧克力花钵，再将仙人掌粘在上面，四周撒上焦糖杏仁。准备1个装有抹酱或者巧克力的纸质小圆锥裱花袋，在仙人掌上画小点，塑造出仙人掌刺，最后用糖膏制成的小花（或者在专门的店铺购买成品），点缀其上。

我对苏奥巧克力（Chuao）一见钟情。这个同名的，极小的产区位于委内瑞拉的北部，隐藏在阿拉瓜州的山谷里。此地盛产品质优异的可利优罗（Criollos [注]）可可豆，在发酵，干燥，低温烘烤的过程里，豆子极佳的香气依旧维持如初。它的产量如此之稀少，以至于获取极为难得。提升这样特级食材的过程，本身就是愉悦。

糖果瓢虫和苏奥巧克力

用于制作12只瓢虫

器具
叶片和瓢虫状硅胶模具

皇家糖霜
170克糖粉
30克蛋清（大约1个鸡蛋）
柠檬汁

铸糖
90克水
300克粗砂糖
90克葡萄糖浆
食用红色色素

造型巧克力
500克特级苏奥黑巧克力（委内瑞拉）
食用绿色色素
罐装绿色巧克力喷砂液

完成
葡萄糖浆

皇家糖霜

在不锈钢盆里，倒入蛋清，接着逐步一点点加入预先过筛好的糖粉，用刮刀搅拌至浓稠的质地。最后挤入少许柠檬汁。混合均匀。

盖上保鲜膜，防止糖霜表面接触空气而结壳。之后将糖霜装入烘焙油纸制成的小圆锥裱花袋内，用其点出瓢虫的眼睛。

铸糖

在锅中，依次倒入水、粗砂糖，小火慢煮至沸腾，使糖完全溶化。加入葡萄糖浆和红色色素，将火调大，煮至160摄氏度。

将其灌进瓢虫形状的硅胶模具内，在室温里冷却后脱模。

造型巧克力

以隔水加热的方式融化黑巧克力和色素至45摄氏度。再将2/3的融化巧克力倒在洁净且干燥的大理石桌面上，进行调温：用长抹刀将巧克力摊开，并从巧克力的旁侧，以及由下至上地不断铲起，再摊开，且始终保持与大理石台面的接触。巧克力会迅速变浓稠结块，在质地变硬之前，将其全部铲起，倒回40摄氏度的巧克力里。

混拌均匀后，温度应维持在28~30摄氏度。

灌模：将瓢虫模具填满；叶片模具则需倒转，敲击，使多余的巧克力流下，用铲刀将多余的巧克力刮干净后，将模具放置在烤架上。放入冰箱冷藏几分钟，然后再重复1次同样的操作。

放入冰箱冷藏结晶定型，最后脱模。

将叶片喷上绿色的巧克力喷砂液。用黑巧克力在瓢虫翅膀上点上几个小点，并用皇家糖霜画出瓢虫眼睛。

完成

将数片叶子叠在一起，摆上一只瓢虫。并用烘焙油纸所制的小圆锥裱花袋，缀上几滴葡萄糖浆做成露珠。

[注] Criollo 是目前可可树中约占 0.1% 的优质品种。

在东西方之间

高田贤三
KENZO TAKADA
2009

　　作为拥有全球知名度的日本设计师，高田贤三创办了与之同名的服装，配饰，以及香水品牌，从20世纪70年代初的首次秀场开始，这位"日本人中的巴黎人"便以其精巧，不羁和诗意的风格，使时尚界为之倾倒。

高田贤三在此之前，对雷诺特之家，以及圣诞蛋糕背后的传统，都略为陌生。因此当受邀为劈柴蛋糕注入创造力时，这位天才的设计师从别样的视角出发，为此间甜点机构带来了新的灵感。他将东西方文化相交融，设想出一个优雅又美味的世界，并注入了摒弃了陈词滥调的异国风情。

"在雷诺特向我抛出橄榄枝之前，我都不知道什么是圣诞劈柴蛋糕！我虽然接受了这次合作，但其实完全没有一点儿概念，这到底代表着什么！"高田贤三笑道，"如果说在法国的甜点里，最具有节日氛围的当属圣诞劈柴蛋糕，就像约定俗成一样。那在日本，一餐饭并不会以一抹甜来收尾。我们不会庆祝耶稣的诞生，但是会消费由圣诞老人的传说所催生的圣诞布丁和海绵蛋糕，特别是在新年，这一全家人团聚的时刻"。所以有趣又令人意外的是，这位创作者第一次尝到的劈柴蛋糕，就是他与雷诺特签下了合约的这款！

高田贤三回忆起1965年，在法国度过的第一个冬日，他发觉仅有的几位好友都离开了巴黎，原来圣诞节是要和家人一起度过，而不是与朋友！"第一次体验这种孤独之后，我就下定决心，以后坚决不会在年末留在巴黎过节……"

令人好奇的是，高田贤三带着热忱，而且是不假思索地接受了雷诺特品牌的合作邀约。事实上，他对于后者钟爱已久，并在数年里，常向这有名的餐饮服务商订购极佳的甜点或咸点，来满足前来出席他令人惊艳的走秀的宾客。在预期安排的会晤前几天，高田贤三截取灵感中最闪耀的片段，制出了一份草图"我将我的画卷成了一节竹筒"。朴实中自见一份优雅。

与居伊·克伦策主厨初次会晤的一个礼拜之后，他依旧记得看到最终劈柴蛋糕成品时的愉悦。"太神奇了！任何部分都是那么的完美"。他如此总结，并特别强调一个显而易见的事实：这场合作的基石，架构在对彼此的尊重与欣赏之上。

高田贤三以他备受赞誉的时尚风格，诠释出了一款简约造型的劈柴蛋糕。日本家庭庆祝新年的装饰元素被运用其中。竹子成为主角。取3个竹节，构成了完美的平衡。艺术家在这款极其法式的甜点上，糅合了日本的象征，以及他深深眷恋的故土的风味与情调。在西方，圣诞的节日和魔力以白色和红色为标志。而在这款劈柴蛋糕里，黑色用于呼应日本纤美考究的风格，金色和深绿色则凸显了稀有生漆的独特色泽之优雅。我们亦能寻觅到他的家徽，以风铃草之形，为这个美味创造落上一份精致签名。"我想要在融合东西方文化的同时，也在视觉上唤起日本仪式的氛围。"创作者详细解释道。同为美食家，高田贤三也揭露了他对于日本红豆(azuki)、香草冰激凌和栗子的挚爱。无论何种风味，最终都被由居伊·克伦策领导的优秀主厨们所一一诠释和平衡。

这件独一无二作品的最后亮点，是高田贤三用偏爱的淡绿色所制成的劈柴蛋糕包装盒。毕竟在日本的传统文化里，对包装极为重视。在盒子上我们能读到他珍爱的一个词：梦。就像对味蕾与眼睛的愉悦所做出的一份承诺。

" 这位伟大的设计师所展示出的友好与单纯，令我十分触动，并使我挖掘出了与日本红豆相称的全新风味。"

高田贤三（Kenzo）的
劈柴蛋糕

用于制作2个6人份的劈柴蛋糕

杏仁达克瓦兹
详见第64页的"皮埃尔·费雷的圣诞节"配方

香草巴伐利亚
3克吉利丁片
100克全脂牛奶
1/4根香草荚
20克蛋黄（大约1个鸡蛋）
20克粗砂糖
80克打发淡奶油

柑曼怡橙酱
100克漂亮的糖渍橙片
10克水
10克柑曼怡酒（Grand Marnier）

稀释日本红豆膏
120克日本红豆膏
20克甘蔗糖浆

法式蛋白霜
详见第276页的"里约青柠檬挞"配方
30克白巧克力

栗子慕斯
详见第40页的"栗子，栗子，栗子糖果"配方

栗子酱
300克栗子膏
70克栗子奶油
30克樱桃酒
130克软化至膏状的无盐黄油

组装
80克栗子膏

完成
250克绿色杏仁膏
金粉（按喜好）
极少量的绿色食用色素
薄牛皮纸

杏仁达克瓦兹
制作500克杏仁达克瓦兹面糊。烤箱预热至190摄氏度。在铺有烘焙油纸的烤盘上，将面糊摊成6块尺寸为10厘米×27厘米，厚度为5毫米的长方形。入烤箱烘烤12分钟。出炉后，在烘焙油纸上冷却。

香草巴伐利亚
将吉利丁片泡入冷水里。在锅中，将牛奶与刮取出的香草籽，荚体煮至微沸。在1个不锈钢盆里，搅打蛋黄和粗砂糖。先将一部分热牛奶倒进蛋黄糊盆内，搅匀，然后全部倒回牛奶锅中，一起煮至82摄氏度或者质地黏稠到可以挂在刮刀上的状态。将吉利丁片拧干，放入热的煮好的酱里。在全部降温至18摄氏度时，换成蛋抽，将打发的淡奶油分3次混拌入混合物内。
将混合物灌入2个直径为2.5厘米，长27厘米的不锈钢管状模具内。入冰箱冷冻定型3小时，组装时再脱模。

柑曼怡橙酱
使用Robot-Coupe®牌食物切碎搅拌机，将所有的食材打碎，得到一份质地光滑的果糊。

稀释日本红豆膏
在1个碗里，将红豆沙和甘蔗糖浆混合均匀。

法式蛋白霜
制作100克法式蛋白霜。
烤箱预热至90摄氏度。在铺有烘焙油纸的烤盘上，挤出2条长27厘米，直径为1厘米的管状蛋白霜。烘烤1小时后冷却，然后用融化的白巧克力涂抹管状蛋白霜。在室温里储存备用。

栗子慕斯
制作300克栗子慕斯。

栗子酱
在不锈钢盆里，将栗子膏、栗子奶油和樱桃酒搅拌至光滑状态。随后加入软化成膏状的无盐黄油，全部再次搅打至质地均匀。

组装
在2块长方形杏仁达克瓦兹上，抹上栗子慕斯，每块再放上1根管状蛋白霜，全部卷起来。并借助烘焙油纸，加固紧实程度。入冰箱冷冻定型1小时。
在2块长方形杏仁达克瓦兹上，抹上柑曼怡橙酱，每块再覆盖100克栗子酱，然后挤上1管直径为1厘米的栗子膏，最后将其全部卷起来。并借助烘焙油纸，加固紧实程度。入冰箱冷冻定型1小时。
在2块长方形杏仁达克瓦兹上，抹上稀释后的日本红豆沙，每块再放上1根管状香草巴伐利亚，全部卷起来。并借助烘焙油纸，加固紧实程度。入冰箱冷冻定型1小时。

完成
从冷冻室里取出各款劈柴蛋糕卷，全都再抹上薄薄一层栗子酱。将绿色杏仁膏在工作台面上擀薄，劈柴卷放置其上，用杏仁膏卷起，黏合紧实。每卷再都重复1次这样的操作。用细刷蘸取金粉画出装饰线条，再绘上绿色的斑点。放入冰箱冷藏直至食用。
将3个蛋糕卷叠在一起组成劈柴状，裹以薄牛皮纸，再用细绳系上。品尝时建议佐以抹茶（thé matcha）味的英式蛋奶酱。

建筑

甜菜薯片

建筑

用于制作6人份

200克生的，质地紧实的红甜菜根

100克玉米淀粉

700克用于煎炸的油

细海盐

红甜菜根洗净后，剥皮。在顶部切割一刀，使截面平整。

调整蔬菜切片器间距，刨出厚度约0.5毫米的薄片。用刷子在甜菜片上涂满玉米淀粉，随后晃动去掉多余的粉类。

炸锅里的油加热至约160摄氏度，将甜菜一片片地放进热油中，完全炸干后取出，放在厨房纸巾上吸收掉油脂。撒少许细海盐调味。

小贴士：加工甜菜根时，请戴上手套。

294

建筑

一份为在巴黎皇家皇宫举办的活动而设计的作品，从内廷的布伦柱（colonnes de Buren [注1]）处获得极大的灵感，与皇宫的氛围完美融合。我们向来走得更远，以波尔布里喷泉雕塑为原型，额外又制出了一份甜的版本。此为艺术的故事。

布伦柱之灵感

用于制作12人份

器具
一张PCB®牌的转印纸

肥肝鸡肉卷
200克鸡里脊肉
30克肥肝

肥肝立方体
详见第194页的"肥肝开胃小食和香料面包"配方

肥肝黄油
150克肥肝
150克细海盐
胡椒（非必要）

组装
1小块白萝卜（生的或者熟的）
30~40克增稠意大利香脂醋[可于精品香料杂货行（épicerie fine）购得，或者家庭自制]
5克美顿盐之花

增稠意大利香脂醋
30克意大利香脂醋
30克土豆淀粉

肥肝鸡肉卷
在工作台上，将鸡里脊肉去除神经，用擀面杖压平。横向对半切开。
将肥肝切成边长为1厘米的立方体，入冰箱冷藏备用。
工作台面微微打湿，铺上保鲜膜，利于贴附。铺上双层保鲜膜，彼此错开几厘米，这样能得到更宽些的1条带状。
将半边的鸡里脊肉一顺一逆地挨着排列在保鲜膜的下方，在里脊肉中间的位置摆好肥肝立方体，随后将鸡里脊肉合拢并包裹住肥肝。再借助保鲜膜，整形成1条紧实的直径为2.5~3厘米的鸡肉卷。收尾时将两端拧紧，并用绳子扎捆起来。
在80摄氏度的热水里进行煮制，大约耗时15分钟。通过探针式温度计测出内芯温度达到62摄氏度时，取出，将鸡肉卷浸入冰水里1小时。

肥肝立方体
按照配方所示，制作半熟肥肝，或者在专门的食铺购买，再将肥肝切割成边长为1厘米的10个立方体。

肥肝黄油
将肥肝与细海盐一起打碎，得到质地光滑的膏状。试味，用海盐和胡椒进行调味。入冰箱冷藏储存。

组装
撤去裹着肥肝鸡肉卷的保鲜膜，晾干。
将转印纸裁剪成和鸡肉卷一样大小的尺寸，抹上薄薄一层肥肝黄油。将鸡肉卷置放其上，用转印纸卷起，将其全部裹住，放入冰箱冷冻1小时。
取出鸡肉卷后，轻轻撤去最表面保护转印纸的塑料膜。将其切割成不同尺寸大小的圆柱体，用于重塑布伦柱的视觉落差效果。
将白萝卜切成纤细的圆片，直径与鸡肉卷一致（2.5~3厘米），并将萝卜片摆在部分竖立的鸡肉卷上。某些卷再淋上增稠意大利香脂醋。具体制作方法在此：在1个小锅里加热意大利香脂醋。将土豆淀粉与极少的水混合后，倒入锅中，使香脂醋的质地变得浓郁黏稠。室温下冷却后，确认是否调味得当，如有需要，可再添加少许传统意大利香脂醋进行调整。
将柱体按尺寸，以及不同的装饰（白萝卜，或者增稠意大利香脂醋），交错地排列在盘子里。最后以每个摆上1颗漂亮的肥肝立方体，以及1粒美顿盐之花来收尾。

[注1] 法国现代艺术家丹尼尔·布伦（Daniel Buren）于1986年创作的装饰艺术作品。在巴黎的皇家皇宫内廷里，地面被划分为260个方格，每格里面竖有一根黑白条纹的柱子。这些柱子高矮不一，营造出有趣的视觉效果。

建筑

奶酪面包小球（*Pão de queijo*）是巴西米纳斯吉拉斯州（*l'État du Minas Gerais*）闻名的特产之一。书中的奶酪味舒芙蕾小面包由木薯面粉制成，后者是一种以木薯淀粉为原料的，非常轻盈的粉类。这些小面包常于开胃菜或者正餐时呈上，在出炉后趁热吃，如果还能留到那个时候的话。这些配方源自艺术与创造协助的部门主管，卢多维克·克吕·曼格尔（*Ludovic Cruz Mangel*），他亦是跟随我超过了20年的忠实副手。

奶酪味舒芙蕾小面包

烤箱预热至200摄氏度。

厨师机装上搅钩，缸中放入木薯粉和细海盐，混合均匀。

在锅中，将全脂牛奶和葵花籽油煮沸。将此滚烫的液体倒入木薯粉里，以1挡搅打1分钟。

等待3分钟，让面团冷却少许。将马苏里拉奶酪切成小块，孔泰奶酪和帕玛森干酪擦碎。将鸡蛋加入厨师机缸里，继续以1挡搅打5分钟，然后全速搅打30秒。随后加入小块的马苏里拉，孔泰奶酪和帕马森碎，继续以1挡搅打1分钟。

将上个步骤制得的混合物装入配有直径为1厘米裱花嘴的裱花袋内，在铺有烘焙油纸的烤盘上，规律地挤出面糊小堆，彼此的间距要足够大。手指蘸油，将这些小面包抹平。撒上黑胡椒混合香料，入炉时将烤箱温度降低至180摄氏度，烘烤25分钟，直到这些小面包充分地鼓起来并呈金黄色。

出炉后，趁热享用。

小贴士：您也可以按照自己的喜好，撒上亚麻籽、香料、椰蓉等，用以替代黑胡椒混合香料。

用于制作20个舒芙蕾小面包

400克木薯粉

10克细海盐

200克全脂牛奶

150毫升葵花籽油+用于烹饪的额外分量

200克马苏里拉水牛奶酪

50克孔泰(comté)奶酪

50克帕玛森干酪

120克鸡蛋（大约2个鸡蛋）

10克黑胡椒混合香料（详见第72页的"爱之果"配方）

圣雅克扇贝佐
白花菜和西蓝花泥

用于制作6人份
提前1天准备

螺旋藻瓦片酥
1个桑巴品种大号土豆，约180克
90克蛋清（大约3个鸡蛋）
2克细海盐
2克螺旋藻粉

柠檬调味料
2个黄柠檬
17克细砂糖
12克盐渍柠檬

西蓝花泥
400克西蓝花
30克无盐黄油
细海盐适量

圣雅克扇贝鞑靼
3克泰国青葱
360克圣雅克扇贝（大约18枚）
6克柠檬汁
8克带果香味橄榄油
1克辣椒仔牌（Tabasco®）辣椒汁
细海盐

完成
12枚圣雅克扇贝
3颗迷你白花菜
橄榄油
盐之花

皇家糖霜（非必要）
1个蛋清
170克糖粉
柠檬汁

螺旋藻瓦片酥
提前1天，带皮煮熟土豆，然后剥去外皮。称出150克土豆泥，趁热与其他食材一起均质打碎，得到光滑的混合物。细细过筛一次。
在硅胶烤垫上，将土豆泥摊至极薄的一层，如有可能，在70摄氏度的温度下，将其烘干一整晚。随后将土豆泥储存在干燥的房间里。

柠檬调味料
柠檬去除外皮和筋络，然后切成厚度为2厘米的纯果肉片。将柠檬片平摊着放进锅的底部，加入细砂糖，中火煮20分钟，用于糖渍。用漏斗尖筛将其过筛后，将回收的糖水倒入1个锅里，小火熬煮至得到糖浆状液体。
将柠檬果肉用滤网过筛，倒入沙拉盆里，加入收汁的柠檬糖浆，和切成小细丁的盐渍柠檬，混合均匀，储存备用。

西蓝花泥
切下西蓝花的花球部分。煮沸一锅极咸的盐水，将花球投入，煮至熟软，全程约10分钟。沥干水后，按喜好加入细海盐调味，趁热与无盐黄油一起均质打碎，直至得到非常光滑的泥状物。将西蓝花泥放进沙拉盆里，入冰箱冷藏储存，并时不时取出搅拌，加速冷却的进程。

圣雅克扇贝鞑靼
泰国青葱切碎，将扇贝切成边长为1厘米的小块，然后与其他食材混合均匀，并确认调味是否得当。

完成
在透明的碗中，或者马天尼的杯子里，在底部盛放圣雅克扇贝鞑靼，再挤入西蓝花泥，抹平。
用蔬菜切片器，擦出迷你白花菜薄片。用橄榄油和盐之花调味。再将扇贝也切割成同样尺寸的4块薄片，与白花菜片交错着摆放在西蓝花泥上。
撒上柠檬调味料和盐之花，再佐以掰成大块的螺旋藻瓦片酥。

皇家糖霜（非必要）
糖粉过筛。在1个圆形不锈钢盆里，倒入蛋清，然后一点点加入糖粉，全程用刮刀不停搅拌，直至得到光滑的膏状物，并能挺立。最后挤入一线柠檬汁，盖上保鲜膜，防止糖霜表面结壳。
用刷子将糖霜抹在一个容器的表面，粘上粗的珍珠糖或者粗海盐，又或者其他颗粒，让其晾干一整晚。
这样，最终您会看到雪球的视觉效果——充满个性化的一款容器。

建筑

一个可以咬下去的脆碗，颇有建筑风格特色。其灵感取自意大利设计师伦佐·皮亚诺（Renzo Piano）的作品。

米沙拉（Insalata di riso）^[注1]

用于制作6人份

胡椒饼干笼

80克特级黄油

90克面粉

40克杏仁糖粉

（20克糖粉加20克杏仁粉）

20克帕玛森干酪碎

0.5克现磨白胡椒

1克现磨长胡椒

[建议使用提米兹（timiz）品种]

4克盐之花

10克鸡蛋

8克蛋黄

卡纳罗利大米 ^[注2]

20克白洋葱

15克无盐黄油

15克橄榄油

1根新鲜百里香

170克卡纳罗利大米

300克鸡高汤（若无，用水代替）

2克细海盐

白葡萄酒黄油调味料

165克干葱头

335克干白葡萄酒

28克意大利香脂白醋

6克玉米淀粉

1克细海盐

61克淡奶油

完成

10克去皮杏仁

10克意大利布朗特开心果 ^[注3]

5克榛子

10克新鲜细香葱

5克新鲜龙蒿

30克日本芜菁叶

40克芥末叶

20克芝麻菜细叶

15克野生菊苣

15克带黄边细叶菊苣

橄榄油

海盐，现磨胡椒

胡椒饼干笼

将特级黄油和面粉搓成砂砾状，加入杏仁糖粉、擦碎的帕玛森干酪碎、胡椒、长胡椒和盐之花，然后与鸡蛋和蛋黄搅打成团。入冰箱冷藏松弛30分钟。

将面团擀开成2毫米厚度的长方形，切割出一些长为15厘米，宽1.5厘米的条状。

准备1个可以放入烤箱的不锈钢盆，将其翻转过来，涂抹一层薄薄的油脂。将条状饼干摆放在上面，中间交叉。用手指在饼干条的接合处轻轻按压，使它们彼此能黏合在一起。从而制成一个漂亮的镂空笼子。

在室温里静置松弛约20分钟。

烤箱预热至200摄氏度，入炉时将温度降低至180摄氏度，烘烤15~18分钟。出炉后立刻将其放入冰箱冷藏，制造出剧烈的温差，便于饼干笼从不锈钢盆上剥离。随后在室温里储存备用。

卡纳罗利大米

烤箱预热至180摄氏度。

在1个可以放入烤箱的铸铁锅里，将切得极碎的白洋葱与百里香用无盐黄油和橄榄油炒出水分，无须上色。加入卡纳罗利大米，炒至珠光半透明色，接着倒入热的鸡高汤和细海盐。用烘焙油纸盖住铸铁锅，入烤箱烘烤17~20分钟。

出炉后，将米转移到1个大的烤盘中，在室温下冷却。

白葡萄酒黄油调味料

在炖锅里，放入细细切碎的干葱头、干白葡萄酒、意大利香脂白醋和细海盐，收汁至3/4的体积。将玉米淀粉溶解在少量水里，倒入锅中，用于增稠。一起小火烹煮约10分钟。离火后，加入淡奶油，全部过筛。在室温下冷却。

完成

将去皮杏仁，开心果和榛子切碎。将细香葱和龙蒿切碎。在不锈钢盆里混合切碎的香草和卡纳罗利大米，以及白葡萄酒黄油调味料。

在1个盘里，放上胡椒饼干笼，中间放上白葡萄酒黄油风味的米粒，撒上预先切碎的开心果、去皮杏仁和榛子。最后装饰微微淋了橄榄油的各种沙拉菜，并以细海盐和现磨胡椒调味。

建议：这份沙拉也可作为沙拉的基底，您也可以配合其他菜品一起享用，例如一小份炒小乌贼。

---

^[注1] 意大利语的米沙拉。

^[注2] 卡纳罗利（Carnaroli）是意大利米的一个品种，不易煮烂，更能满足意大利人对于"al dente"（弹牙）口感的追求。

^[注3] 布朗特开心果只占全世界开心果总产量的1%左右，是最为顶尖的品种。

胡萝卜，
埃斯卡贝切（escabèche）^[注]
风味酸渍幼鲭

用于制作6人份

腌鱼

6条幼鲭

细海盐

1克尼泊尔胡椒粗颗粒

埃斯普莱特辣椒粉

橄榄油

腌汁

250克橄榄油

8瓣大蒜

1/2根胡萝卜

3个洋葱

150毫升雪利醋

75克水

5克盐之花

1根百里香

1/2片月桂叶

少许欧芹梗

2小根辣椒

组装和完成

6根大小一致的带缨嫩胡萝卜

1克粗颗粒的尼泊尔胡椒

3克茴香花

12片油炸大蒜片

6片月桂叶

3个嫩洋葱

6片罗勒叶

新鲜埃斯普莱特辣椒

脆面包片

腌鱼

用1把剪刀剪掉幼鲭的头、鳍，然后沿腹部打开，在细细的水流下清洁内部。

将鱼放在平的工作台上，腹部朝下。轻按背部来压平它，接着用大拇指沿背脊施力，以分离鱼刺。将鱼翻过来，轻柔地扯出鱼刺，注意不要损伤鱼肉，记得去除所有有可能被忽视的小鱼刺。用胡椒粗颗粒、埃斯普利特辣椒粉和细海盐调味。把鱼重新塑形成完整的样子。

用烧得极热的橄榄油将清洗干净的鱼煎至上色，再将鱼包在厨房巾里吸干油分（您可以将此步骤替换成给鱼上一层薄粉）。烹饪出的鱼肉应该是粉嫩的。

腌汁

加热橄榄油，低温煎炸带皮的大蒜、切成圆片的胡萝卜和切碎的洋葱。煎制一会儿后，加入其他食材。维持微沸的状态，全部烹煮15分钟，然后将沸腾的液体倒在幼鲭上。

组装和完成

将带缨的胡萝卜保留1厘米高度的缨叶，放入微咸的盐水里煮熟。然后将每根胡萝卜切成同等大小的4段。

从腌汁里取出幼鲭，也切成同等大小的3段。

将3段幼鲭和4段胡萝卜交错地摆在一起，顶部放上预留的胡萝卜缨叶，塑形成完整的胡萝卜形状。

装盘，撒上粗颗粒的尼泊尔胡椒、茴香花和油炸大蒜片。再以1小片割成羽毛状的抹油月桂叶片、切成圆片的嫩洋葱、罗勒叶和少许新鲜埃斯普莱特辣椒作为装饰。最后将冷却的腌汁用滤布过筛后，为幼鲭和胡萝卜上釉（即淋成亮面），佐以少许酥脆面包片呈上桌。

---

^[注] 埃斯卡贝切，特指在地中海饮食里，用酸性食材腌渍鱼或者肉的做法。

牛羊肠膜裹猪舌

用于制作1个的分量
提前1天制作

盐渍猪舌
5条猪舌
1升鸡高汤或者蔬菜牛肉浓汤（按喜好选择）
大蒜、月桂叶、百里香适量

酿馅
300克嫩洋葱
30克猪油
30克细海盐
1千克猪胸肉
60克鸡蛋（约1个鸡蛋）
150克冷的全脂牛奶
500克猪血
10克雪利醋
100克煮熟的猪头肉（请参见第262页的"猪头肉冻"）
100克咸味猪肥膘或者意大利科隆纳塔地区的猪肥膘
100克绿色开心果
3克胡椒
1份牛羊肠膜

盐渍猪舌
高汤里添加少许大蒜、月桂叶和百里香增加香气，将猪舌投入，烹煮5小时。当猪舌上的膜自动脱落时，便预示已经煮熟。将猪舌放在保鲜膜里，卷成圆滚状。入冰箱冷藏3小时。

酿馅
嫩洋葱去皮，切碎，放入平底锅中。加猪油，用小火烹制3小时，撒少许细海盐用以调整咸淡，直至成果糊状。入冰箱冷藏1小时。

用料理机制作猪胸肉酿馅。首先将猪胸肉打碎成细细的肉馅，加入洋葱糊，接着是鸡蛋，然后是刚从冰箱冷藏取出的牛奶。最后倒入预先已和雪莉酒醋搅匀的新鲜猪血。

撒去包裹猪舌的保鲜膜，抹上前一个步骤制成的酿馅，摆成玫瑰花状（5条猪舌卷成的玫瑰花状如图所示）。放入冰箱冷冻1小时定型，便于之后塞进肠膜里。

将猪头肉和猪肥膘切成边长为0.5厘米的小丁，与切碎的开心果一起，拌进剩余的酿馅里。入冰箱冷藏3小时。

在牛羊肠膜内先填充坚果肥膘酿馅，再以最轻柔的手法塞进猪舌。肠膜的两端用线捆绑起来，全部放入之前烹煮猪舌的高汤里（温度为80~85摄氏度），煮至内部温度达到68摄氏度（利用探针式温度计测量）。

将其留在高汤里冷却1小时，然后放入冰箱冷藏过夜。

小贴士：猪肥膘在切成小丁前，可投入80摄氏度的高汤里烹煮1小时，随后进行挤压，冷却，这样会更容易被消化。

牛羊肠膜裹
昂度耶特香肠

这道菜带我追溯我的根源，并给予我安慰。多亏
在里昂的肉食制品师乔治·德朗格勒（Georges
Delangle），亦是法国最佳匠人获得者，带我挖
掘了小牛肠系膜那无可比拟的醇厚质感。这道菜
可以冷食，或者切成厚片，在平底锅里煎制。

昂度耶特香肠

提前1天，用洁净的水清洗小牛肠系膜、猪胃和猪大肠，并用刮板刮去不洁的地方。

一旦清理干净，将这些肠子和胃放入大量沸水里进行烫洗。小牛肠系膜和猪大肠需5分钟，猪胃需要15分钟。再用细海盐、胡椒和雪利醋为它们去腥调味。

将调好料的这些内脏切割成宽1厘米，长10厘米的条状，然后按照不同的种类各称出150克。撒上切碎的意大利香芹和带籽芥末。

将这些内脏塞进猪直肠，放入约85摄氏度的猪高汤里烹煮10小时。然后在室温里冷却。

组装和完成

组装当日，将猪胸肉切割成与昂度耶特香肠一样大小的尺寸（长为10厘米，宽为1厘米的长条状）。随后将昂度耶特香肠与猪胸肉条相互交错着摆成1个长方形，放入冰箱冷冻2小时定型。

将切割猪胸肉时余下的边角碎料与1根昂度耶特香肠打碎，填充进牛羊肠膜里，然后塞入上个步骤制得的长方形猪胸肉与昂度耶特香肠。将肠膜的两端用线捆扎，投入猪高汤里烹煮1小时，待其冷却。

这份肠膜香肠可冷食，例如搭配1份烘烤过的乡村面包；也可以每一面煎至金黄，再佐以1份鸡蛋食用。

受安托万和洛尔·布科蒙(Laure Boucomont)之邀，我参与了由法国国立高等装饰艺术学院（l'ENSAD）举办的一场以花园的精神为主题的竞赛。在那里，我被安妮·佩里耶(Anne Perier) 灵巧又富有美感的创造击中内心。雷诺特之家现今拥有她的纸质钟铃作品的独家所有权。

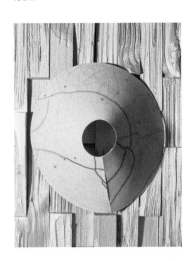

林边桦木下的羊肚菌

用于制作6人份

羊肚菌
900克金栗色的羊肚菌

羊肚菌高汤
10克干葱头
5克无盐黄油
120克羊肚菌碎屑
25克阿尔布瓦酒（vin d'Arbois）[注]
320克白色鸡高汤

完成
35克干葱头
15克无盐黄油
20克半打发状的淡奶油
6枚熟的酥盒，长为10厘米，宽为5厘米（详见第80页的"龙虾蕾丝花边酥盒"配方）
12克油炸大蒜
6克意大利香芹
2克舒味滋牌辛香料（或者2克黑胡椒混合香料，详见第72页的"爱之果"配方）

羊肚菌
羊肚菌去蒂，用小刀去除掉可能会有的干枯部分（这些碎屑留着给高汤用）。用微微打湿的刷子清洗菌菇，并确认内部是否处理洁净。菌伞朝上摆在烤架上，便于晾干水分。

羊肚菌高汤
干葱头剥皮，并细细切碎。
在深底煎锅里，用无盐黄油将干葱头碎炒出水分，但不要上色。加入羊肚菌碎屑，再倒入阿尔布瓦酒萃取锅底精华：用木刮刀刮起锅底的沉淀物，然后煮沸。加入白色鸡高汤，烹煮大约20分钟（按照实际情况调整时间长短）。静置10分钟后，用漏斗尖筛过滤，储存备用。

完成
干葱头剥皮，并细细切碎。
在深底煎锅中，用无盐黄油将干葱头碎炒出水分，但不要上色。加入晾干的羊肚菌，焖1~2分钟用以逼出蔬菜的水分。将其沥干，然后与羊肚菌高汤一起放回深底煎锅里。烹煮10分钟。再次沥干羊肚菌。将此滤出的羊肚菌原汁与之前析出的蔬菜汁水混合，倒入1个小锅里，小火收汁至浓稠到汤汁可以挂在勺子背面。
用这份浓缩原汁裹住羊肚菌，再放入少量的半打发状态的淡奶油，轻柔地混拌均匀。将羊肚菌摆在温热的酥盒上，并撒上油炸大蒜片、一些意大利香芹细条和舒味滋牌辛香料。

[注] 法国汝拉产区极稀少的黄葡萄酒（陈年）。

巧克力蛋糕中最棒的部分是什么？
榛子！法国产的！毫无疑问！我们于康孔
（Cancon）的阿让内（Agenais）北部地区，
精选出这些坚果颗粒。它们的收获季节自九月
起，故常被视作冬日的食物。法国的榛子品
种以大直径和其他产地区别开来，例如昂尼
（Ennis），科哈贝勒（Corabel）和费尔提勒得库
塔尔(Fertile de Coutard).

法国榛子制百分百巧克力蛋糕

用于制作1个6人份的蛋糕

巧克力蛋糕主体

80克帕西黑巧克力（70%）

50克面粉

1/2汤匙深褐色可可粉

1/2茶匙泡打粉

80克无盐黄油

80克粗砂糖

110克鸡蛋（大约2个大号鸡蛋）

40克蛋黄（大约2个鸡蛋）

榛子脆层

50克焦糖烘焙法国榛子

100克占度亚巧克力

10克葡萄籽油

用于制作250克焦糖榛子

15克水

45克粗砂糖

240克温热的去皮榛子或者杏仁

5克无盐黄油

巧克力蛋糕主体

用隔水加热的方法，将黑巧克力融化至40摄氏度。预先过筛好面粉、可可粉和泡打粉。在不锈钢盆中，搅拌无盐黄油和粗砂糖，加入一半的鸡蛋和蛋黄，混合均匀。接着倒入一半上个步骤过筛好的混合粉类（面粉、可可粉和泡打粉）。再重复一次之前的操作：依次加入剩余的鸡蛋和蛋黄，以及剩余的混合粉类。搅拌至光滑，最后混入融化的黑巧克力。

将其填充进1个20厘米长的蛋糕模具，放入冰箱冷藏静置1小时。

烤箱预热至200摄氏度。入烤箱时，即刻将温度降至160摄氏度，烘烤30~35分钟。用刀尖插入糕体判断是否烤熟：抽出时刀面应该是干净的。出炉后放置在烤架上冷却。

榛子脆层

烤箱预热至180摄氏度。

开始制作焦糖榛子。准备1个足够大的锅，依次倒入水和粗砂糖，煮至115摄氏度。将榛子倒入，用木刮刀不停地搅拌至翻砂。糖会裹住坚果表面，并逐步产生像砂砾状的外表。将火力调小，继续慢慢地搅拌直至这层糖壳焦糖化。随即离火，加入无盐黄油，依旧用木刮刀混合均匀。最后倒在铺有烘焙油纸的烤盘上，注意将坚果一粒粒地分开，不要粘连。待其冷却后，放在干燥处备用。

隔水融化占度亚巧克力至40摄氏度，倒入葡萄籽油，蛋抽搅匀。再加入整颗的焦糖榛子。

完成

取1个与蛋糕主体尺寸相同，呈波浪U形的模具，往其中倒入榛子脆层液。将巧克力蛋糕轻轻浸入其中，冷却后，脱模。

奥利维耶·普西耶对于餐酒搭配的建议

里韦萨特琥珀天然甜白，1998（1998 Rivesaltes ambré），让西产区（Domaine de Rancy）。里韦萨特是东比利牛斯山脉所产的天然甜酒，主要由玛卡内奥（maccaben）和歌海娜（grenache）两个葡萄品种混酿而成。酿造过程中，其会被转移到橡木桶里陈化，至少需等待20年。它的调性里充满焙烤、坚果，以及苦味可可粉的香气。在与巧克力蛋糕的搭配里，酒的甜美度与可可的苦涩形成反差，而且鼻后嗅觉（rétro-olfaction）[注]使得坚果的微妙气息与烘烤榛子的风味更为突出。

这是一份既相似又有对比的组合。

[注] 香气并非由嘴尝到，而是进入嘴里，经由口腔后部与鼻腔相连的管道，再抵达嗅皮细胞而被感知到。这也是为什么当我们感冒时，会尝不出食物的味道的缘故；或者把鼻子捏住，便难以判断入口食物种类的原因。

柠檬星球

用于制作1个6人份的慕斯

器具

直径为19厘米，高为4厘米的慕斯圆
环模具

直径为7厘米的慕斯圆环模具

白杏仁膏

100克白杏仁膏

柠檬酥脆

37克牛奶巧克力

20克无盐黄油

50克加伏特牌原味蕾丝薄脆饼干

37克榛子帕里尼（详见第220页的
"冰冻火星"配方）

5克有机黄柠檬皮屑

柠檬比斯基

45克鸡蛋

22克糖粉

22克杏仁粉

1个小号的有机黄柠檬（皮屑）

45克蛋清

15克细砂糖

22克面粉

黄柠檬奶油霜

3克有机黄柠檬皮屑

22克细砂糖

0.5克吉利丁片

20克鸡蛋

16克黄柠檬汁

20克无盐黄油

青柠白乳酪慕斯

75克淡奶油

2克吉利丁粉

10克水

65克乳脂含量40%的白乳酪

20克蛋黄（大约1个鸡蛋）

20克细砂糖

2克有机青柠檬皮屑

香醍奶油

100克乳脂含量为35%的淡奶油

5克细砂糖

组装和完成

糖渍柠檬

白杏仁膏

将白杏仁膏擀开至2毫米的厚度，切割成可以围住慕斯的长条（外围的慕斯圆环尺寸
为：直径19厘米，高度4厘米。内部为：直径7厘米）

柠檬酥脆

隔水融化牛奶巧克力，并用锅融化无盐黄油。另取1个不锈钢盆，放入粗粗捏碎的加
伏特牌原味蕾丝薄脆饼干、榛子帕里尼，以及用刨皮器细细擦出的黄柠檬皮屑，用刮
刀搅匀。然后倒入融化的巧克力，最后是热的融化的无盐黄油，混合均匀后，在烘焙
油纸上摊成1块直径为18厘米的圆片，并用1个直径为8厘米的切模，将中心进行镂空
处理。入冰箱冷冻3小时定型。

柠檬比斯基

依据标注的食材分量，配合第88页"夏日之花"里的操作方法，制作柠檬比斯基。
烤箱预热至170摄氏度。

在铺有烘焙油纸的烤盘上，将面糊摊开成1块直径为18厘米，厚度为1厘米的圆片。
入烤箱烘烤15~20分钟。出炉后冷却，撤去烘焙油纸。再用1个直径为8厘米的切模，
将中心进行镂空处理。最后将其叠放在柠檬酥脆上。

黄柠檬奶油霜

依据标注的食材分量，配合第88页"夏日之花"里的操作方法，制作黄柠檬奶油霜。
将奶油霜装入带有直径为1厘米裱花嘴的裱花袋内，挤在柠檬比斯基上。入冰箱冷冻1
小时定型。

青柠白乳酪慕斯

在不锈钢盆里，用蛋抽打发冷的淡奶油，入冰箱冷藏储存备用。让吉利丁粉吸水膨
胀，用微波炉使之溶化。

另取1个不锈钢盆里，将蛋黄和细砂糖搅打至蛋黄颜色变浅。加入白乳酪，用蛋抽搅
拌至顺滑。先取一小部分蛋黄白乳酪混合物与吉利丁液混合均匀，再全部倒回盆内，
搅拌均匀。最后加入细细擦碎的青柠檬皮屑。

组装时，分3次拌入打发好的淡奶油。

香醍奶油

在不锈钢盆里，用蛋抽将冷的淡奶油与细砂糖一起打发至香醍奶油状，放入冰箱冷藏
储存备用。

组装和完成

将慕斯圆环模具摆在铺有烘焙油纸的烤盘上，放入带有黄柠檬奶油霜的比斯基柠檬酥
脆底。用带裱花嘴的裱花袋在模具内挤入青柠白乳酪慕斯。抹平整，放入冰箱冷冻3
小时定型。

脱模，将圆环模具拿走。将整个慕斯放在转动裱花台上（电动的最佳），底下预先垫
有底托或者甜点碟。将香醍奶油装入带有裱花嘴（例如小号圣安娜）的裱花袋内，启
动裱花台，从中心位置向外，挤出螺旋状花纹。

在慕斯的内环和外环，皆粘连上白杏仁膏制成的长条。最后撒上糖渍柠檬块作为装饰，
趁低温享用慕斯的最佳口感。

奥利维耶·普西耶对于餐酒搭配的建议

日本柚子小钵利口酒

由在米酒里浸泡的日本柠檬（又名日本柚子）制成。日本柚子利口酒源自隐岐群岛，
酒精含量仅仅只有7度。它的主调是热带柠檬，带有一定的柔和度和苦涩之味。

这个创造是一场挑战，也是一段在路上的友谊的成果。当时我和我哥哥菲利浦，还有旅伴们，在印度北部的锡金区徒步跋涉。当他们向我要求做出一道"大厨甜点"时，我选择了一个芒果，用些许糖焦化，还有火……在如此特殊的条件下，分享美食，是份简单又纯粹的快乐。

建筑

平面芒巧 [注]

巧克力板

以隔水加热的方式融化黑巧克力至40摄氏度。再将2/3的融化巧克力倒在洁净且干燥的大理石桌面上，进行调温：用长抹刀将巧克力摊开，并从巧克力的旁侧，以及由下至上地不断铲起，再摊开，且始终保持与大理石台面的接触。巧克力会迅速变浓稠结块，在质地变硬之前，将其全部铲起，倒回40摄氏度的巧克力里。混拌均匀后，温度会达到30摄氏度。维持这个温度。

在巧克力玻璃纸上，将巧克力摊开至3毫米厚度。微微冷却后，切割成3块15厘米×20厘米的长方形。然后放在室温下至完全冷却结晶。

取1块长方形巧克力，用金属刷轻轻地沿着长边刮出擦痕。然后在巧克力上面切割出直径为3厘米，以及0.5厘米的圆孔。

焦糖芒果

打开烤箱的上发热管。

芒果去皮，切出两侧的果肉。将这2片果肉放入盘里，覆盖一层薄薄的粗黄糖。放入烤箱，等待少许，直至黄糖焦化即可，也可以使用喷枪、炉火，或者高山上燃起的篝火，再让其轻微冷却。

完成

在盘里，依次放置1块带孔的长方形巧克力片和1片焦糖芒果。再重复此步骤1次，最后以1块带有刷痕的巧克力片收尾。

用于制作6人份

巧克力板
1千克帕西黑巧克力（70%）

焦糖芒果
1个漂亮的熟透的芒果（最好产自尼泊尔或者印度）
粗黄糖

[注] 原标题为"Graphique Mang'Choc"，"Mang'Choc"为芒果（Mangue）和巧克力（Chocolat）的缩写。

偶像

黑巧克力打发甘那许
最好是提前1天，在锅中微微煮沸125克淡奶油和葡萄糖浆。另取一锅，利用隔水加热的方式，微微融化黑巧克力，并将热的淡奶油糖浆倒入其中，用蛋抽搅拌。随后加入剩下的冷的淡奶油（250克），搅匀。转移到另一个盆里，入冰箱冷藏至少4小时，过夜最佳。

干果酥脆
组装当日，烤箱预热至150摄氏度。
粗粗切碎坚果：开心果、榛子和杏仁。将坚果撒在铺有烘焙油纸的烤盘上，入烤箱烘烤15分钟，出炉后冷却。
在锅中，融化无盐黄油。再用隔水加热的方式，融化牛奶巧克力。另取1个不锈钢盆，用刮刀混合均匀坚果、蔓越莓干、碾碎的薄脆饼干、杏仁帕里尼和融化的巧克力，最后放入无盐黄油。
取1个长方形的模具，尺寸为12厘米×30厘米，高度为0.5厘米，将其放置在烘焙油纸上。将前一个步骤制成的坚果酥脆混合物倒入模具里，压平，并放入冰箱冷冻15分钟定型。

酸樱桃甘那许
在锅中，微微煮沸酸樱桃果蓉和粗砂糖。隔水加热融化两种巧克力，将酸樱桃果蓉糖液倒入其中。用蛋抽搅匀，再加入无盐黄油，全部搅至顺滑。将混合物倒入装有坚果酥脆层的模具内，抹平，入冰箱冷冻至少1小时定型。

巧克力长条
以隔水加热的方式融化黑巧克力至45摄氏度。再将2/3的融化巧克力倒在洁净且干燥的大理石桌面上，进行调温：用长抹刀将巧克力摊开，并从巧克力的旁侧，以及由下至上地不断铲起，再摊开，且始终保持与大理石台面的接触。巧克力会迅速变浓稠结块，在质地变硬之前，将其全部铲起，倒回45摄氏度的巧克力里。混拌均匀后，温度会达到30摄氏度。
将巧克力薄薄地抹在硬质玻璃纸上或者巧克力玻璃纸上，让其结晶，然后切割成24块15厘米×3厘米的长条。在室温下储存。

完成
组装时，将冷的黑巧克力甘那许倒入1个极冷的不锈钢盆里，用蛋抽打发至香醍奶油状（注意：如果使用电动打蛋器，过程会加快，小心不要打过头）。
从冰箱冷冻室里取出已组装好的部分，用热的刀，切割出12块12厘米×2.5厘米大小的慕斯，装盘。在慕斯的上下各放置1块巧克力长条，最后用扁头裱花嘴，或者锯齿裱花嘴，在巧克力表面挤出波浪状的黑巧克力打发甘那许。

用于制作12个单人份甜点
提前1天准备更佳

器具
硬质玻璃纸或者巧克力玻璃纸

黑巧克力打发甘那许
375克淡奶油
30克葡萄糖浆
110克帕西黑巧克力（70%）

干果酥脆
40克开心果
40克榛子
40克去皮杏仁
40克无盐黄油
20克牛奶巧克力
50克蔓越莓干
50克加伏特牌原味蕾丝薄脆饼干
150克杏仁帕里尼

酸樱桃甘那许
200克酸樱桃果蓉
30克粗砂糖
145克帕西黑巧克力（50%）
80克牛奶巧克力
25克无盐黄油

巧克力长条
200克帕西黑巧克力（70%）

酸奶和黑芝麻
3D冰激凌小方

用于制作1个6人份的慕斯
提前1天准备

芝麻帕里尼

40克带皮杏仁

15克黑芝麻粒

15克水

30克粗砂糖

1/2茶匙葡萄糖浆

芝麻帕里尼冰激凌

285克全脂牛奶

50克淡奶油

70克粗砂糖

40克蛋黄（大约2个鸡蛋）

酸奶冰激凌

100克全脂牛奶

60克淡奶油

75克粗砂糖

275克原味酸奶

芝麻帕里尼

提前1天，烤箱预热到170摄氏度。

将杏仁和黑芝麻粒摊在铺有烘焙油纸的烤盘上，入烤箱烘烤10分钟，并时不时进行翻拌。出炉后待其冷却。

在锅中，微微煮沸水和粗砂糖，再加入葡萄糖浆，煮至117摄氏度，倒入已经烘焙过的杏仁和芝麻粒。

离火后，继续翻炒至翻砂：意为用刮刀不停地搅拌，直至坚果被类似白色砂砾状的糖壳裹住。重新将锅中坚果放回小火上，慢慢搅拌使得坚果外表完全焦糖化，而且内芯熟透。倒入盘里，室温储存24小时。

组装当日，在料理机或者美善品（Thermomix®）里，将坚果全部搅打成膏状。待其冷却。

芝麻帕里尼冰激凌

提前1天，在锅中，倒入全脂牛奶、淡奶油和一半的粗砂糖，微微煮沸。在1个不锈钢盆，搅打蛋黄和剩余的粗砂糖。将少许热的液体倒入蛋黄糊内，搅拌，然后全部倒回锅内。就像制作英式蛋奶酱一样，煮至82摄氏度。将其迅速过筛并转移到另一个盆里，以利于冷却。

从上个步骤制得的英式蛋奶酱中取出少许，用来稀释芝麻帕里尼，然后全部倒回酱里并均质。入冰箱冷藏过夜。

组装当日，将混合物放进雪芭机内搅打。制作完毕后，将其塑形成5个边长为11厘米，厚度1厘米的正方形。入冰箱冷冻储存。

酸奶冰激凌

提前1天，在锅中，加入全脂牛奶、淡奶油、粗砂糖，煮至83摄氏度，全程不停搅拌。随后均质，将其迅速过筛并转移到另一个盆里，以利于冷却。倒入原味酸奶，重新均质，入冰箱冷藏过夜。

组装当日，将混合物放进雪芭机内搅拌。制作完毕后，塑形成6个边长为11厘米，厚度为1厘米的正方形。入冰箱冷冻储存。

组装

交错叠放不同口味的冰激凌块，组成立方体，入冰箱冷冻备用。

食用时，将冰激凌放入聚苯乙烯的盒子里，在室温里慢慢回温，达到食用的最佳口感，可用签子试探质地。

我们的产品自设计到成型，在市面上皆是独一无二的。此页展示的便是隶属雷诺特经典之一的"立方"系列。借以这份联合群岛极致香草冰立方（象征天然香草无可比拟的浓郁香气），向埃德蒙·阿尔比乌斯（Edmond Albius）致敬。在1841年，这位年仅12岁的联合群岛的小奴隶[注]，破译出了香草授粉的技术。我们所有人都欠这个伟大的发现一份感谢。

建筑

埃德蒙·阿尔比乌斯冰立方

用于制作2个6人份的慕斯
提前1天准备

器具
2个立方体模具

香草糖浆
25克水
25克糖
2根联合群岛的香草荚

榛子杏仁达克瓦兹
60克蛋清（大约2个鸡蛋）
15克细砂糖
45克糖粉
25克榛子粉
25克杏仁粉

白杏仁膏
300克白杏仁膏

香草冰激凌
详见第46页的"香草草莓摩托车"
配方

组装和完成
罐装白色巧克力喷砂液

香草糖浆
提前1天，在锅中煮沸水和糖。将两根香草荚对半剖开，刮取出香草籽，再将荚体切成8段，连籽带荚一起放入热的糖水里，离火加盖静置，耗时15分钟，以萃取出香草的香气。
将糖浆室温下放置12小时后过筛，用刮刀用力在滤布里按压，最大限度地压榨出香草糖液。放入冰箱冷藏储存。

榛子杏仁达克瓦兹
烤箱预热至170摄氏度。
用电动打蛋器将蛋清与逐步加入的细砂糖一并打发。过筛糖粉、杏仁粉和榛子粉，再将粉类全部倒入蛋白内，换成刮刀轻柔地混拌均匀。
在铺有烘焙油纸的烤盘上，将面糊摊成4个边长为10厘米，厚度为1厘米的正方形。入烤箱烘烤15~20分钟，出炉后冷却。

白杏仁膏
用擀面杖将白杏仁膏擀开至2毫米厚度，取1把小刀在膏体上刻画出规律的，大小一致的小方块，达到板状巧克力的视觉效果。再将其切割成边长为10厘米的10个正方形，将它们贴合在立方体模具的底部和内壁。

香草冰激凌
按照配方所示，制作1千克的香草冰激凌。

组装和完成
将香草冰激凌填充进立方体模具内，在匀速倒入的同时，交错着倒入香草糖浆，以形成大理石花纹。每个模具里再放入1块榛子杏仁达克瓦兹，随后再交错填充香草冰激凌和香草糖浆。最后放上第2块榛子杏仁达克瓦兹，与白色杏仁膏齐平，将立方体封底。
放入冰箱冷冻3小时定型（提前1天制作最为理想）。
脱模后，将成品放置在底托上，或者盘子里。喷上预先已经隔水加热至60摄氏度的罐装白色巧克力喷砂液。

[注] 1948年法国废除了殖民地的奴隶制度，埃德蒙恢复了自由之身。

建筑

巴西利亚，因奥斯卡·尼迈耶（Oscar Niemeyer
[注]）的疯狂创造力凭空拔地而起一座现代主
义的乌托邦城市。在那里，他尽情宣泄对于
"自由和性感曲线"的热爱。我个人非常喜欢
这样先锋又肆意驰骋的设计。无论是厨师、甜
点师、肉食制品师、面包师、艺术家或者手工
艺人，我们都能将我们的职业转化为对建筑的
信仰皈依。"对我而言，建筑就是创造。我一
直在寻找如何生成惊喜，如何创造一些全新的
东西。如有可能，用上少许幻想来激起讶异甚
至是赞叹。我喜欢减少支撑物，留出地面的空
间。这样一来，建筑能显得更大胆，更自然，
更大气。"

巴西利亚建筑风格鸡蛋

巧克力

以隔水加热的方式融化黑巧克力至40摄氏度。再将2/3的融化巧克力倒在洁净且干燥
的大理石桌面上，进行调温：用长抹刀将巧克力摊开，并从巧克力的旁侧，以及由下
至上地不断铲起，再摊开，且始终保持与大理石台面的接触。巧克力会迅速变浓稠结
块，在质地变硬之前，将其全部铲起，倒回40摄氏度的巧克力里。
无须再隔水加热，混拌均匀后，温度达到30摄氏度。维持这个温度。

巧克力雕塑

先进行第1轮灌模，并去除掉多余的巧克力。将其放入冰箱冷藏冷却，随后进行第2
轮灌模。冷却后，脱模出半边蛋壳造型的巧克力。将蛋壳横截面的边缘微微加热，然
后两两拼在一起。再用甜点专用金属刷，从上至下轻刮出擦痕。
将剩下的调温巧克力，在巧克力玻璃纸上摊至3毫米厚度（如有可能，请使用带鳄鱼
花纹的浮雕转印纸），并切割出14块尺寸为16厘米×16厘米的正方形。再用不同大
小的切模将其内里进行镂空处理，使其能卡住鸡蛋。安装时，在每块巧克力之间保留
1.5厘米的间隙。

用于制作2个雕塑

器具
4个尺寸为15厘米的半边蛋壳模具

巧克力
1.5千克黑巧克力（55%）

[注] 巴西建筑巨匠，共产主义者，普利兹克奖得主。将钢筋混凝土用作建筑原料的先驱，他的建筑特色之一是曲线多，直
线少。在他的著作《曲线时代》中写道："吸引我的是大自然和人体的曲线。我从我可爱祖国蜿蜒的群山、江河、天
际浮动的云彩、少女优美的体态里找到了曲线的美丽所在。"

好吃者蛋筒

用于制作12个蛋筒

器具

1板小蛋筒模具

（每个小蛋筒高4厘米，直径为3厘米）

焦糖卜卜米

20克水

25克细砂糖

100克卜卜米

巧克力

200克牛奶巧克力

百香果甘那许

100克百香果果蓉

24克细砂糖

16克淡奶油

6克转化糖或者蜂蜜

73克牛奶巧克力

100克黑巧克力（70%）

焦糖卜卜米

准备糖浆：在小锅中，加热水和细砂糖，直至糖的颗粒完全溶化掉。随后放入冰箱冷藏备用。

烤箱预热至180摄氏度。

将卜卜米与冷的糖浆混合均匀，然后摊开在铺有烘焙油纸的烤盘上。入烤箱烘烤10分钟，在室温下冷却。

巧克力

以隔水加热的方式融化牛奶巧克力至45摄氏度。再将2/3的融化巧克力倒在洁净且干燥的大理石桌面上，进行调温：用长抹刀将巧克力摊开，并从巧克力的旁侧，以及由下至上地不断铲起，再摊开，且始终保持与大理石台面的接触。巧克力会迅速变浓稠结块，在质地变硬之前，将其全部铲起，倒回45摄氏度的巧克力里。混拌均匀后，温度会达到28摄氏度。

将调好温的巧克力灌入模具内，并将模具倾斜，只需填充模具的一半。让其在室温下缓慢结晶定型（我们也可以将模具完全灌满，冷却后对半切开即可）。

百香果甘那许

在小锅里，将百香果果蓉与细砂糖混合均匀，煮至101摄氏度。同时，另取一锅，将淡奶油与转化糖或者蜂蜜加热至70摄氏度，随后倒入果蓉糖液。边搅拌边降温至65摄氏度。将其淋在两种巧克力上面，均质后，以接近30摄氏度的温度，填充进预留出的半边蛋筒里。

完成

在百香果甘那许的表面，覆盖焦糖卜卜米，也可以用切碎的焦糖杏仁代替。

小贴士：余出的焦糖卜卜米，可以拿来为其他小甜点充当酥脆的部分。它亦可以补充，或者替代您早餐的谷物食品。

维多利亚

用于制作12份

白巧克力菠萝头

100克白巧克力

巧克力专用绿色色素

白巧克力外壳

300克白巧克力

50克加伏特牌原味蕾丝薄脆饼干

薄荷罗勒百香果甘那许

115克百香果汁

25克葡萄糖浆

4片薄荷

4片罗勒

250克白巧克力

菠萝果糊

500克产自联合群岛的维多利亚品种的

新鲜菠萝

45克法国果酱专用糖

（sucre à confiture）[注1]

35克细砂糖

组装和完成

100克白巧克力

可可粉

白巧克力菠萝头

以隔水加热的方式融化白巧克力至45摄氏度。再将2/3的融化巧克力倒在洁净且干燥的大理石桌面上，进行调温：用长抹刀将巧克力摊开，并从巧克力的旁侧，以及由下至上地不断铲起，再摊开，且始终保持与大理石台面的接触。巧克力会迅速变浓稠结块，在质地变硬之前，将其全部铲起，倒回45摄氏度的巧克力里。混拌均匀后，温度应维持在28~30摄氏度。

以隔水加热的方式融化巧克力专用绿色色素。用刷子蘸取色素，在巧克力玻璃纸上刷出绿色的细条纹。冷却后，再覆盖一层温度在28~30摄氏度之间的调温好的白巧克力。微微冷却后，用尖锐的物体[注2]切割出12个菠萝头形状的巧克力片。待其完全结晶冷却后，放入冰箱冷藏备用。

白巧克力外壳

以隔水加热的方式融化白巧克力至45摄氏度。接着将一部分的融化巧克力倒在大理石桌面上，并遵循前一个步骤里的调温技巧。在质地变硬之前，将其全部铲起，倒回45摄氏度的巧克力里。混拌均匀后，温度应维持在28~30摄氏度。

将巧克力灌入12个尺寸为6厘米的半边蛋壳模具里。翻转，并敲击模具，使多余的巧克力流淌而下。将多余的巧克力铲干净，将模具放在烤架上。入冰箱冷藏几分钟，然后再重复1次这样的操作。

让巧克力在冰箱冷藏里结晶定型1小时，随后脱模并储存在室温下。取1把热风枪或者吹风机，微微加热蛋壳拱起的部分，然后粘上捏碎的原味蕾丝薄脆饼干。

薄荷罗勒百香果甘那许

在锅中，微微煮沸百香果汁、葡萄糖浆、薄荷与罗勒。离火后，盖上盖，静置萃取香气10分钟。随后过筛，再次加热至60摄氏度，将其倒在白巧克力上。等待2分钟后，搅拌全部至质地光滑。让其在室温下冷却。

菠萝果糊

将菠萝切成小丁。取1个锅，先混合均匀所有的原料（无须加热，冷的温度即可），然后小火慢煮，直至得到好看的果酱。待其冷却。

组装和完成

将菠萝果糊填充进每个白巧克力外壳内，再挤入薄荷罗勒百香果甘那许。冷却后，以调好温的白巧克力封底（与外壳的操作一致）。

食用时，将白巧克力菠萝头摆在盘中，再放上外壳，最后撒薄薄一层可可粉。

[注1] 在法国的果酱专用糖里，一般已经掺有NH果胶和柠檬酸。

[注2] 一般可用刀尖或者牙签。

现实中的诗意

菲利普·斯塔克
（PHILIPPE STARCK）
2006

　　菲利普·斯塔克，是无可争议的预见者，先锋派，以全然的颠覆性与诗意为风格，用多样的创造力和高产的作品，诠释出"民主的设计"[注]。数十年来，他丰富的想象涉及了家具、建筑、室内装饰、交通工具、日常物件，乃至食品领域，而且他本人积极投身于生态运动，致力于改变这个世界。

[注] 意为人人皆可享用。

"我只回答人们向我提出并让我感到荣耀的问题。"依照由居伊·克伦策主厨领导的雷诺特甜点师队伍的要求，得到了一个很明显的事实：菲利普·斯塔克的劈柴蛋糕，将会很像劈柴，并且带着木柴的味道。一个经由多双手所创的极具趣味的组合，最终以另类方式诠释出一款已成为标志的作品。

"我喜欢仪式，传统的东西。劈柴蛋糕就是一个非常有意思，且具有宗教意味的物品。我其实一开始并没有任何想法，也没有特别的欲求。"这位跟随着直觉走的设计师继续道，"这是一次机会，一场交流。在我之前收到的生日蛋糕里，那些绝妙的款式都是由雷诺特的甜点师们所制作的，它们以我的作品为参考物，被重塑得非常精巧。例如多年前的考斯特咖啡馆（café Costes），或者是我的易亮灯（Easylight）。所以对于这个领域我并非完全是一无所知的……"至于劈柴的设计风格，还是要回到这款极具象征意义的蛋糕的本质上来。

首先是事实。"当我们把事实推向极端，就会变得带有些诗意和超现实主义。不过创作的空间离不开这些物品本质的框架。"回到最初的问题"什么是一个劈柴蛋糕？"菲利普·斯塔克本能的回答道，"木柴"。所以试着去想象蛋糕的风味会是怎样，就如刚锯下的一块新鲜木头带来的香气。"去设想一个从未有人吃过，也不会去吃的味道，是一个很有趣的做法。坦白来说，这也是对我最具有吸引力的地方。所以我给了一些后来被证明了很有用的味觉线索：顿加豆、产自艾雷岛的极具泥煤香气的威士忌……之后就是甜点师们大展身手了"，艺术家总结道，他更倾向于工作在"事物的本质里，平方根里，质数里，在事实里寻找诗意，在'现实'里创造出超现实主义"。雷诺特的主厨们最终巧妙而又极具真实感地将木质香味融入整份劈柴蛋糕，并赋予了超现实主义风格。这般的才能使得他们的职业无比靠近宗教信仰，又像一个深沉的梦境。菲利普·斯塔克回忆道："这是挺强烈的感受，因为从未有人吃过木头，但是尝到这份劈柴蛋糕时，所有人一致说：闻上去好像木头，木头就应该是这样！"赌赢了！

"这样的设计非常有趣。"设计师自得其乐，"在我们所处的现代世界里，一根刀劈的木柴，几乎看不到了。我们将它锯下来，然后就变成了梁木。所以将劈柴蛋糕做成完全的长方形，就像梁木的一块，是很有意思的，而且上面还有甜点师们复制出的木头的纹理，真是了不起。我甚至还设想出了不同尺寸的劈柴蛋糕的设计图稿，有木柴、砧板、垫木等。我还额外画了一把可以锯木头的小锯子和糖做的小钉子……就像一个木工坊。"用白日梦在平淡生活里寻找诗意：美好与美味，有用与无用，无法克制地连接在了一起。

"保持简单，不忘初心：这份加斯东·雷诺特先生遗留的精神，我希望在雷诺特之家永久传承。"

斯塔克的劈柴蛋糕

用于制作1个8~10人份的劈柴蛋糕

器具

仿木纹的丝网印刷转印纸

长方形的劈柴模具，尺寸为28厘米×8
厘米，高为8厘米

顿加豆杏仁达克瓦兹

150克蛋清（大约5个鸡蛋）

135克糖粉

140克杏仁粉

30克细砂糖

10克顿加豆粉

威士忌奶油霜

175克牛奶巧克力

250克淡奶油

50克百富牌双桶威士忌

60克蛋黄（大约3个鸡蛋）

坚果和巧克力酥脆

17克榛子

17克开心果

17克杏仁

25克葵花籽

15克加伏特牌原味蕾丝薄脆饼干

40克杏仁帕里尼

12克无盐黄油

5克牛奶巧克力

10克帕西黑巧克力（70%）

顿加豆巧克力慕斯

175克乳脂含量35%的淡奶油

35克帕西黑巧克力（70%）

100克黑巧克力（55%）

42克全脂牛奶

1克顿加豆粉

杏仁膏制成的装饰

15克可可脂

150克杏仁膏

1滴咖啡精华

顿加豆杏仁达克瓦兹

烤箱预热至190摄氏度。

将糖粉过筛后，与杏仁粉混合均匀。打发蛋清，在尾声时加入细砂糖。将糖粉杏仁粉的混合粉类和顿加豆粉一起，逐步一点点地加入打发好的蛋白内，用刮刀混拌均匀。在铺有烘焙油纸的烤盘上，摊成2个尺寸为28厘米×30厘米，厚度为5毫米的长方形，入烤箱烘烤8~10分钟，出炉后在烤架上放凉。

威士忌奶油霜

将牛奶巧克力装进1个体积足够大的不锈钢盆里。在锅中，倒入淡奶油和威士忌，煮至微沸。另取1个不锈钢盆，放入蛋黄，将少许热的威士忌奶油倒入蛋黄内，同时不停搅拌。再全部倒回锅中，像制作英式蛋奶酱一样，煮至82摄氏度。随即将做好的蛋奶酱过筛边浇淋在巧克力上。

等待2分钟，用蛋抽搅匀。如有需要，用均质机进行均质。最后在室温下冷却。

坚果和巧克力酥脆

烤箱预热至180摄氏度。

粗粗切碎坚果，将坚果碎和葵花籽混合。入烤箱烘焙5分钟上色，冷却。

分开融化无盐黄油和2种巧克力。在1个不锈钢盆里，混合坚果，捏碎的加伏特牌原味蕾丝薄脆饼干和杏仁帕里尼，加入融化的热的巧克力，搅拌，再倒入融化的热的无盐黄油，将之前盆里的混合物全部包裹住。最后摊成1个尺寸为7厘米×27厘米，厚度为5毫米的长方形。入冰箱冷冻30分钟定型。

顿加豆巧克力慕斯

用蛋抽将冷的淡奶油打发，入冰箱冷藏备用。将2种巧克力切碎后放入不锈钢盆里，用隔水加热的方式融化至40摄氏度。在锅中，将全脂牛奶煮至70摄氏度。随后将热的牛奶倒在巧克力上，蛋抽搅匀，最终得到的成品应是既柔滑又闪亮的质地。接下来拌入1/3的打发淡奶油，以及顿加豆粉，用蛋抽用力地搅拌均匀，在室温下储存备用。最后组装劈柴蛋糕时，改用刮刀，将剩余的打发淡奶油轻柔地混拌入内。

杏仁膏制成的装饰

在锅中，融化可可脂。杏仁膏用咖啡精华上色，擀开至3毫米厚度（或者擀成能覆盖住模具底部和内壁的尺寸大小），涂上极薄的一层融化的可可脂，并立刻粘上仿木纹的丝网印刷转印纸。用1个底托或者1个甜点刮板，在表面轻划去除气泡，使之粘连得严丝合缝。入冰箱冷藏至少30分钟后，轻柔地扯下转印纸上的塑料薄膜。

组装

在烘焙油纸上，并排紧贴着放置2片长方形达克瓦兹，铺上威士忌奶油霜，随后卷起，无须太紧。放入冰箱冷冻2小时。

将顿加豆巧克力慕斯的最后一个步骤制作完毕（即加入最后2/3的打发淡奶油），填充进模具内。随后将前一个步骤制成的达克瓦兹卷，撤去烘焙油纸后塞入，并施以轻微的按压，使慕斯从四周涌上来，包裹住卷本身。最后以1块酥脆长条封底，放入冰箱冷冻至少2小时。

在盘里，或者底托上进行脱模，并覆盖带转印木纹的杏仁膏。食用前，放入冰箱冷藏3小时，用于回温，以达到品尝的最佳口感。

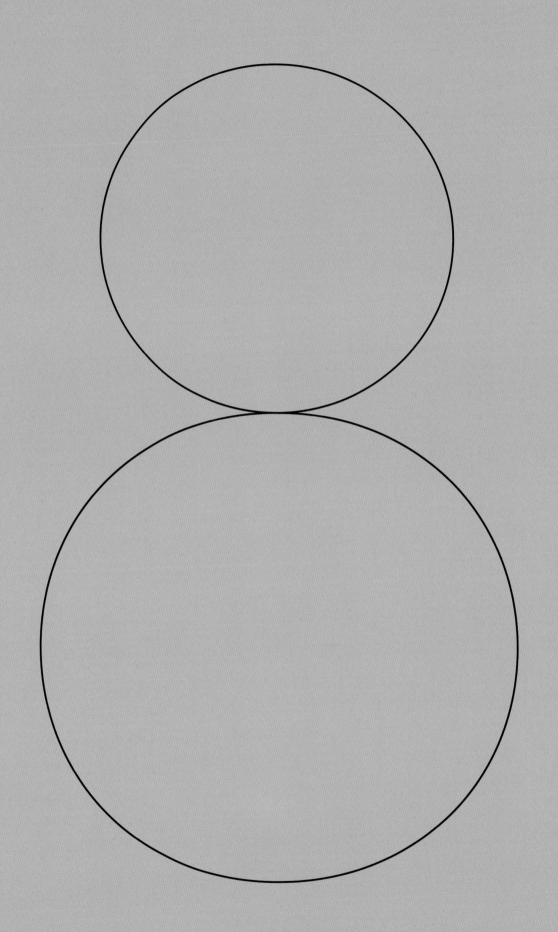

气泡

圣雅克扇贝珍珠

用于制作12人份

器具

1个Chocoflex®牌的硅胶球形模具

12枚珠贝壳

（来自大溪地的光滑牡蛎壳）

圣雅克扇贝慕斯

4枚去壳、去卵的圣雅克扇贝肉

（25~30克）

120克淡奶油

细海盐

现磨白胡椒

布松贻贝[注]

40克干葱头

25克无盐黄油

40毫升干白葡萄酒

10克欧芹梗

1千克布松贻贝

诺曼底沙司

50克颜色洁白的口菇

30克无盐黄油

20克干葱头

13克干白葡萄酒

过滤后的贻贝原汁，约250克

10克面粉

250克淡奶油

2克柠檬汁

完成

2份鱼子酱瓦片酥（在专业店铺购买）

10克植物果胶

圣雅克扇贝慕斯

在Robot-Coupe®牌食物切碎搅拌机中，将扇贝肉、细海盐和现拧了几圈的白胡椒一起打碎，直至得到光滑的膏状物。

取出，放入1个置于冰块上的碗中，再加入淡奶油，一起进行打发。将其装入带有6号圆头裱花嘴的裱花袋内，再挤进硅胶的球形模具内，注意避免产生气泡。入蒸汽烤箱，以80摄氏度烹饪6~8分钟。确认是否熟透，出炉后入冰箱冷藏储存。

布松贻贝

在1个大号炖锅里，用无盐黄油将切碎的干葱头炒出水分，倒入干白葡萄酒和欧芹梗，煮沸，然后用30秒收汁。

将贻贝放入炖锅中，开大火，盖上锅盖。当贻贝壳全部打开后，立刻出锅，以保持肉质的鲜嫩。将此原汁过筛，预留给诺曼底沙司。

诺曼底沙司

口菇去蒂，剥去菌伞上的皮，再切碎。在1个足够大的炖锅里融化20克的无盐黄油，加入切碎的干葱头，小火炒出水分，约2分钟。倒入口菇、干白葡萄酒，小火一起煮5分钟。最后倒入过筛好的贻贝原汁，收汁至一半分量。

同一时间，准备1份黄油捏面：即预先将10克黄油与10克面粉揉捏在一起。

将收汁好的汤汁用漏斗尖筛过滤，并用力地挤压，以最大限度地回收汤汁。重新煮沸，加入黄油捏面，继续煮几分钟，使汤汁变浓稠，将淡奶油倒入，再煮3分钟。第2次用漏斗尖筛过滤，随后放入冰箱冷藏1小时。确认调味是否得当，可添加数滴柠檬汁进行调整。

完成

用极细的签子扎在圣雅克扇贝慕斯球上，放入冰箱冷藏备用。

取鱼子酱瓦片酥，用直径为5毫米的圆头裱花嘴切割出12块同样尺寸大小的小圆片。

将植物果胶与250克冷的诺曼底沙司混合均匀，边搅拌边加热至沸腾，沸腾后再多煮1分钟。把火调到最小，将扇贝慕斯球一个接一个地浸入，蘸取后提出，即刻放在珠贝壳上，这个果胶会在76摄氏度下凝结。

慕斯球一旦冷却，取出签子，并在此处盖上1小块晾干的鱼子酱瓦片酥圆片。利用剩余的贻贝再做一道小小的头盘，或者留给第二日拌份沙拉，又或者做这道开胃小食的配菜。

从英国艺术家理查德·朗（Richard Long）的作品中吸取到灵感，他以独有的方式使大自然成为其自我表达的介质。

烟熏辣椒沙布雷

用于制作10片

埃斯普莱特辣椒沙布雷面团

145克无盐黄油

35克糖粉

8克盐之花

35克擦碎的帕马森干酪

160克面粉

30克鸡蛋（大约1/2个鸡蛋）+ 1个用于上色

35克杏仁粉

1克现磨白胡椒

1克现磨埃斯普莱特辣椒粉

普罗旺斯黑橄榄抹酱

250克油浸黑橄榄

10克刺山柑花蕾

25克鳀鱼柳

5克大蒜

25克橄榄油

完成

香料

蒜花

西班牙甜红椒

埃斯普莱特辣椒粉（非必要）

埃斯普莱特辣椒沙布雷面团

在厨师机缸或者不锈钢盆里，混合均匀无盐黄油、糖粉和盐之花，加入杏仁粉、白胡椒和埃斯普莱特辣椒粉，搅匀。再倒入帕玛森干酪碎和预先过筛好的面粉，粗粗混合均匀后，加入鸡蛋，搅打几秒，然后停下。取出，用保鲜膜裹住面团，放入冰箱冷藏松弛1小时。

烤箱预热至160摄氏度。

将沙布雷擀开至3~4毫米厚度，切割成90块边长为3厘米的正方形。将正方形面团放在铺有烘焙油纸的烤盘上。用刷子蘸取打散的蛋液，涂在沙布雷上以上色。入烤箱烘烤20分钟，出炉后冷却。

普罗旺斯黑橄榄抹酱

沥干黑橄榄、刺山柑花蕾和鳀鱼柳，将其和去皮的大蒜一起用料理棒打碎至光滑。再加入橄榄油，继续搅打2分钟。

完成

在每份盘碟里，放置9块沙布雷，再用直径为8毫米的裱花嘴，将普罗旺斯黑橄榄酱挤在沙布雷上面。

每块再撒上些许香料，以及摆上一朵蒜花、薄薄一片西班牙甜红椒作为装饰。为了提升味道，亦可再增添少许埃斯普莱特辣椒粉。

章鱼佐西班牙甜红椒酥脆

用于制作6人份

器具

1个锯齿状刮板

章鱼

1个重800克的章鱼

100毫升红葡萄酒

50毫升葡萄酒醋

2个大号的番茄

1个黄柠檬+1个黄柠檬的汁

1根百里香

1片月桂叶

2根野生茴香

1/2头大蒜

5克黑胡椒

橄榄油

西班牙甜红椒酥脆

23克西班牙甜红椒库利

23克番茄库利

23克细砂糖

23克无盐黄油

29克面粉

1克细海盐

腌珍珠洋葱

75克白葡萄酒醋

39克意大利香脂醋

8克细砂糖

60克熟的甜菜根

2克白胡椒

12个珍珠洋葱

完成

2个红色嫩洋葱

18克油炸大蒜

现磨胡椒

1个有机黄柠檬（汁和皮屑）

橄榄油

章鱼

冲洗章鱼，把章鱼头部和触手分开，清空章鱼头内的器官，注意不要弄破墨水袋。将章鱼放入带搅钩的厨师机缸内，以慢速搅打3~4分钟。取出后，像鳗鱼一样，用小刀将其剥皮。

在1个双耳深锅里，放入章鱼、红葡萄酒、葡萄酒醋、切成4大瓣的番茄、预先去皮去掉白色筋络的圆片状柠檬果肉、百里香、月桂叶、茴香、1/2头大蒜、黑胡椒和一个软木塞（起到软化章鱼肉的作用）。将一个盖子放进锅里，并添加一些砝码，使锅盖压在食物上，使食物维持平坦状态。

将锅放在火炉上，并逐渐升温，煮至沸腾。

小火慢煮大约30分钟左右，用刀尖确认煮熟的程度，刀尖应能很轻易地插进章鱼肉里，肉质却又保持着轻微的弹性。

让章鱼肉留在烹煮的原汁里冷却，随后沥干，再将章鱼存储在少许橄榄油里，并放入柠檬汁和原汁里的大蒜。

西班牙甜红椒酥脆

在平底锅里，加热配方里的2种库利和细砂糖，放入冰箱冷藏备用(温度在4摄氏度)。融化无盐黄油，和库利细砂糖混合物混合在一起，待其冷却。随后加入面粉和细海盐，搅拌均匀。入冰箱冷藏1小时。

将上个步骤制得的混合物摊开在1张硅胶垫上（长度与硅胶垫一致），接着用带锯齿的刮板刮出12条1厘米宽的带状长条，所有长条尺寸应保持一致。

烤箱预热至155摄氏度，烘烤8分钟。出炉后冷却30秒，接着拿起2条带状长条，在手中整形成1个球体。以同样的操作手法，制作出6个球体，在室温下储存备用。

腌珍珠洋葱

将2种醋和细砂糖在炖锅中煮沸。加入切成丁的甜菜根和白胡椒，继续煮10分钟。离火加上锅盖，静置30分钟，萃取香气。最后过筛并储存备用。

珍珠洋葱剥皮，照英式法进行烹饪：将洋葱浸入极咸的沸水里几分钟，取出后，立刻倒入盛有冰块的极低温冷水盆里。取出后趁余温，放进前一个步骤制得的腌汁中，最后在1个灭菌的广口玻璃罐子里密封。

完成

在每个盘子里放上好看的章鱼肉，冷或温热皆可。再将对半切开的腌珍珠洋葱，切得极薄的红色嫩洋葱圈与油炸蒜片摆在上面作为装饰。胡椒拧两圈，用少许擦碎的黄柠檬皮屑、一线橄榄油、胡椒碎和柠檬汁进行调味。

呈上桌时，一道奉上西班牙甜红椒酥脆。

法式风格青豆的变身。被注射进钟罩的木制熏烟能释放出微妙的，带有肉感的香气。以此衍生的小贴士：您可以将土豆与正山小种（Lapsang Souchong）浸泡在一起烹饪，也能得到这一抹烟熏风味。

气泡

烟熏香气无肥肉版法式青豆[注]

用于制作6人份

烟熏黄油
75克无盐黄油（用于制作焦化榛子黄油）＋16克新鲜黄油
细的刨木花

青豆
3千克带荚青豆
2根欧芹
2根细叶芹
1束嫩洋葱
80克烟熏黄油
3个莴苣心
白胡椒粗颗粒
细海盐

完成
白胡椒粗颗粒
盐之花

烟熏黄油
加热无盐黄油直至呈现榛子色，放入不锈钢盆中储存备用。
在1个热的平底锅中放入细的刨木花，然后用喷枪点燃。
将制作好的榛子黄油放入已关火的烤箱中。再将刨木花的火闷熄，连锅一并放入烤箱中。关上炉门，让黄油在里面烟熏40分钟。
取出黄油，在室温里冷却。在厨师机缸里，将烟熏黄油与新鲜黄油一起进行搅打，以获得具有烟熏味，且质地均匀的黄油。放入冰箱冷藏储存。

青豆
将青豆剥壳，并保留豆荚。加热1大锅盐水，将豆荚与欧芹以及细叶芹一起，浸入盐水中几秒。出锅后即刻放入冰水里冷却，以保持绿色。
沥干豆荚，放入原汁机中萃取出极翠绿的汁水。再将3/4的嫩洋葱去皮并切碎。
在深底煎锅里，先放入一部分烟熏黄油，再加入切碎的嫩洋葱，烹饪约30分钟至软糯。随后倒入青豆和一半预先切碎的莴苣心，最后取3/4的豆荚汁加入，煮至收汁，约耗时20分钟，用白胡椒和细海盐调味。
快要煮好时，加入最后的1/4豆荚汁，以及剩余的烟熏黄油，使质地更为浓稠。

完成
将其余的嫩洋葱刻成花瓣状，再将剩余的莴苣心切成粗的斜棱状。青豆重新放回火上，并加入嫩洋葱和莴苣心，轻柔地搅匀。
将其装在深盘里呈上桌，撒白胡椒粗颗粒和少许盐之花调味。

小贴士：如果将冒烟的烟斗放入罩钟里，您也可以对青豆进行烟熏，大约耗费2分钟，或者更久。

[注] 因为在法国，青豆常和肥肉、洋葱等一起烹饪。

渍狼鲈缀日本珍珠

用于制作6人份
提前1天准备

渍狼鲈
1条重约2千克的狼鲈（Bar）
570克粗海盐
475克细砂糖
115克柠檬汁
225克白葡萄酒醋
2克姜黄粉

日本珍珠
80克橄榄油
80克茴香根茎
30克干葱头
30克日本珍珠[注]
5粒长胡椒
1粒八角
1个黄柠檬
1束新鲜罗勒

完成
辣椒仔牌辣椒汁
橄榄油
1个有机青柠檬（汁和皮屑）
18克鳟鱼子
25克芝麻菜细叶

渍狼鲈

提前1天，切分狼鲈鱼柳，去皮。保留鱼头，去除眼睛和腮盖，再将狼鲈对半切开，然后用清水洗刷掉所有的血。

将狼鲈鱼柳放入盘中，混合粗海盐和细砂糖，覆盖其上。放入冰箱冷藏腌渍14小时。

制作当日，冲洗鱼柳，然后将鱼柳浸入柠檬汁、白葡萄酒醋和姜黄粉的混合物中，约30分钟。沥干后放入冰箱冷藏备用。

日本珍珠

在铸铁锅里，用橄榄油翻炒切碎的茴香根茎和切成四大瓣的干葱头，但无须上色。随后加入长胡椒和八角，以及狼鲈的鱼头。加水至淹没食材，烹煮20分钟。

再加入切成圆片的柠檬果肉块（预先去掉了皮与橘络），以及1束罗勒，继续煮20分钟。用漏斗尖筛过滤汤汁，无须挤压。重新将这份高汤放回炉火上，并倒入日本珍珠（即木薯小丸子），再煮15分钟左右，直至珍珠变得透明。沥干后，将珍珠用清水轻微地冲洗。

完成

将腌渍好的狼鲈切成边长为1厘米的小块，撒上一线辣椒仔牌辣椒汁、橄榄油和少许柠檬汁。确认调味是否得当，然后将其放入一个漂亮的碗里。

在沙拉盆里，混合日本珍珠、鳟鱼子、擦碎的青柠檬皮屑，少许橄榄油，随后将上述调味料精巧地放在狼鲈鱼肉上，最后装饰少许芝麻菜细叶。

小贴士：我们使用了贝壳作为食器，来呼应海洋这一主题。如果您改动一下分量，做成开胃小食，一定能使鸡尾酒晚会充满趣味。

[注] 木薯粉做的小丸子。

气泡

此配方的创作念头源自一场京都之行，我的朋友佐藤桃香带我去拜访了一家当地的工坊，并参与了日式豆皮的制作。当豆奶在没有加盖的锅中煮沸后，会在表面形成一张膜，或像是一层位于液体表面的软皮，这便是在日语里被称作"yuba"的腐竹。它们会被卷起来，晾干后可搭配日式佐料食用。

日本归来

用于制作6人份

海螯虾高汤
200克海螯虾
600克水
6根欧芹梗
50克嫩洋葱
1小块日本昆布

调味料
6克盐之花
1克抹茶
1克香葱水芹籽
20克蒜花

摆盘
6块日式腐竹
3克抹茶粉
3克芝麻油
1束香葱水芹[注]
60克日本柑橘酱油

海螯虾高汤
在炖锅中，投入海螯虾的虾头和虾钳。将虾身放在冰箱冷藏中备用。锅中加入冷水、欧芹梗、切碎的嫩洋葱和昆布。煮到第1轮沸腾后关火，然后静置30分钟萃取香气。过滤后储存备用。
如有需要，可使其收汁，将风味浓缩。它也能像柑橘酱油一样，当作调味的盐来使用。

调味料
混合所有的原料，备用。这份调味料能依据个人口味，加入高汤中调节咸淡，也可以撒在预留的虾身上调味。

摆盘
取一半的海螯虾高汤倒入平底炖锅里，将日式腐竹浸入，避免其散开。确认腐竹的煮制程度：尝起来应该是柔软的。出锅后将它们轻柔地放在6个碗里，然后倒入海螯虾高汤，再添入抹茶粉、几滴芝麻油和一些香葱水芹。
食用时，可一并呈上调味料或柑橘酱油，按个人喜好，将它们加入高汤中增加风味。
亦可将海螯虾虾身做成开胃菜呈上桌：将其在高汤中浸煮2分钟，然后去壳，并蘸取柑橘酱油食用。

[注] 属于葱科的植物，外表类似深绿色的、纤细的豌豆苗，法语又叫中国细香葱（ciboulette de Chine）。目前尚未有正式的中文学名，亦有主厨称呼为春葱苗、葱蒜苗、微型蔬菜苗。

在冬日的面包坊，炉火前，大家一起分享这个由小麦黑麦所制，比例为一比一的面包。就像三明治一样随意，它就是我所爱的一切！我们最初的构想是做出一款带面包壳的乡村肝酱冻，最后制成了乡村肝酱冻口味的面包。创意与实施都源自凯文·拉范（Kevin Rafin），一位年轻又有才华的肉食制品师。所以当一份美味的面包和乡村肝酱摆在面前，还需要等待什么呢？此刻只需一瓶精心挑选的酒！

气泡

带壳乡村肝酱冻面包

用于制作1个525克的面包
提前1天准备

祖母牛肝菌乡村肉酱冻
详见第28页的"祖母牛肝菌肝酱冻和酥脆糖果"配方

面包
500克T130黑麦面粉
500克T55白面粉
500克鲁邦种（levain）
600克水
20克新鲜酵母
5克麦麸皮
30克细海盐

整形
面粉

祖母牛肝菌乡村肝酱冻
提前1天，按照原配方，将所有食材除以2，制作祖母牛肝菌乡村肝酱冻。
提前1天，烤箱预热至130摄氏度，将生的肝酱分成3个小球，装入小陶瓷盅，进烤箱烘烤30分钟。确认是否烤熟，然后放入冰箱冷藏（4摄氏度）过夜。

面包
隔日，先测量面粉的摄氏温度，再测出制作间的摄氏温度，两者温度相加，最后得到的数字被54减去，即可得到水的最适宜温度（比如，面粉温度18摄氏度+房间温度22摄氏度-54=水温14摄氏度）。
在厨师机缸里，倒入2种面粉、鲁邦种、水、新鲜酵母和麦麸皮，以1挡搅打4分钟。
接着以2挡搅打8分钟，在尾声时加入细海盐，继续以2挡搅打2分钟。出缸时的面团温度应该是在23~24摄氏度之间。
在24摄氏度下，让面团醒发45分钟。

整形
第1轮发酵后，将面团切割成每份重为175克的剂子，预整形为球状，然后在室温里松弛10分钟。
在每个面包剂子里，塞入1个祖母牛肝菌乡村肝酱冻小球，最后整形成紧实的球状。
在柳条发酵篮里扑粉，将3个球挨着放入，带接口缝隙处的那面朝上。再把面包翻转，这样便能得到表皮上的装饰花纹。
放入冷的发酵间醒发约1小时30分钟（参数：湿度85%，温度24摄氏度）。
烤箱预热至240摄氏度，入烤箱烘烤20~25分钟。

蓟类的宣告

用于制作12人份

器具

1个硅胶模具

朝鲜蓟

1个朝鲜蓟

50克无盐黄油

50克细海盐

2升水

300克面粉

1个柠檬的汁

3升用于煎炸的油

组装

400克肥肝

300克鸡高汤淋面

50克混合香草（细叶芹，龙蒿，嫩香草苗等）

朝鲜蓟

根据朝鲜蓟的尺寸大小，在高压锅中与无盐黄油、细海盐、水、面粉和柠檬汁一起烹饪10~12分钟。出锅后，将朝鲜蓟以最快的速度浸入一盆冰水中。

朝鲜蓟冷却后，头朝下倒置，沥干水（确保不再有水，整个都是干燥的，因为在油炸之前必须控水），将煎炸油加热至180摄氏度，然后将朝鲜蓟放入，直至烹饪成所需的颜色（叶子仍为绿色，尖端微微炸成金黄色）。

将朝鲜蓟头朝下放置，使多余的油滴落。

组装

在配套的硅胶模具中，用肥肝灌成1个半球。将鸡高汤淋面加热至可淋面的状态，用刷子蘸取，给肥肝上第1轮淋面。在肥肝表面粘上各种混合香草，再刷第2轮淋面。

朝鲜蓟的蕊心预先掏空，尽可能地掰开，使得可以塞入肥肝半球。

小贴士：如果做成鸡尾酒会的小食，可以将肥肝制成迷你的菱形，再一个个地摆在油炸朝鲜蓟叶片上。

珍珠鸡肉白菜卷

用于制作15人份
提前1天准备

珍珠鸡和猪肉
500克猪胸肉
500克猪喉
30克细海盐
3克胡椒
1只农场珍珠鸡，重1.5千克
1个有机青柠檬

焗馅
200克禽类肝脏
1根胡萝卜
2个干葱头
200克口菇
20克红宝石波特酒
细海盐
10克油

珍珠鸡原汁
50克无盐黄油
1升鸡高汤

组装
50克黑木耳
50克蜂蜜
50克酱油
1颗中国大白菜
50克胡萝卜
50克洋葱
无盐黄油
200克淡奶油
60克鸡蛋（大约1个鸡蛋）
50克肥肝片
200克鸡高汤淋面（非必需）
5片金箔（非必需）
细海盐

珍珠鸡和猪肉

将猪胸肉与猪喉切成边长为10厘米的粗块，用18克细海盐和2克胡椒调味。

沿着背部至腹部，给珍珠鸡去骨，注意不要在皮上弄出洞眼。鸡腿去骨时保留鸡皮，减少对鸡皮的破坏，去骨后将鸡皮带着里脊肉完整地剥离，并去掉油脂。

将珍珠鸡的皮和里脊平摊在保鲜膜上，放入冰箱冷藏。去除鸡腿和鸡块上的神经，以及脂肪，然后将鸡块切成边长为0.5厘米的小丁。用12克细海盐和1克胡椒，以及擦碎的青柠檬皮屑，给里脊肉和鸡腿调味。放在冰箱冷藏储存备用。

焗馅

准备制作焗馅：撒细海盐，给禽类肝脏调味。切碎胡萝卜、干葱头和口菇。用少许油将蔬菜炒出水分。在另一个平底锅中用油翻炒肝脏，当它们变成粉红色时，出锅。随后用波特酒在锅中澄清和萃取精华：即撇去油脂层，倒入波特酒，然后用木勺刮起锅底的沉淀物。最后混合所有食材，放入冰箱冷藏备用。

珍珠鸡原汁

回收珍珠鸡的骨头，与无盐黄油、鸡高汤一起放入炖锅中制作原汁。小火慢煮，收汁至呈黏稠的糖浆状，全程耗时约45分钟。

组装

用少许珍珠鸡原汁泡发黑木耳，拧干后，将木耳放入锅中，用无盐黄油翻炒，再加入蜂蜜与酱油的混合物。出锅后放入冰箱冷藏。温度冷却后，尽可能地切碎。

将中国大白菜择叶，只保留叶子的绿色部分。尽可能地将白菜切碎，再投入沸腾的盐水里焯几秒钟。随后浸入冰水里，拧出水，并用厨房纸巾将水吸干。

将胡萝卜切成小细丁，洋葱切碎，用少量无盐黄油炒出水分。倒入一半的淡奶油，收汁，然后加入大白菜，放入冰箱冷藏储存备用。接下来制作1个直径为3厘米的香肠：内芯是大白菜混合馅料，取一半分量的黑木耳馅料包裹住。制作完毕后放入冰箱冷冻定型1小时。

料理机装上细刀片，或者用研磨机，将禽类肝脏焗馅、猪喉、猪胸肉与肥肝片细细打碎，共进行2次。

用厨师机边搅打这份肉馅，边加入剩余的淡奶油，并加入150克收汁后的珍珠鸡原汁、鸡蛋、珍珠鸡肉块，以及剩余的黑木耳馅料。

取出珍珠鸡的皮和里脊，将上个步骤制成的内馅铺在上面，尽量形成一个长方形。然后在中间摆上从冷冻室里取出的大白菜黑木耳香肠，边用力拧紧两端，边用保鲜膜将其紧实地卷成筒状，再用针线缝住两端。将这份紧裹着保鲜膜的肉卷放入85摄氏度的水里进行烹煮，当内芯温度达到68摄氏度时，取出。然后放入冰箱冷藏过夜。

组装当日，可以在肉卷上涂抹上一层带有金箔的鸡高汤淋面（配比为5片金箔兑200克淋面，其制作方法为：先融化200克淋面，随后放入5片金箔，搅打2秒，冷却至呈现浓稠糖浆质地，便可用刷子将其涂抹在肉卷上）。

小贴士：制作腌渍物或者猪肉类制品时，通常来说，会使用亚硝酸盐来代替细海盐，预防食物发白，并保持有市售肉制品典型的鲜艳颜色。但我们还是比较钟爱细海盐。

海胆，根芹薄啫喱和
鱼子酱

用于制作4人份

海胆
50个海胆

海胆啫喱
400克海胆水
5克吉利丁片

根芹奶油
30克根芹
30克全脂牛奶
50克水
15克鸡高汤
10克淡奶油
6克无盐黄油
细海盐
胡椒

摆盘和完成
15克海胆肉
20克鱼子酱

海胆
用剪刀打开海胆，回收里面的海水用于制作啫喱。轻柔地取出海胆肉，用厨房纸巾擦拭干净。[注]

海胆啫喱
用厨房布过滤海胆水，再取1个小锅，将海胆水煮至温热。加入预先已经在冷水里泡软并拧干了水的吉利丁片，搅匀后，重新将全部再用厨房巾进行1次过滤。
将海胆啫喱灌入碟子里，厚度为4毫米，随后放入冰箱冷藏至少14分钟，待其凝固。

根芹奶油
将根芹切成小丁，放入炖锅里，与水和全脂牛奶一起，加盖小火慢煮。沥干根芹，打碎成泥，然后用漏斗尖筛过滤。
将其放进1个小的深底煎锅里，倒入鸡高汤和淡奶油，再加入无盐黄油，用蛋抽搅拌至乳化，撒细海盐和胡椒调味。

摆盘和完成
将海胆肉用细目筛压榨出汁水，将汁水装入1个用烘焙油纸叠成的小圆锥裱花袋内。根芹奶油也进行同样的操作。鱼子酱亦用细筛过滤一次。
呈上桌之前，取出冷冻的放有啫喱的碟子，用根芹奶油、海胆肉，以及鱼子酱在上面挤出小点作为装饰。

[注] 具体操作一般为：提着纸的两边，海胆放在纸的中间，手上下摆动，以去除黑色的不洁物。

海胆壳盛泡沫海水
佐鳄梨和甜红椒粉

用于4人份

海胆汁和海胆肉

8个海胆

鳄梨沙司

1/4个澳洲青苹果

1/4个鳄梨（牛油果）

5段细香葱

30克意大利香脂醋

油醋汁

10克意大利香脂醋

细海盐

2克法国柔和芳香风味芥末[注2]

（condiments doux）

30克橄榄油

胡椒

海胆泡沫

300克海胆水

105克淡奶油

6克吉利丁片

2克琼脂

50克根芹奶油（详见第354页的"海
胆，根芹薄啫喱和鱼子酱"配方）

摆盘

粗海盐

现磨甜红椒粉

海胆汁和海胆肉

用剪刀打开海胆，回收里面的海水，用厨房布将海胆水过滤，作为制作海胆泡沫的食材备用。轻柔地取出海胆肉，用厨房纸巾擦拭干净。[注1]

鳄梨沙司

准备制作油醋汁：将意大利香脂醋倒入1个不锈钢盆里，加入1撮细海盐，搅拌至溶解。接着倒入法国芥末、橄榄油，用蛋抽搅匀。最后快完成的时候撒胡椒调味，用漏斗尖筛过滤。

刮擦海胆壳，去除上面所有的刺。将鳄梨和青苹果切成小丁，与切得极碎的细香葱混合均匀。将它们全部放进油醋汁里，随后装入海胆壳内，再摆上海胆肉，倒入30克意大利香脂醋。

海胆泡沫

在1个小锅里，煮沸海胆水，加入淡奶油和预先在冷水里泡软且拧干的吉利丁片，再次煮沸。像下雨一样撒进琼脂，搅拌均匀后再等待沸腾一次，用漏斗尖筛过滤，最后放入冰箱冷藏1分钟。

将其灌进虹吸壶，填入3个气弹，摇匀后放入冰箱冷藏。

摆盘

将海胆壳放在4个盘子里，盘中由粗海盐垫底。将海胆泡沫挤在海胆壳内，再撒上现磨的甜红椒粉。

[注1] 具体请见P.354。

[注2] 例如创建于1899年的法国萨芙拉牌（Savora®）芥末，其充满香料及蜂蜜的丰富口感。

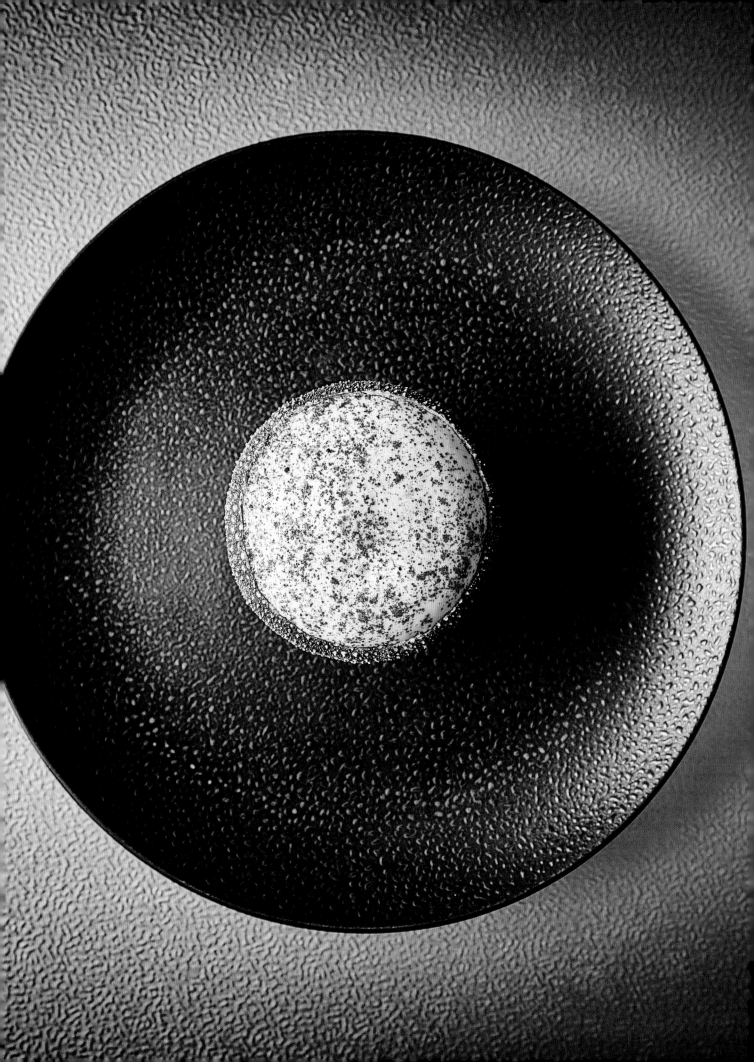

充满视觉效果，既现代又纯净：只需要简单地瞟一眼，我就能立刻辨认出弗雷德里克·安东（Frédéric Anton）的风格。这个围绕着海胆的独特诠释，毫无疑问，就是出自他之手。作为法国米其林三星餐厅的主厨，以及最佳手工匠人获得者，我钦佩他的履历。但我更愿意将他视为与我拥有无比默契，能分享对于厨艺这一共同激情的厨师兼艺术家。他玩转感官与口感的方式，迷人又复杂；他的厨艺既慷慨又能挑拨味蕾。每一道他在乐朴雷卡特朗（Le Pré Catelan）餐厅所创造出的菜肴，都直指一个事实：对于美和美味，他的品位永不枯竭。

气泡

海胆，软心小弗朗，
贝类淡高汤

用于制作4人份

海胆
20个海胆

海胆弗朗
150克海胆水
60克鸡蛋（1个鸡蛋）
50克淡奶油
2克细砂糖
细海盐
胡椒

贝类泡沫
300克贝类高汤
105克淡奶油
6克吉利丁片
2克琼脂

摆盘
2盒嫩青麦苗
16克鱼子酱

海胆
用剪刀打开海胆，回收里面的海水，用厨房布过滤海胆水，作为海胆弗朗的食材备用。轻柔地取出海胆肉，用厨房纸巾擦拭干净。

海胆弗朗
在不锈钢盆里，搅匀海胆水、鸡蛋和淡奶油，再加入细砂糖，用细海盐和胡椒调味。最后用漏斗尖筛过滤。
将海胆肉放在4个碗的底部，倒入前一个步骤制得的海胆蛋奶液（即弗朗）。接着给每个碗都盖上保鲜膜，放入蒸锅[注]里带气孔的蒸屉上层蒸煮15分钟。

贝类泡沫
在炖锅里，煮沸贝类高汤，加入淡奶油和预先在冷水里泡软且拧干的吉利丁片，再次煮沸。像下雨一样撒进琼脂，搅拌均匀后再等待沸腾1次，用漏斗尖筛过滤，最后放入冰箱冷藏1小时。
将贝类泡沫灌进虹吸壶，填入3个气弹，摇匀后放入冰箱冷藏。

摆盘
将嫩青麦苗插在海胆弗朗上。
呈上桌时，将虹吸瓶里的高汤混合物挤成泡沫，铺在海胆弗朗上，最后在中间撒少许鱼子酱。

[注] 原文是煮北非小米古斯古斯的蒸锅。

此款继承自乔治·鲁（Georges Roux）的配方，我们成为密友已超过20年。我可以无顾忌地向这位80岁的长者提出要求，并得到超出预期的慷慨回应，对方换成加斯东·雷诺特亦是如此。

气泡

小小阿格里亚舒芙蕾

土豆削皮，在流水下冲洗。用切模切割出直径为3厘米的，类似酒瓶塞形状的圆柱体。理想情况下，再使用蔬菜切片器，按3毫米的厚度，将土豆规律地横切成小片。

将土豆再冲洗一次，用厨房巾擦干。

将小牛的腰部肥膘切成粗丁，慢慢地在铸铁锅里融化，然后用漏斗尖筛过滤。加热至130~140摄氏度，放入土豆片，煎炸4~5分钟，同时用漏勺拨动。出锅后将土豆片沥干。

将油继续升温至180~185摄氏度，重新放入预煎过的土豆，这次一直煎至上色，预防其软塌。

当土豆上色且表面变得酥脆时，出锅，并将土豆片放在厨房纸巾上吸取掉多余油分，撒盐之花调味。

建议：注意不要使用太新鲜的土豆，不要犹豫让土豆"衰老"一个礼拜。这样它们会切割起来更容易，并且膨胀得更好。小牛的腰部脂肪不仅滋润了这份土豆，也赋予了土豆魔力的口感（鲁先生的小秘密）。当然您之后也可以使用普通的煎炸油。

用于制作10人份

器具
1个切模

1千克阿格里亚（Agria）[注]品种土豆
3千克小牛的腰部肥膘（油脂）
盐之花

[注] 是一个常用来做薯条的土豆品种。

德式布里欧修（*Dampfnudeln*）[注1]再次佐证了阿尔萨斯地区饮食文化之丰盛。我脑海中亦留存着母亲为我制作布里欧修时，那美妙的味觉回忆。在此且以我的方式，诠释出铸铁锅焦糖德式布列欧修的版本。

气泡

烈焰德式布里欧修

千层酥布里欧修

按照配方所示，将所有食材分量除以2，制作千层酥布里欧修面团。将面团裹上保鲜膜，放入冰箱冷藏过夜。

制作当日，将面团擀开至5毫米厚度，切割出20来片直径为3厘米的圆块。放入冰箱冷藏备用。

杏仁酱

按照配方所示，制作350克杏仁酱，放在冰箱冷藏备用。

烤苹果

烤箱预热至170摄氏度。

苹果削皮，对半切开并挖去内芯，放置在盘子里，撒上香草糖和融化的无盐黄油。入烤箱烘烤30~35分钟，用刀尖试探是否已经烤熟（刀尖应该可以轻易地插入果肉内），出炉后放入冰箱冷藏1小时冷却。

组装

在铁铸锅底部，均匀整齐地放上烤苹果，用刮刀按压平整。接着铺上杏仁酱，抹平。随后将千层酥布里欧修面团以交叉排列的方式摆放进去，注意每个之间略留些间隙。在蛋液内加入少许细海盐，打散后用刷子将蛋液涂在面团表面用于上色。最后醒发1小时30分钟~1小时45分钟，如有可能，在28摄氏度下操作。

烤箱预热至180摄氏度。

重新用鸡蛋液上色1次，并在每1个千层酥布里欧修面团上放置1片杏仁片。入烤箱烘烤20~25分钟，温热时享用最佳。

呈上桌时，用1个小锅加热朗姆酒，点火使其燃烧，随后将其倒在布里欧修上。或者更疯狂些，配上一份香草冰激凌！

用于制作8人份
提前1天准备

器具
1个铸铁锅，长宽为24厘米×22厘米，高度为10厘米

千层酥布里欧修
请见第270页的"千层酥布里欧修佐马塞尔·圣缇尼之家糖渍柑橘"配方

杏仁酱
请见第235页的"鳄鱼国王饼"配方

烤苹果
6个法国尚特克蕾尔（Chantecler [注2]）品种苹果
75克无盐黄油
75克香草糖

组装
60克鸡蛋（大约1个鸡蛋）
1撮细海盐
20片左右的杏仁片
50毫升朗姆酒（非必要）
香草冰激凌（非必要）

[注1] 德国的一种传统的、蒸出的甜点，类似中国的包子、馒头。常常内夹果酱或者配香草酱食用。此处配合作者的原文，翻译为德式布里欧修，便于大家的理解。

[注2] 法国的一个苹果品种，外皮金黄带斑点，香气十分浓郁。

气泡

面包球

用于制作6人份的3个球状面包

面包面团

400克水

530克普通面粉[注2]

45克干性酵母粉（campasine®牌）

5克新鲜酵母

12克细海盐

15克芝麻粒

7克褐色亚麻籽

7克大麦胚芽片

面包面团

先测量出面粉的摄氏温度，以及制作间的摄氏温度，将两者温度相加，再减去64这一数字，用以得到需要的水温（例如：面粉20摄氏度＋房间20摄氏度＝水温＝40-64＝24摄氏度）。

厨师机装上搅钩，在缸中加入面粉和水，以1挡搅打5分钟后，用20分钟进行水解。

加入新鲜酵母，以2挡搅打5分钟，倒入细海盐，继续以2挡搅打5分钟。随后将面团分成2份，其中1份加入谷物。最终面团的起缸温度应该不超过26~28摄氏度。将面团松散地裹上保鲜膜，在室温下醒发45分钟。

将这两份面团切割成不同重量的剂子，或者同等重量的剂子（图片中的最右款按照球的大小，分量从10~120克不等，左侧两款都是每个球重55克）。将剂子整形成球状，放置在撒有面粉的发酵布上，一个个紧挨着排列好。在26摄氏度下醒发1小时30分钟~2小时。

烤箱预热至250摄氏度（无须开风扇）。

将面团转移到铺有烘焙油纸的烤盘上，将面团表面划开，并撒上面粉作为装饰（如有需要）。入烤箱烘烤，并在烤箱底部倒一杯水（用于制造水蒸气），立刻关闭炉门，烘烤10~12分钟。

[注1] 即法国最佳手工匠人奖项。

[注2] 可用T55。

刚加入雷诺特时，我便想要学习制作这款传奇的、极有技巧难度的秋叶蛋糕。从某种意义上来说，这也是一个必经之路，以及被接纳的仪式，并使我与蒂里·巴比约（Thierry Babilotte）和奔·托，堪称我的领路人的两位，建立起了极佳的默契。我们的职业毫无疑问建立于日复一日的学习上，亦需具备谦逊与勇气。这款"秋日之球"的重新创造，于我而言，堪称一场新的应战。

用于制作6~8人份

器具
2个直径为22厘米的半球模具
2个直径为16厘米，高度为8厘米的半球模具

杏仁蛋白糖
90克蛋清（大约3个鸡蛋）
70克细砂糖
45克糖粉
45克去皮杏仁粉
20克全脂牛奶

白色蛋白糖
200克蛋清（6~7个鸡蛋）
200克细砂糖
200克糖粉

防潮巧克力涂层
200克帕西黑巧克力（70%）
40克花生油

巧克力慕斯
450克黑巧克力（50%）
225克无盐黄油
300克蛋清（大约10个鸡蛋）
100克细砂糖
100克蛋黄（大约5个鸡蛋）

蓝莓夹心
250克新鲜蓝莓
5克凝胶强度为180的吉利丁片
30克水
70克粗砂糖
50克蓝莓果蓉

紫色淋面
4克凝胶强度为200的吉利丁片
110克全脂牛奶
45克葡萄糖浆
130克白巧克力
130克象牙白淋面膏
（pâte à glacer ivoire）
1滴天然食用蓝色色素
10滴天然食用红色色素

巧克力叶
300克帕西黑巧克力（70%）
铜粉

秋日之球

杏仁蛋白糖

烤箱预热至120摄氏度。

打发蛋清，其间逐渐将细砂糖加入。在1个大的不锈钢盆里，放入预先过筛好的糖粉和去皮杏仁粉。将粉堆的中间挖空，形成井状，然后倒入全脂牛奶。加入1/3打发好的蛋白，混拌均匀，然后再轻柔地将剩下的蛋白混拌入内。

在铺有烘焙油纸的烤盘上，用10号圆头裱花嘴，挤出2块直径为15厘米的圆片。入烤箱烘烤1小时~1小时50分钟。出炉后冷却。

白色蛋白糖

烤箱温度维持在120摄氏度。蛋清打发，其间逐渐将细砂糖加入。最后拌进预先过筛好的糖粉，改用刮刀混拌均匀。

在铺有烘焙油纸的烤盘上，用8号圆头裱花嘴，挤出2块直径为15厘米的圆片，以及2块直径为11厘米的圆片。入烤箱烘烤1小时~1小时50分钟。出炉后冷却。

防潮巧克力涂层

以隔水加热的方式，将黑巧克力融化至40摄氏度，加入花生油。用刷子蘸取巧克力涂层后，将其涂满杏仁蛋白糖底和白色蛋白糖底（能避免受潮）。在室温下储存备用。

巧克力慕斯

以隔水加热的方式，在1个不锈钢盆里，融化黑巧克力至40摄氏度。在装有桨叶的厨师机缸里，搅打无盐黄油，随后一点点加入融化的巧克力，同时持续不停地用桨叶进行搅拌，耗时大约15分钟。将蛋清和细砂糖一起打发，先取1/3打发好的蛋白，和全部蛋黄一起，放进缸里的黄油巧克力混合物中，并用力地搅拌均匀。最后组装时，再将剩余的蛋白轻柔地混拌入内。

蓝莓夹心

将蓝莓放入盘里，放入冰箱冷冻备用。吉利丁在冷水里泡软。在锅中，依次加入水、粗砂糖，煮至121摄氏度，然后缓慢地倒入蓝莓果蓉，升温至110摄氏度。吉利丁捞出拧干，加入热的糖水混合物里，再投进冷冻蓝莓颗粒，用刮刀搅匀。在铺有烘焙油纸的烤盘上，挤出2块直径为11厘米的圆片。放入冰箱冷藏1小时降温。

紫色淋面

吉利丁片在冷水里泡软，拧干。在锅中，煮沸全脂牛奶和葡萄糖浆，再放入吉利丁片。随后全部倒在白巧克力和象牙白淋面膏上，蛋抽搅拌均匀，注意不要产生气泡。最后加入色素，过筛。

巧克力叶

以隔水加热的方式融化黑巧克力至40摄氏度。再将2/3的融化巧克力倒在洁净且干燥的大理石桌面上，进行调温：用长抹刀将巧克力摊开，并从巧克力的旁侧，以及由下至上地不断铲起，再摊开，且始终保持与大理石台面的接触。巧克力会迅速变浓稠结块，在质地变硬之前，将其全部铲起，再倒回40摄氏度的巧克力里。无须再隔水加热，混拌均匀后，温度会达到30摄氏度。维持这个温度。

以灌模或者切割的方式，制作出常春藤叶或其他形状的叶片。将它们一片接一片，用巧克力粘在2个直径为22厘米的半球模具内部。待其冷却后轻柔地取下，再用细毛刷在叶子表面涂上一层富有光泽的铜粉。

组装

在2个直径为16厘米的半球模具底部，填充巧克力慕斯。在每个模具内再放置1块小号的白色蛋白糖，继续挤上巧克力慕斯。随后依次摆上蓝莓夹心、杏仁蛋白糖，并以巧克力慕斯覆盖，最后用1块大号的白色蛋白糖封底。抹平整，放入冰箱冷冻至少3小时定型。

半球脱模后，截面微微加热，两两拼接成1个完整的球体，连接的缝隙处用热的小抹刀抹平，放入冰箱冷冻备用。加热紫色淋面至30摄氏度，借助刷子，将淋面浇淋并均匀覆盖住整个球体，如有需要，可再淋一层。

在球体上方插入1个签子便于转移（例如用于烤串的那种），放入冰箱冷藏直至品尝。

完成

取1个巧克力叶片制成的半球，放置在盘里，或者精美的甜点碟里。极其轻柔地将紫色巧克力球体移入其中，再盖上第2个巧克力叶片半球，与底部的半球相互支撑。

气泡

这个蛋糕使我回忆起之前在南希度过的岁月。芭芭的历史可以追溯到17世纪伊始的前50年。当时斯坦尼斯瓦夫一世（Stanislas Leszczynski），即洛林公爵，居住在南希，他觉得咕咕霍夫质地过干，于是要求浇上托考伊葡萄酒[注1]（tokay）来食用。自此启发了大家之后以朗姆酒代替，来润湿芭芭。

我非常喜欢芭芭，也建议你们在放置橙子芭芭的盘里或者碟子里，淋上橙花水或者橙花精油。这道甜点会使整个房间芳香起来，并以此为话题，激起热烈的交谈。

橙花水圆球芭芭

用于制作12个单人份

器具
直径为6厘米的硅胶半球模具

芭芭面团
详见第232页的"哈雷芭芭国王饼"配方

柑曼怡糖浆液
1升水
500克粗砂糖
1根香草荚
300克柑曼怡酒
视季节而定的10朵橙花（非必要）
橙花水（适量）

柑曼怡橙酱
详见第288页的"高田贤三的劈柴蛋糕"配方

香草轻质奶油
详见第127页的"交响挞之花"配方

组装
12个有机橙子
细砂糖

芭芭面团
按照配方所示，将所有食材分量除以2，制作芭芭面团。
将面团填入直径为6厘米的硅胶半球模具内，每份芭芭约20克。在28摄氏度下，以及湿润的环境里（如有可能，湿度控制在85%），醒发1小时30分钟。
烤箱预热至165摄氏度，入烤箱烘烤20分钟。
冷却后脱模，在室温下储存备用。

柑曼怡糖浆液
在锅中，煮沸水和粗砂糖，并加入对半切开并刮取出的香草荚籽和荚体。加入柑曼怡酒和橙花水或橙花（依喜好而定），降温至60摄氏度。将芭芭浸泡在糖浆液内，以最大限度地吸收糖浆。组装时，再将芭芭取出放置在烤架上。

柑曼怡橙酱
按照配方所示，将所有食材分量乘以2，制作柑曼怡橙酱。

香草轻质奶油
按照配方所示制作香草轻质奶油。

组装
在橙子的1/3高度处切开，借助挖西柚果肉的小勺[注2]，将内部掏空。将果肉去掉白色的筋络，切割成小块。极轻微地打湿橙子皮，让其在细砂糖里滚一下，制作出霜状外表。
在每个橙子做成的容器里，盛放果肉小块，并挤上柑曼怡橙酱（每个大约20克），以及香草轻质奶油。放入冰箱冷藏备用。
呈上桌时，将芭芭放进橙子里，拱起的半球那一面朝上。取之前切下的橙子顶部，切出几缕漂亮的橙皮，将橙皮在沸腾的盐水里焯3分钟，沥干后，撒上一层薄糖，放置在芭芭表面。

奥利维耶·普西耶对于餐酒搭配的建议
科西嘉角-蜜思嘉葡萄品种（Muscat du Cap Corse），慕思卡特露，2015（Muscatellu 2015），克罗·尼克洛斯酒庄（Clos Nicrosi）。

[注1] 托考伊葡萄酒产自匈牙利，是世界上极好的贵腐甜白葡萄酒之一。
[注2] 勺身两侧带锯齿。

禁果 [注]

用于制作12个单人份

器具
12个直径为6厘米的硅胶半球模具
12个直径为6厘米的不锈钢半球模具
1个直径为6厘米的切模

千层酥面团
详见第127页的"交响挞之花"配方
60克鸡蛋（大约1个大号鸡蛋）

醋栗淋面
200克粗砂糖
5克NH果胶
200克水
100克醋栗果蓉

烤苹果
6个法国尚特克蕾尔品种苹果
50克无盐黄油
50克香草糖

紫糖蕾丝
335克粗砂糖
100克水
100克葡萄糖浆
糖类专用食用紫色色素

完成
糖粉

千层酥面团

按照配方所示，制作300克千层酥面团。

将酥皮擀开至5毫米厚度，在酥皮表面叉孔，并将酥皮切割成12块直径为8厘米的圆片，随后用直径为6厘米的切模将圆片中心进行镂空处理。烘焙油纸微微打湿，铺在烤盘上，再放上酥皮圆片。放入冰箱冷藏储存至少2小时。

烤箱预热至180摄氏度。

用鸡蛋液涂在酥皮表面上色，入烤箱烘烤25~30分钟，出炉后放在烤架上冷却。

醋栗淋面

在不锈钢盆里，混合65克粗砂糖和NH果胶。

在锅中，倒入水和剩余的粗砂糖，加热至微沸。接着倒入前一个步骤的糖和NH果胶的混合物，蛋抽搅拌均匀后，再混入醋栗果蓉，不要停止搅拌，并保持微沸的状态5分钟（如有可能，用糖度仪检测是否达到45波美度Brix）。

烤苹果

烤箱预热至170摄氏度。

苹果去皮，去核，每个苹果切成12块。将苹果块铺在深烤盘里。

在锅中，将无盐黄油融化至液体状，随后用刷子蘸取黄油涂抹在苹果上，撒上香草糖，入烤箱烘烤20~25分钟。用刀尖插入果肉测探是否烤熟，出炉冷却。

将果肉填充进12个直径为6厘米的硅胶半球模具内，并冷藏1小时。在烤架上脱模，将温热的醋栗淋面浇灌其上，使淋面完全覆盖苹果。

紫糖蕾丝

请根据第382页的"糖球"配方，制作出蕾丝糖。

取直径为6厘米的不锈钢半球模具，做出镂空蕾丝糖罩。待其冷却后，非常轻柔地将糖罩剥落，室温储存直至使用。

完成

将过筛的糖粉微微撒在酥皮底的边缘。将苹果半球放置于酥皮内，最后盖上紫色的蕾丝糖罩。

[注] 这个名字源自《圣经》里的故事，魔鬼（蛇）引诱亚当和夏娃偷食了禁果。

这是我与2012年法国甜点锦标赛冠军菲利普·勒·德科（Philippe Le Deucde）的妙手偶得之作。以香槟气泡的形式来呈现一份极度富含有香草香气的舒芙蕾，效果非凡。干杯！墨西哥香草（学名"Vanilla planifolia"）是目前所有已知香草的起源。在墨西哥，香草能以自然的形式被一种特殊的蜂鸟授粉，这在世界上也是罕见的。

气泡

起泡香草舒芙蕾

香草卡仕达酱

按照配方所示，制作550克香草卡仕达酱，如有可能，请使用墨西哥香草。

香槟笛的组装

在锅中，微微融化澄清黄油至膏状，用一把细刷，将澄清黄油从下至上地涂抹在香槟笛内壁。随后填充细砂糖和墨西哥香草籽（或者香草粉）。最后将香槟杯倒转，以去除多余的糖和香草。

舒芙蕾主体

在厨师机里，倒入蛋清，用打蛋头打发，其间逐步加入细砂糖。

同一时间，在1个大号的不锈钢盆里，用蛋抽将卡仕达酱打散，恢复至光滑的状态，并维持温热（如有可能，50摄氏度最佳）。

用蛋抽将1/3的打发蛋白加入香草卡仕达酱内，搅匀。然后改用刮刀，将剩余的蛋白轻柔地混拌入内。

完成

烤箱预热至175摄氏度。

将冷水倒入1个足够高的深烤盘里，放入烤箱，为水浴法做准备。

在笛形香槟杯内装入舒芙蕾主体，迅速放入烤箱，置于水里，烘烤约5分钟（舒芙蕾必须膨胀起来，并超过杯沿2~3厘米），出炉后，从盘里取出舒芙蕾，撒上糖粉，立刻享用。

用于制作12枚香槟笛舒芙蕾

香草卡仕达酱

详见第42页的"覆盆子香草糖果"配方

香槟笛的组装

100克澄清黄油

细砂糖

墨西哥香草籽或者香草粉

舒芙蕾主体

375克蛋清（大约12个鸡蛋）

60克细砂糖

完成

糖粉

桑格利亚

桑格利亚

提前1天，准备1个大锅，加热所有的食材，除了果酱专用糖。第1轮沸腾后离火，在室温下静置24小时，用于萃取各种香料香气，随后过筛。

制作当日，一旦桑格利亚过筛完毕，重新煮至温热，加入果酱专用糖。第1轮沸腾后离火，放入冰箱冷藏2小时。

蛋白雪球

将蛋清加细砂糖一起打发。

将打发好的蛋白填充进6个大号的，已经预先涂抹了油脂的硅胶半球模具内，入蒸汽烤箱以85摄氏度烹饪9分钟。

杜隆奶冻

用蛋抽打发一半冷的淡奶油，放入冰箱冷藏备用。将吉利丁粉加入水中吸水膨胀。

在锅中，加热剩余的一半的淡奶油和杜隆酱，当混合物已经融为一体，倒入预先已经隔水加热溶化了的吉利丁液。降温至40摄氏度，然后分2次拌入打发好的淡奶油。

接下来，有两种做法：可以简单地将奶冻装入小杯里，然后与桑格利亚一起呈上桌享用；或者将奶冻填充进比蛋白雪球更小的整球模具内，使之能塞进后者中，随后放入冰箱冷藏1小时。

摆盘

一旦蛋白雪球脱模，放置在烤架上，浇上桑格利亚，以赋予一份热烈的调性。接着撒上糖渍橙子皮。亦可装饰些许当季的生的或者烤栗子刨花。还有一种呈现方式：将桑格利亚加热，伴着杜隆奶冻一并享用。

小贴士：理想情况下，蛋白雪球的尺寸与桑格利亚的分量恰好吻合。而且如果选择不同的酒，桑格利亚的颜色会产生深浅变化。您也可以加入少许气泡水，得到更为清新的口感。您还可随季节而定，在桑格利亚里放少许切好的水果，或置于杜隆奶冻上。

奥利维耶·普西耶对于餐酒搭配的建议

黎凡特地区穆尔西亚[注4]（Murcia），耶克拉（yecla），胡米利亚（jumilla）和布拉斯（bullas）法定产区，新酒（sin crianza[注5]）和佳酿（crianza[注6]）。

我偏爱那些由口感强烈，并略带酸性的水果所酿成的口感丰富且结构宏大的葡萄酒。其香气的主要调性为多汁的红色浆果。

用于5~6人分量
提前1天准备

器具
6个硅胶半球模具

桑格利亚（Sangria）[注1]
750毫升西班牙红酒[注2]
18克细砂糖
3克有机橙子皮屑
1克有机青柠檬皮屑
1/2根肉桂
1/2粒丁香
3粒黑胡椒
66克法国果酱专用糖（带有NH果胶）

蛋白雪球
200克蛋清（6~7个鸡蛋）
65克细砂糖
用于涂抹模具的油或者无盐黄油

杜隆（turrón）[注3]**奶冻**
230克乳脂含量35%的淡奶油
90克杜隆酱
2.3克凝胶强度为180的吉利丁粉
11克水

摆盘
糖渍橙子皮（马塞尔·圣缇尼之家）
生的或者烤栗子的刨花

[注1] 西班牙的水果红酒，以红酒为基调，添加各种切片水果、利口酒或者糖制成。
[注2] 详见正文的奥利维耶·普西耶对于佳肴与酒搭配的建议。
[注3] 西班牙杏仁蜂蜜糖。
[注4] 西班牙东南部城市，穆尔西亚省省会。
[注5] 未经过橡木桶陈酿。
[注6] 橡木桶中存放2年。

气泡

雷诺特之家标志性的舒芙蕾产品。

这道甜点由著名的时任詹姆斯·德·罗特席尔德（James de Rothschild）男爵主厨的安托南·卡雷姆[注1]（Antonin Carême）于1829年创造。原配方由卡仕达酱组成，并佐以丹兹各白兰地增加香气。在我们的厨房里，今时今日依旧遵循着古法，但经加斯东·雷诺特先生之妙手，脱胎而出冰冻的新版本。科西嘉岛的糖渍水果[香橼（cédrat），橙子，柠檬，西柚]被运用到此份美妙的冰冻舒芙蕾芭菲里，并与焦糖杏仁糖的酥脆口感形成矛盾的，完美的平衡。但其中最有颠覆性的，莫过于柑曼怡利口酒珍珠，入口后，咬下去，这些小珠子会在唇齿间爆破开。就着一小杯冰柑曼怡酒，这道舒芙蕾一定会使你上瘾到无法自拔！

罗特席尔德冰冻舒芙蕾

用于制作6个单人份
提前2天准备

器具
6个直径为7厘米，高3.5厘米的舒芙蕾模具
硬质玻璃纸

焦糖杏仁糖
详见第272页的"愉悦版黑森林"配方

冰冻舒芙蕾主体
140克高品质的糖渍水果小块
70克柑曼怡酒
35克水
45克粗砂糖
40克蛋黄（大约2个鸡蛋）
260克打发淡奶油
60克蛋清（大约2个鸡蛋）
15克细砂糖

组装
6块柑曼怡口味的娜维特饼干（navette [注2]）

焦糖杏仁糖
按照配方所示，去除掉巧克力部分，制作焦糖杏仁糖。

冰冻舒芙蕾主体
组装前2天，在不锈钢盆里，混合糖渍水果小块和30克柑曼怡酒。
组装当日，在锅中微微煮沸水和粗砂糖，待其冷却。
在隔水加热的不锈钢盆里，将蛋黄倒入糖水里，煮至83~85摄氏度，耗时约30分钟，其间不停地搅拌。
在装有糖渍水果的不锈钢盆里，加入剩余的柑曼怡酒，前一个步骤制得的糖水蛋黄糊，以及打发的淡奶油，用刮刀轻柔地搅拌均匀。同步打发蛋清，在尾声时加入细砂糖。将打发好的蛋白轻柔地拌入不锈钢盆中的混合物里。

组装
将硬质玻璃纸剪裁好，贴在舒芙蕾模具底部和内壁，并超出壁沿1.5厘米，用透明胶粘好。
将冷冻舒芙蕾糊主体填充至模具容量的2/3，然后在每个模具里，放置1块柑曼怡口味的娜维特饼干，再挤上冰冻舒芙蕾主体，将边缘抹干净后，放入冰箱冷冻至少3小时。食用时，撒上细细切碎的焦糖杏仁糖。

[注1] 传奇名厨，法式高级厨艺艺术的开拓者，被誉为皇帝的主厨，主厨中的皇帝。
[注2] 普罗旺斯的特色饼干，用于圣蜡节，其形状类似无甲板的小船。

一块以气泡主题做灵感，为庆祝雷诺特品牌成立50周年而设计的脆酥巧克力板。它让人无法抗拒！

气泡巧克力板

半球巧克力造型

以隔水加热的方式融化黑巧克力至40摄氏度。再将2/3的融化巧克力倒在洁净且干燥的大理石桌面上，进行调温：用长抹刀将巧克力摊开，并从巧克力的旁侧，以及由下至上地不断铲起，再摊开，且始终保持与大理石台面的接触。巧克力会迅速变浓稠结块，在质地变硬之前，将其全部铲起，倒回40摄氏度的巧克力里。无须再隔水加热，混拌均匀后，温度会达到30摄氏度。

将巧克力灌入半球模具内，翻转并敲击模具，使多余的巧克力液体流出。将巧克力用铲刀刮干净后，放置在烤架上。入冰箱冷藏几分钟，然后重复此操作1次。再放入冰箱冷藏几分钟定型，最后放置在室温下备用。

惊喜焦糖

在锅中，倒入淡奶油、半根切开的香草荚、蜂蜜和25克粗砂糖，煮至微微沸腾，然后加入葡萄糖浆，并过筛出香草荚体。另取1个更大的锅，将剩余的粗砂糖无水干熬至浅焦糖色。将热的淡奶油混合物慢慢倒入，使焦糖降温，再煮至106摄氏度。加入无盐黄油，用刮刀混合均匀。不停搅拌直至冷却到28摄氏度。

组装和完成

将惊喜焦糖填入每个半球模具内，并预留出顶部2毫米的空间。如有可能，将模具在17~18摄氏度下放置12小时，然后灌入调好温的黑巧克力封底（温度为30摄氏度，详见半球巧克力造型的调温方法），放入冰箱冷藏结晶至定型。

脱模，将巧克力半球每4个挨着排成一排，组成2块巧克力板，每板共有16个球。放在烤架上，淋上调好温的黑巧克力（30摄氏度），再用热风枪以最小的风力（或者在台面上最用力地敲击，又或者利用吹风机）震掉或吹掉多余的巧克力液体，得到纤薄的巧克力淋面层。即刻将巧克力从烤架上转移到烘焙油纸上，刷上银粉做装饰。

奥利维耶·普西耶对于餐酒搭配的建议

塞浦路斯（Chypre）-圣乔骑士团封地酒，来自酒商KEO（Commandaria de St John KEO）

此款酒产自特罗多斯山顶，由塞浦路斯本土的白葡萄与黑葡萄混酿而成。这款强化的葡萄酒（加强型葡萄酒）是全世界特别古老的酒种之一。葡萄在阳光下被晒干、挤压、发酵，又被加入的酒精终止发酵，提升出风味。所有这些都是以一种被称为"Solera"[注2]的酿造方法，在利马索尔的酒窖里完成。

经历了橡木桶中漫长的陈酿，以及各种年份酒体的混合，这款酒满满洋溢着帕里尼、焦糖可可和咖啡的香气调性，理所当然的，它可以完美搭配巧克力以及焦糖风味。

在唇舌间，其恰好的甜度与可可的苦味，与焦糖的甜味相得益彰。

用于制作2块6人份的巧克力板

器具

32个直径为2.7厘米的半球模具（材质为聚碳酸酯[注1]）

半球巧克力造型

250克帕西黑巧克力（70%）

惊喜焦糖

115克淡奶油

1/2根香草荚

20克蜂蜜

85克粗砂糖

20克葡萄糖浆

10克无盐黄油

组装和完成

400克帕西黑巧克（70%）

银粉

[注1] 即PC。

[注2] 西班牙语：在地上，意为将不同年份的酒，混合成一样度数和品质的技巧。例如酒窖里最底层的，被称为"Solera"的那一排酒桶，是最陈年的酒。最上层的是最新的酒。将陈酒与新酒按照一定比例相互勾兑，可达到风味一致。

转圈圈

用于制作每款口味12枚

紫罗兰棒棒糖

40克牛奶巧克力

3克无盐黄油

35克醋栗果蓉

3克青柠檬汁

30克淡奶油

15克粗砂糖

200克白巧克力

巧克力专用紫色色素

25克糖渍紫罗兰

椰子棒棒糖

150克椰子甘那许（详见第184页的"缤纷水果小方"配方）

200克白巧克力

10克椰子肉片[注]

5克椰蓉

蕾丝薄脆棒棒糖

150克百香果甘那许（详见第184页的"缤纷水果小方"配方）

200克牛奶巧克力

10克加伏特牌原味蕾丝薄脆饼干

食用装饰铜粉

紫罗兰棒棒糖

在不锈钢盆里，放入牛奶巧克力，并将无盐黄油置于其上。

在锅里，倒入醋栗果蓉、青柠檬汁、淡奶油和粗砂糖，煮至微沸后，边搅拌边降温至60摄氏度。将其倒入巧克力黄油盆内，等待2分钟后，用蛋抽搅拌均匀，注意不要产生气泡。降温至25摄氏度，随后在烘焙油纸上挤出12块直径为4厘米的圆片。每一块圆片上插入1根竹子或者树脂材质的签子，放入冰箱冷藏至少3小时。

将白巧克力调温至28摄氏度，并加入几滴紫色色素。制作过程是先以隔水加热的方式融化白巧克力至40摄氏度，再将2/3的融化巧克力倒在洁净且干燥的大理石桌面上，进行调温：用长抹刀将巧克力摊开，并从巧克力的旁侧，以及由下至上地不断铲起，再摊开，且始终保持与大理石台面的接触。巧克力会迅速变浓稠结块，在质地变硬之前，将其全部铲起，倒回40摄氏度的巧克力里。无须再隔水加热，混拌均匀后，温度会达到28摄氏度。

从烘焙油纸上取下圆片，并用竹签浸到调好温的白巧克力里，蘸取后提出，再放在纸上。随后撒上糖渍紫罗兰，放入冰箱冷藏30分钟。

椰子棒棒糖

按照配方所示，制作椰子甘那许，降温至25摄氏度，然后在烘焙油纸上挤出12块直径为4厘米的圆片。在每一块圆片上插入1根竹子或者树脂材质的签子，放入冰箱冷藏至少3小时。

将白巧克力调温至28摄氏度，方法如制作紫罗兰棒棒糖。从烘焙油纸上取下圆片，并用竹签浸进调好温的白巧克力里，蘸取后提出，再放在纸上。随后撒上椰子肉片和椰蓉，放入冰箱冷藏30分钟。

蕾丝薄脆棒棒糖

按照配方所示，制作百香果甘那许，降温至25摄氏度，然后在烘焙油纸上挤出12个直径为4厘米的圆片。在每一块圆片上插入1根竹子或者树脂材质的签子，放入冰箱冷藏至少3小时。

将牛奶巧克力调温至28摄氏度，方法如制作紫罗兰棒棒糖。从烘焙油纸上取圆片，并用竹签浸进调好温的巧克力里，蘸取后提出，放在纸上。随后铺上预先已经捏碎，并撒上了铜粉的加伏特牌原味蕾丝薄脆饼干，放入冰箱冷藏30分钟。

[注] 需要老椰子的果肉才能刨成刨花状。

这个蕾丝糖球对我们而言，是个游戏，也是必然能使宾客们得到惊喜的小花招。在最后一刻，将其放置在以无糖水果制成的蛋糕上，组装好呈上桌。我们的侍者会用小木槌将其敲碎。视觉冲击，无以言喻！

气泡

糖球

用于制作2个糖球

器具
直径为16厘米的不锈钢半球模具

紫糖蕾丝
100克水
335克粗砂糖
100克葡萄糖浆
糖艺专用食用色素
（颜色按个人喜好，非必要）

紫糖蕾丝

在锅中，依次倒入水、粗砂糖，煮沸后，加入葡萄糖浆，再次煮沸至150摄氏度，如有需求，可按喜好滴入少许色素，并用指针式温度计搅拌均匀。

30秒之后，将锅底浸入整盆冷水里，用以终止继续加热的进程，请警惕也许会有沸水飞溅出来。待其冷却几分钟，将其灌入1个用烘焙油纸制成的小圆锥裱花袋内（请多做几个叠加在一起，用于隔热）。

在直径为16厘米的不锈钢半球模具表面，借助小圆锥裱花袋，将落下的糖丝划出螺旋状花纹，最终得到4个镂空的蕾丝半球。待其冷却，再极度小心地脱模。用裱花袋内剩余的糖，使半球两两粘连在一起，形成1个完整的球体。在室温下储存直至使用。

一个创造好似舞台，分三幕：作曲（创作），公演（演示），以及欣赏（品味）。我们首先从历史故事开始。查尔斯·西蒙·法瓦尔（Charles Simon Favart），歌剧剧作家，亦是甜点师的儿子，以及"香缇女士"（mademoiselle Chantilly）的丈夫。为了庆祝喜剧歌剧院（Opéra-Comique）充满情感的剧目表问世300周年，以及以他名字命名的剧场大厅的重新开放，雷诺特为此特制出这款同名甜点。我们先是做了约60人的问卷调查，用以确定最初的思路方向，好定下甜点的风味和造型。随后再甄选出最贴合雷诺特精神的准则，展开制作，最后才将蛋糕的雏形展示在由喜剧歌剧院经理奥利维耶·曼泰（Olivier Mantei），艺术家萨比娜·德乌耶勒（Sabine Devieilhe），哈法尔·皮颂（Raphaël Pichon），路易·莫阿提（Louise Moaty）和史蒂芬·德古(Stéphane Degout)组成的评审团前。有一个细节被做足：便是红丝绒圆顶的外表，以此致敬喜剧歌剧院的穹顶和蓬帕杜侯爵夫人（marquise de Pompadour）迷人的酥胸。我们在这份投标书里亦附加了两个条件：第一，蛋糕应该是在情人节给两人共享；第二，也是尤为重要的一点，让情侣在晚间剧目中场休息时享用。

气泡

用于制作12个单人份

器具
1个直径为7厘米的半球硅胶模具

香草慕斯琳奶油
详见第42页"覆盆子香草糖果"配方

维也纳比斯基
详见第42页"覆盆子香草糖果"配方

覆盆子潘趣酒糖浆
详见第42页"覆盆子香草糖果"配方

覆盆子啫喱
详见第42页"覆盆子香草糖果"配方 + 1克吉利丁片

覆盆子酥脆
详见第42页的"覆盆子香草糖果"配方+5克脱水覆盆子干粉（专业烘焙店铺或者网络购买）

覆盆子杏仁膏
200克杏仁膏
25克脱水覆盆子干粉

半球的组装
60粒覆盆子
罐装红色巧克力喷砂液
金箔

法瓦特喜剧歌剧院

香草慕斯琳奶油
按照配方所示，将所有食材分量减半，制作香草慕斯琳奶油。

维也纳比斯基
烤箱预热至170摄氏度。
按照配方所示，制作比斯基面糊。将面糊摊平在铺有烘焙油纸的烤盘上，入烤箱烘烤约20分钟，冷却后，撤去烘焙油纸，切割成12块直径为6厘米的圆片。

覆盆子潘趣酒糖浆
按照配方所示，制作覆盆子潘趣酒糖浆液。

覆盆子啫喱
将吉利丁片泡入冷水里，软化后，拧干，然后溶化。将溶化的吉利丁液加入覆盆子库利中，搅拌均匀。

覆盆子酥脆
按照配方所示，制作覆盆子酥脆，并加入脱水的覆盆子干粉。

覆盆子杏仁膏
杏仁膏与覆盆子干粉混合均匀至干粉完全被吸收。将其擀开至2毫米厚度，并切割出12块直径为11厘米的圆片。
用切模在中心进行镂空处理，切出1个宽度为5厘米的三角形。
将三角形放入直径为7厘米的硅胶模具内，并将接缝处微微打湿，黏合紧实。

半球的组装
将香草慕斯琳奶油（预留出50克用于收尾）填充进覆盆子杏仁膏半球内，并用小抹刀将奶油抹开在尚未覆盖的，更高处的内壁上。
接着放置1块维也纳比斯基圆片，刷上覆盆子潘趣酒糖浆。再放上5颗覆盆子以及已凝结的覆盆子啫喱，放入冰箱冷藏30分钟。
最后以覆盆子酥脆封底，并挤上预留的香草慕斯琳奶油，抹平整。放入冰箱冷冻至少3小时，在烘焙油纸上脱模，再放入冰箱冷冻。隔水加热罐装的红色巧克力喷砂液，喷满整个半球，并点缀金箔做装饰。

Quand Lenôtre rencontre l'Opéra Comique : ainsi naît Favart

LENÔTRE
PARIS

印记

印记

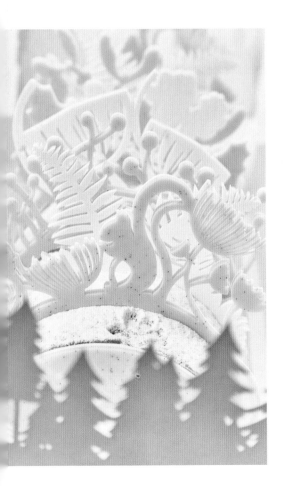

远远地，我们看到他从巢穴里出来了。

一只狼？它倒更像是一只狼崽，皮毛是极美的灰色。

是的，就是这只动物，只是列夫不会这么介绍自己。"我叫列夫，我是狼"，他自言自语道，就像他已是一头成年狼，度过了甜美的童年时代，那些与同胞兄妹们一起玩着尾巴、爪子的温柔时刻。

列夫走着，听着，看着。啊，他说，这就是我喜欢雪的原因，可以留下我的爪子一路走来的清晰的痕迹。属于我的印记，没有别的动物能与之相比。又大又深，就是狼的足印！

光线透过巨大的树木洒下来，完全照亮了林中的空地以及列夫和他所在的狼群的领地。

天空是彩色的，就像北极光，随着风的节奏而律动。雪也微微打着转，使这块巨大的软垫变得更蓬松，好让列夫能在上面撒欢。列夫四脚站立着，甩动着毛皮。"现在是晴朗的白日，我想要看看这世界。从空地里走出去，我要去发现一些我不了解的东西！"

我的森林是有魔力的，而且看上去，还住着一些我想要认识的其他的动物，也许我们能做朋友呢（虽然很想成为丛林之王，但列夫还是只小小的狼崽，被成年狼保护着，而且只和狼崽同伴们一起玩过！）。

太阳的光线反射在雪地上，好像许多个小小的镜子，列夫追逐着它们。他毫不畏惧地选择了这条路，一步接一步，留下了深深的印记，如果他迷路了，它们就可以当作定位的小鹅卵石。

列夫虽然小，但却是一只真正的狼。他抬起头看着天空，捕捉着气味。他闻到了一个无法识别的味道，一个有点儿像天堂，带着愉悦的味道，还有点儿像圣诞节，一个带着糖和棉花糖的味道。一个节日的味道，一个让人垂涎的味道……

就在这时，他与一只全身都雪白的兔子面对面地碰到了一起，两个小动物惊讶地彼此对视着，好奇，但是带着点儿意外。小兔子肯定被吓坏了。

"我叫列夫，我是一只狼，是什么东西闻起来这么香呀？"

"这是我在做的圣诞大餐。我叫罗密欧。"小兔子在无瑕的雪地上蹦跳着，因为他还是有点儿害怕。但是列夫觉得很有趣，因为在洁白的雪里，什么都看不到，小兔子也和白雪融为了一体。但是他又圆又黑的眼睛，就像巧克力小球，在小兔子每一次的跳跃里，仿佛脱离了身体，有了生命。

"是什么大餐呢？"列夫问道，"是什么闻起来这么香呀？"

"是魔力森林的圣诞大餐，我刚告诉你了。我们这些居民们会安排好，谁准备前菜，谁做主菜，谁又带来甜点！"

列夫毫不意外，因为对于所有的动物来说，最关心的，就是吃。而且当涉及美味时，所有动物都会变成真正的美食家。

"给我看看你都准备了些什么，罗密欧，我可以尝点儿吗？"

"不行。"

"我可以嗅嗅吗？"

"只能嗅一点点。必须要把好的香气留给其他客人！"

"客人？你这是在邀请我吗？"

"当然啦，列夫。圣诞节就是小动物和大动物们的休战日和节日。大家都聚在一起，开开开心心的，吃最美味的。我们小动物呀……"

"可我不小！"

"你也不大呀！总之我们会聚在一起，然后给我们的族群准备最好中的最好。"

"最好的，最好中的最好？你想说，就像一个礼物吗？只是它是可以吃的！"

"没错，是这样的！做法呢，是可以学的！只是需要时间！"

"但是吃起来又太快了"，列夫笑着说。罗密欧完全赞同，也笑起来。这拉近了彼此的距离，很快，他们就成了朋友。

罗密欧预计的是一场聚餐晚会，每个小动物都要带来他的拿手好菜。而他则负责开胃菜：虽然是小小的分量，但是同样需要精心的准备，以及细致又敏捷的劳作。为了能在恰好的时间准备完毕，必须要精准到分钟。从一道菜转移到另一道菜，在恰当的时间，在恰当的制作步骤里加入恰当的食材，所有这些，都要求惊人的灵活性，但是这只白色的小兔子能证明自己足以胜任。

列夫完全被迷住了，想要了解更多。"挖掘得越多，就品尝得越多！"摈弃胆怯，小狼问白色的小兔子，可否向他介绍晚餐的其他朋友们。

"可以的！"罗密欧回答。

"来吧，列夫，我向你介绍我们的小团体。这是山雀奥尔加，他是浆果专家，能让我们的甜点更丰富。"喔，奥尔加，他从灌木丛里走出来，不再害怕列夫（毕竟还是只狼），扛着一个系在棍子顶端的小包裹，包裹里盛满了熟到发暗的红浆果，那颜色就像夜晚一样。

"这是费尔敏，红发的松鼠，能给我们找到最好的种子，最好的榛子和其他的坚果。这是帕沙，棕熊，因为它有一本特别棒的地址簿，所以能带来最好的野味还有其他肉类。还有雄鹿珀率斯，带来的是蔬菜和根茎。猫头鹰丽萨带来的是奶油、甜点、糖和蜂蜜。"

"所有的动物们都知道挑选出最好的食材，而且知晓怎样去烹饪。并且我们所有人，做出了一个决定，就像我之前和你说的那样，你会是我们的荣誉宾客！但是有一个条件"，罗密欧说，"这次你是客人，但是主显节的时候，你要成为待客的主人和我们的甜点师。将会是你，给我们制作一个劈柴蛋糕，而且任何地方都不能找到类似的。这会是一个长存在我们记忆里的劈柴蛋糕，就像是我们新友谊的标记。"

列夫，这只小狼有点儿为难，一个劈柴蛋糕？应该做起来会很难吧……但这个问题在目前来看，没有那么重要。他所有的心思都集中在了新认识的小伙伴们准备的佳肴上，想要大快朵颐。

"好的"，他说，"我会做一个劈柴蛋糕的！"

不出所料，这顿饭非常的美味，列夫之前从未伴随着如此多的幸福与愉悦进食。美食和伙伴们！这些在餐桌上认识的，既讲究又相互尊重的新朋友们，还有他们所准备的一切，都填满了幼狼的内心。

列夫觉得很幸福，他确定自己会要去学做一个全世界最好吃的劈柴蛋糕，因为他的新朋友们值得拥有这个蛋糕。做吃的，其实也是告诉对方，我爱着你们。

"我和他们学到了好多，我现在可以辨认出最好的水果，最好的香气，最好的风味，还有怎么把它们结合在一起。我的劈柴蛋糕会是黄色的，就像太阳，宣告着春天的来临。它有星星的味道，带着与最美味的香草冰激凌融合在一起的雪花，还撒着冰冻的小小晶粒，它吃上去是甜的，冰的，入嘴就会融化掉。"

这肯定学起来会很辛苦，但是列夫已经准备好了回馈所有他收到的善意：分享、好心情、美食的味道，以及团结的工作。

我们小狼的劈柴蛋糕将会被证明是一场纯粹的乐事，整个森林都会像今天一样，明天也会同样讲述：当我们每次想起这道劈柴蛋糕时，它绝妙的味道依旧会像第一次一样，在脑海里激荡。

附录

菜谱目录

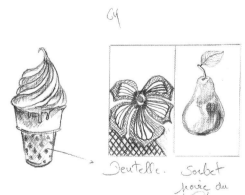

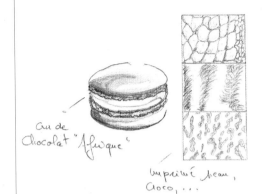

Au de Chocolat "Afrique"

Imprimé peau, coco, ...

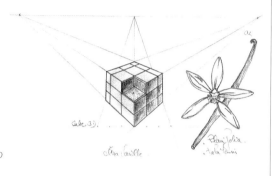

按种类
划分的食谱

料理（Cuisine）

面包（Boulangerie）

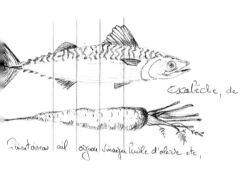

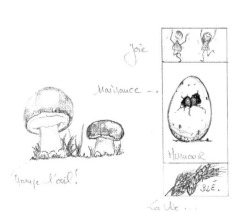

糕点 （Pâtisserie）

甜点 （Dessert）

冰点 （Glace）

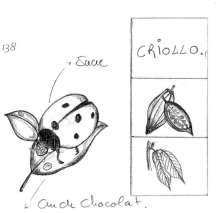

摄影师，装帧设计和正文作者

Photographe culinaire, issue de l'école de photographie des Gobelins, **Caroline Faccioli** travaille en compagnie des plus grands chefs et stylistes culinaires dans le but de donner une âme unique et une vision artistique pointue à chacune de ses photographies.

Graphiste de formation et infatigable gourmande, **Marion Chatelain** pratique la direction artistique, le design culinaire et graphique ainsi que la scénographie, explorant les matières, l'espace, les saveurs, les couleurs et les sensations comme une palette diversifiée de possibilités créatives.

Auteur spécialisée dans le domaine de la gastronomie, formée à la cuisine à l'École Ferrandi mais aussi à l'œnologie, **Bénédicte Bortoli** a exercé des responsabilités éditoriales dans de grands groupes avant de se consacrer au conseil éditorial et culinaire en free-lance.

Marion Chatelain remercie :
Guy Krenzer pour sa générosité et cette aventure exceptionnelle,
Julie et toute l'équipe de Lenôtre pour leur accueil si chaleureux, Caroline pour ce beau projet partagé, Laure pour sa confiance.

Marion Chatelain remercie également :
EMERY et CIE pour leurs carrelages si inspirants
www.emeryetcie.com
18, passage de la Main d'Or 75011 Paris,
(photographies pages 47, 109, 117, 131, 155)

JARS CERAMISTES pour leur vaisselle sensible
www.jarsceramistes.com
(photographies pages 169, 251)

致谢

À ma maman chérie et à mon papa toujours dans mon cœur.

À mes frères « uniques ».

À mon fils, Gabriel, l'humaniste.

À ma famille et à mon Amour...

À Nathalie Szabo et à Pierre Bellon grâce à qui la magie Lenôtre continue d'opérer.

À Laurent Le Fur pour la confiance qu'il m'a accordée il y a 13 ans.

À Julie, mon assistante adorée.

À Marion Châtelain et à Caroline Faccioli pour leur sensibilité, leur professionnalisme et cette complicité unique qui nous a permis, au-delà du livre, avec Paola Fleuret et Jack (le Loup), de vivre des moments d'émotions partagées.

À Marie-Laurence Merzereau pour sa passion, pour sa patience et son amour du travail bien fait et à Bruno Messey pour son soutien dès le premier jour de cette aventure et sa rare compétence artistique.

Aux ateliers de la Création : Fabrice Brunet, pour sa folie créatrice, Jean-Christophe Jeanson, le no limit, Christophe Gaumer, le gardien du temple, Stéphane Durand, le globe-trotteur, Alain Blanchard, notre papy national, Philippe Le Deuc, le savant fou, Fabrice Gendrier, le dieu du Stade, Alain Despinois, le sage, Ludovic Cruz Mangel, notre Chef de meute, dit Bill Gates...

À François, notre Dandy chic et choc.

À Laure, Agathe et Marie-Cécile, aux éditions de La Martinière.

Aux ateliers de Fabrication : Guillaume Porre, le métronome, Pierre Simonazzi, l'entraîneur clermontois, Joël Boudon, notre pilier de Marmande, Éric Lecoq, le maillot jaune de la pâtisserie, Thierry Babilotte, le coach des futurs enfants de la maison, Saïd Berroubache, le premier maillon de notre chaîne, Hervé Valois, notre « chair-cuitier », Dominique Kruk, chef d'orchestre des cuissons, Laurent Curaudeau, le meneur de jeu, Philippe Legac, directeur de l'Opéra, Marc Sibold, l'Aztèque Alsacien, Stéphane Gigault, la cerise sur le gâteau, Patrick Dupuis, le génie de la pâte, Eddy Dumont et Étienne Trézeux , les Dupont et Dupond de nos ateliers boutiques, Christian Lacour, le doyen, dit le Loup Blanc et Bruno Murriguian garants de la touche finale.

À tous ceux qui composent la belle et grande famille de la Maison Lenôtre 🐾 🐾 🐾

Ali Abaou, Moindjie Abdallah, Jean-Louis Abherve, Boujemaa Aboujema, Jamal Aboutaleb, Abdoul Aziz Adamou, Fatima Adiouani, Jean-Marc Afonso,
ohamed Ahamada, Marina Aiello, Farid Ait Taleb, Rita Ajavon, Ayele Ajavon, Séverine Alaux, Roselyne Albertella, Anabela Aleksandrowicz, Maria Alfarela Antunes,
exandra Maria Alfarela Antunes, Farouk Allal, Ronan Allonneau, Fabien Amador, Angela Amaral, Kheira Amari, Valérie Aminot, Philippe Andres, Denis Anrich, Loic
ntoine, Fréderic Anton, Kanthaiah Arihararasa, Claudine Arribard, Karine Atmani, Maxime Atmani, Aurélie Audibert, Jérémy Aurel, Christian Auzou, Maxime Avel, Hervé
iegne, Yakhouba Ba, Thierry Babilotte, Sophie Bacou, Serge Bah, Isabel Maria Balaghni, Aline Balbous, Marc Balthazar, Abou Adama Bane, Mody Baradji, Jean-Richard
rdiere, Karine Bardot, Jean-Baptiste Bargues, Arbia Barka, Patricia Baron, Évelyne Barreau, Damien Barrier, Jean-Marc Basso, Fadime Basturk, Jose Manuel Batista
orais, Ludovic Baude, Éric Baumelle, Théophile Baye, Laurent Beaujard, Jérôme Beaumert, Gilles Beine, Marie-Jeanne Bellec, Jean-Louis Bellemans, Jack Beloin, Donya
n Ammar, Hamed Ben Hamida, Sarra Ben Youssef Dridi, Khadija Benbouih, Federico Benedetto, Vincent Benslama, Stéphane Bernard, Said Berroubache, Élodie
rthet, Amaury Berthoult, Pascal Berton, Adriano Beselga, Camille Besse, Franck Beuvin, Marie Bez, Stéphane Biasutto, Catherine Bigot, Pascal Bigot, Patrice Billard,
nislaine Biree, Christophe Blachon, Alain Blanchard, Sydney Blondel, Charlotte Bohler, Said Boina, James Boivin, Philippe Boivin, Olivier Bonhomme, Pauline Bonnassieux,
ilippe Bonnelle, Gabin Bordelais, Laurent Borg, Fatima Bouachra, Nassim Bouaich, François Boucher, Joël Boudon, Pascal Bougnaud, Ferielle Boukhtouchen, Christophe
urnigaud, Frédéric Bourse, Benoit Boursette, Sami Boussaa, Julie Boutel, Émilie Bouyssou, Jean-Marc Boyer, Bruno Braka, Denis Brelet, Christophe Breuzard, Sophie
and, Maxime Brisset, Chrystelle Brua, Fabrice Brunet, Olivier Brunet, Kim Bun, Thierry Bunod, Luc Burgey, Stéphane Caillot, Anthony Calbardure, Mamadou Camara,
éphane Candido, Didier Canivenq, Nicolas Cantero, Julien Carouge, Anne-Claire Carrier, Katia Carvalho, Sylvie Caudal, Patricia Caux, Virginie Cayrol, Annie Cercler,
phné Cerisier, Jean-Philippe Cha, Catherine Cha, Karl Chabert, Morgane Chabot, Khemphone Chanthanom, Ving Sang Chao, Mey Chao, Hervé Chapron, Nadège
arieras, Christine Charles, Alan Charles Nicolas, Thi Tha Chau, Philippe Chau, Jean-Jacques Chauveau, Florian Chauveau, Laurent Chazalon, Illan Cheltiel, Sabrina
enouf, Franck Chevalier, Guy Chevreuil, Bertrand Chevrier, Savoeun Chhim, Stéphane Chicheri, Ewa Chlebicka, Jérôme Chocq, An Choum, Camille Ciles, Lucile Cirou,
rre Ciszewski, Anna Coelho, Guy Coenon, Nathalie Collet, Maxime Collomb, Bernard Colombo, Pierrick Combaud, Alexis Conta, Thomas Contault, Maria Cristina
rdeiro, Denis Cormouls, Maria Angelina Correia, Marine Cossard, Arthur Cottard, Anouk Coudore, Alexandre Couillec, Christophe Couraudon, Damien Courot, Sophie
ampon, Véronique Crespeau, Raphael Crouzat, Mela Cruls, Ludovic Cruz Mangel, Mickael Cuevas, Laurent Curaudeau, Marie-José Custodio, Jacinto Da Silva, Christine
as, Hervé Dabin , Malika Dahbi Abess, Diane Dam, Jamal Eddine Daoudi Idrissi, Savannah Dargaud, Stéphane Dassonville, Julien Daubec, Dina Dault, Bacry Daurin,
chel Daurin, Pascal Dauvel, Sandy Davant Millasseau, Brigitte David, Rosa Maria De Jesus Da Rocha, Madalena De Jesus Loucao, Frédéric Dechelotte, Olivier Declerck,
c Decombas, Germain Decreton, Julien Degraeve, Camille Dehon, Sochenda Dek, Élisabeth Delagarde, Annick Delage, Yuliya Delarue, Carole Delaviez, Mathieu
lmond, Ghislaine Deluca, Abdou Karim Dembele, Sylvie Deneuville, Gregory Denis, Raphael Deperiers, Karine Deroo, Yaël Derrou, Illya Desbois, Alain Despinois, Fedora
Fazio, Gianni Di Mascio, Ibrahima Dia, Dahirou Dia, Moctar Diaby, Abdou Diakhite, Samba Diallo, Bassirou Diallo, Amadou Diallo, Gary Diallo, Koubra Diallo, Alphonse
ane, Diakalia Diarra, Jose Dias Monteiro, Ambroise Diatta, Nancy Didi, Johann Didier, Gabriela Dinis, Aboubacry Diop, Ngoc Sinh Doan, Moise Doma, Nathalie Dorin,
a Mauricio Dos Santos, Alexandrine Dos Santos Goncalves, Sephora Dossemont, Mamadou Drame Drame, Yvette Camille Drant, Alexander Dreyer, Geoffray Druesne,
stan Dubuc, Arnaud Dubus, Brice Dufour, Dominique Duhamel, Jochen Duhamel, Julien Dulac, Eddy Dumont, Thi Lam Duong, Barbara Duperret, Patrice Duport,
trick Dupuy, Stéphane Durand, Vincent Durand, Daphné Durand, Marie-Claude Durand, Pascal Durecu, Jean-Michel Duterte , Caroline Duval, Ahmed Eddrief, Muriel
ouard, Jean-Michel Edwige, Jean-Marc Edwige, Lina Ek, Karima El Bachiri, Fatima El Bandki, Jamila El Kastalani, Mohamed El Mjadi, Mustapha El Ouarti, Isabelle Eldin,
bien Emery, Louisa Emthoul, Florian Epalle, Hassane Esserhiri, Angélique Fagot, Mélissa Falia, Josselin Fayolle, Sylvain Feraudel, Paulo Fernandes, Maxime Fiaschi, Jean-
rnard Fichepain, Éric Finon, Anne Flamand, Assita Fofana, Bruno Fontaine, Patrice Forlini, Louise Fosse, Lucile Fouche, Sébastien Fouillade, Christophe Fournial, Habib
urti, Anaïs Francheteau, François Gabriel, Nicolas Galerne, Isabelle Gallot, Gabriela Gandra, Kevin Garcia, Sylvie Garnier, Stéphane Garnier, Céline Garnier, Benoit
ubert Pecchioli, Christophe Gaurier, Jean-François Gauthier, Sylvie Gellee, Fabrice Gendrier, Pascal Georges, Martin Gerard Hirne, Linda Ghalem, Ahmed Gherras,
ohamed Ghrab, Sandrine Gicquel, Christine Gigault, Pascal Gigault, Catherine Gigault, Stéphane Gigault, Hélène Gilbert, Alain Glaude, Angélique Gobeau, Frédérique
do, Pascal Gomes, Jose Antonio Gomes Da Silva, Laurentino Gomes Vieira, Jose Goncalves, Julien Goriot, Marie Gorry, Julie Gosnet, Meggie Gourguechon, Diane
utret Nguyen, Hasna Gravier, Jean Greco, Antoine Gregoire Sainte Marie, François Grossemy, Agnès Grosson, Delphine Gueguen, Didier Guenet, Nicole Guenet,
ment Guerin, Sébastien Guezennec, Françoise Guezo, Frédéric Gugert, Évelyne Guigueno, Maryline Guillon, Mathias Guillouard, Sandrine Guillouet, Baptiste Guyozot,
stine Haddadi Le Bloas, Souad Hadj Chadi, Sekou Haidara, Inès Hajib, Issa Hakuzimana, Valentin Hamard, Cécile Hamelin, Paul Youa Pao Hang, Martine Yin Lo Hang,
oc Bruno Hang, Thuy Tien Hang, Abderraouf Hanini, Béatrice Harand, Valérie Hebert, Michel Heim, Jean-Charles Hennequin, Pascal Henner, Charles Henriette, Arnaud
rve, Agathe Herve, Donatien Hervouet, Paulo Jorge Hipolito Dias, Kevin Hoarau, Nouara Hocine, Luna Holanda Raymond, Soufian Houam, Franck Houssu, Fabien
chet, Patrick Huon, Kim Lan Huynh, Raffaele Iazzetta, Dia Ibrahima Adama, Mohamed Idir, Frédéric Infante, Malika Ioudarene, Chantha Ir, Florence Isaert, Mrikaou Ivessi
nael, Ben Mahamadou Iziddine, Alexia Jacquot, Guillaume Jahier, Mohamed Adel Jallad, Matthieu Janiec, Eddie Jean Gilles, Gilles Marie Jeandeau, Patrick Jeandeau,
n Christophe Jeanson, Ahmed Jeftany, Éric Jego, Archange Joseph, Valérie Jouet Mallier, Fabien Juniet, Vaithiyanathan Kanagasabai, Adama Kanoute, Alexandre Akaki
amadze, Anne Kazuro, Lamjed Kerkeni, Pheng Kheng, Vincent Khounsombath, Noel Khounthavilay, Davy Khuy, Mohamed Kmala, Boubou Konate, Amadou Diawara
ne, Emil Kong A Siou, Hueson Kong A Siou, Malgorzata Kosolka, Virginie Kraszewski, Guy Krenzer, Toufik Krim, Dominique Kruk, Marie Kumla, Oleksandr Kyselyuk,
ier L Ostelier, Willy Labbe, Hieng Lach, Mohamed Lachqar, Christian Lacour, Victor Lafanechere, Nadia Lafont, Maryse Lahaye, Belkasem Laissaoui, Cyril Lamarche,
nel Lambert, Martine Lambert, Aurore Lambrecht, Sébastien Landa, Gaëtan Landry, Richard Langlois, Élisabeth Lansac, Alexis Laperotte, Mickael Laplace, Abdellah
vid Lardjane, Serge Laroche, Stéphanie Laude, Gwenaëlle Laverlochere, Olivier Lazzerini, Thi Ngoc Mai Le, Catherine Le Bihan, Catherine Le Bon, Valérie Le Carpentier,
ristophe Le Carpentier, Armand Le Coq, Marie-Aude Le Dean, Philippe Le Deuc, Ba Le Le Dinh, Pierrick Le Du, Valentin Le Du, Justine Le Gal, Caroline Le Goff, Thomas
Guillou, Anne-Sophie Le Jacques, Patrik Le Mazou, Bastien Le Visage, Voleak Leang, Éric Lebas, Aurore Leblond, Maxence Leclerc, Éric Lecoq, Éric Lecoutre, Nadine
cuyer, Émilie Leducq Kahale, Philippe Leeman, Christophe Lefevre, Philippe Legac, Anne-Marie Leggeri, Valérie Lemaitre, Didier Lemonnier, Jonathan Leroux, Vincent
ieur, Johann Lesur, Benoit Letellier, François Leve, Sylvie Level, Sébastien Leveque, Nicolas Leverbe, Margaux Levergne, Steven Levesque, Margaux Levesque, Julie
umeau, Jean-Pierre Libert, Joël Lidolff, Philippe Ligonniere, Vanda Lim, Claudine Limousin, Remi Liniger, Charlotte Linol, Bruno Longo Pereira, Marie-Anne Lorette,
déric Lorho, Freddy Lorieau, Quentin Lorieul, Rachel Louapre, Bernadette Louchart, David Loyer, Cédric Lozeray, Boua Lu, Philippe Lucas, Sébastien Lussier, Anthony
un, David Lyard, Jean-Pierre Mabboux, Élodie Machadinho, Mady Mody Magassa, Fiyon Magassa, Woyo Magassa, Éstelle Magloire La Greve, Van Cuong Mai, Gilles
sonneuve, Benoit Maitre, Assiya Maizate, Samuel Makuikila Makonda, Laurent Mancellier, Olivier Mangas, Marie-Alice Marcelin, Damien Marchand, Alain Marechal,
cile Marescq, Olivier Marioge, Jonathan Martins, Sylvain Massot, Olivier Mauron, Fatima Maziane, Pascale Mazzoni, Saber Mejri, Cécile Mellare, Dimitry Melnikov, Yves
ot, Joël Memain, Hervé Menand, Baptiste Menier, Benjamin Merlhiot, Sylvie Merlin, Alain Mesureur, Éric Metivier, Victor Metivier, Frédérique Michaut, Gilda Mignerey,
cal Milcent, Valère Minga Mbe Ngele, Joël Mitel, Charlotte Mitton, Mélodie Mocher, Abdou Mroumbaba Mohamed Bakri, Chanfiou Mohamed Halifa, Fairouz Mokhtar,
ly Monguillon, Sonny Alexandre Morais, Clélie Moreau, Benoit Morice, Didier Morin, Jonas Morin, Charlotte Moscodier, François Motte, Tiai Moua, Charles Moulin,
ie Mouly, Marc Moussu, Christian Moutoussamy, Benoit Moutrousteguy, Jordan Mpanda, Nabil Mrad, Abdellah Mraikike, Lola Mullier, Jean-Dominique Multedo,
rtin Munoz, Bruno Murriguian, Sylvain Muylaert, Abou N Djim, Bungudi Bua Kanda N Katukulu Wa, Khadouma Nahet, Fatima Najem, Mohamed Natogno Djoumoi,
thieu Nay, Thomas Nay, Lena Sam Phoas Nget Mom, Dy Ngo, Thanh An Ngo, Lily Ngoc Ngan Ngo, Minh Huong Ngo Huynh, Michel Ngoun, Thi Be Nguyen, Thi Mai
Nguyen, David Nguyen, Thi Thuy Nguyen, Phuc Nguyen, Bich Loan Nguyen, Bich Van Nguyen, Anne Nicolle, Valérie Schadrac Nkouanga, Louis Normand, Gwenaëlle
ugier, Monique Ny, Regina Oliveira Goncalves, Téophile Olivetti, Pascal Olivier, Kevin Oluremi, Rida Ong, M Hamed Habib Oued Feul, Sami Oueslati, Dalila Ouferhat,
la Ouk, Soumana Oumarou Hama, Olivier Padovan, Geoffray Pairoteau, Florent Paret, Victoria Paris, Jean-François Patary, Marion Patingre, Alexis Paulmin, Isabelle
n De Ponfilly, Jérémy Pecego, Clément Pelle, Patricia Pelleray Duval, Évelyne Pellizzari, Romain Pelucchini, Yorn Peng, Élise Penichon, Nelia Pereira, Ambre Pereira, Kevin
ez, Benjamin Perez, Huu The Hung Perret, Fabrice Petit, Gautier Petit, François-Xavier Peulvey, Sébastien Peynaud, Thi Thu Ha Pham, Aurèlie Philippe, Jérôme Pierre,
eline Pigal, Gregori Pillegand, Guillaume Pinchaux, Marjolaine Pinot, Alexandre Pissonnier, Céline Plagne, Guylaine Plocus, Corinne Poirier, Marielle Pollion, Guillaume
re, Dorian Pothier, Florent Pottier, Olivier Poussier, Josiane Poyade, Jérôme Pradeau, Vanhphone Pravongviengkham, James Preira, Pierre Prevost, Mom Proeun,
ricia Prud Homme, Thierry Pruvot, Sandra Puigdemont, Fatima Raes, Kevin Rafin, Cédric Raganaud, Ana Paula Ragot, Thiery Ragot, Johan Ragot, Inès Ramzi Boulas,
Ratsarafetra, Hermine Ray, Chantal Razafindranaivo, Vincent Rechet, Feliciano Jose Reigada Domingues, Marie Renard, Caroline Renault, Nathalie Requier, Christophe
naud, Christian Ricci, Ghislaine Richard, Stéphane Richard, Fanny Richard, David Riviere, Hoby Rivoire, Gabriel Rochard, Christine Rocher, Antoine Rocher, Jose Daniel
drigues Miranda, Cécile Roger, Marie-Jeanne Rossettini, Patricia Rouchy, Catherine Rouillon, Abdelaziz Roukho, Philippe Roussel, Frédéric Roux, Jean-Baptiste Roux,
erry Royau, Jean-Claude Rozier, Ismaël Mohamed Sabiti, Bakary Sacko, Mohamed Said, Ali Said Bacar Said, Mimoun Sajai, Lahoucine Salehi, Ségolène Saltel, Florian
oudos, Aicha Saouny, Silvio Sardo, Mathieu Sauve, Florence Saverimoutou, Samir Sbai, Mylène Schultz, Rith Seang, Kimhouy Seang, Céline Seng, Alexandre Seutin,
ra Severini, Mehdi Sgard, Marc Sibold, Boubacar Sidibe, Bangaly Sidibe, Rosalie Sidney, Arnaud Silvestre De Sacy, Robert Simon, Pierre Simonazzi, Mamadou Sissoko,
oise Sixdenier, Abdelaziz Slilla, Philippe Soille, Guillaume Solnais, Marc Sommaire, Aly Soumare, Halima Soumare, Sekou Soumare, Marieme Amadou Sow, Abdoulaye
, Mathieu Soyer, Fabrice Spinos, Rika Sre, Marie Struk, Kossal Sun, Marie-France Syda, Matoumany Sylla, Sonia Talazac, Leng Tan, Benoit Tanfin, Philippe Tardivel,
med Tarmi, Abdeslam Max Tbez, Guillaume Tia Tcha, Thai Tcha, Va Tcha, Sandra Tellas, Ouali Termoul Fakret, William Thery, Amadou Thiam, Samuel Thomas, Clément
omas, Peng Thor, Chantha Thor, Boris Thuillier, Franck Torche, Omar Touaddi, Hadji Tounkara, Ophélie Touraine, Pauline Touzet, Michel Tran, Rahamat Tran, David Huu
Tran, Éric Hoang Nam Tran, Sandrine Tran, Mong Tran, My Ngan Tran, Mama Traore, Mounasse Traore, Doumbe Traore, Makan Traore, Mantio Traore, Mahamadou
ore, Étienne Trezeux, Cyrille Truchot, Philippe Truong, Lina Ung, Jeyarajah Uthayakumar, Jean-Paul Vaast, Loïc Vacherat, Axelle Vain Susset, Élodie Vallet, Romain
ot, Hervé Valois, Isabelle Vandervoorde, Ka Vang Dit Veu, Sineth Vann, Samboeun Vath, Marvin Vauchel, Guillaume Vergniault, Valérie Villarroya, Soosaipillai Vincent,
ès Vincent, Chantal Vinciguerra, Michelle Viry, Pierre Vity, Florent Voisin, Quentin Vuillot, Fatimata Wagne, Nourdine Wakass, Sokha Wattebled, Franck Wendling,
nald Wensing, Gerald Willemain, Anne Wilmet, Khadija Yanaouri, Na Yang, Cécile Yastchenkoff, Phaly Yay, Vincent Young, Hamada Youssoufa, Zahia Zouaghi

图书在版编目（CIP）数据

雷诺特法式经典烹饪：殿堂级厨艺学校60年大师创作精选／（法）居伊·克伦策（Guy Krenzer），（法）贝内迪克特·博尔托利（Benedicte Bortoli）著；（法）卡罗琳·法乔利（Caroline Faccioli）摄影；（法）马里昂·查特拉因（Marion Chatelain）设计；汤旎译．—武汉：华中科技大学出版社，2020.10

ISBN 978-7-5680-6348-7

Ⅰ.①雷… Ⅱ.①居… ②贝… ③卡… ④马… ⑤汤… Ⅲ.①西式菜肴－烹饪－法国 Ⅳ.①TS972.118

中国版本图书馆CIP数据核字（2020）第115762号

雷诺特法式经典烹饪：
殿堂级厨艺学校60年大师创作精选
Lei Nuo Te Fashi Jingdian Pengren:
Diantangji Chuyi Xuexiao 60 Nian Dashi Chuangzuo Jingxuan

〔法〕居伊·克伦策（Guy Krenzer）
〔法〕贝内迪克特·博尔托利（Benedicte Bortoli）著
〔法〕卡罗琳·法乔利（Caroline Faccioli）摄影
〔法〕马里昂·查特拉因（Marion Chatelain）设计
汤旎 译

出版发行：华中科技大学出版社（中国·武汉）　　电话：（027）81321913
　　　　　北京有书至美文化传媒有限公司　　　　　（010）67326910-6023
出 版 人：阮海洪

责任编辑：莽　昱　谭晰月
责任监印：徐　露　郑红红　　　封面设计：邱　宏

制　　作：邱　宏
印　　刷：广东省博罗县园洲勤达印务有限公司
开　　本：889mm×1194mm　　1/16
印　　张：25.5
字　　数：150千字
版　　次：2020年10月第1版第1次印刷
定　　价：228.00元